T0213490

Wolfgang Stegmüller

Probleme und Resultate der Wissenschaftstheorie
und Analytischen Philosophie, Band I
Wissenschaftliche Erklärung und Begründung

Studienausgabe, Teil 5

Statistische Erklärungen

Deduktiv-nomologische Erklärungen
in präzisen Modellsprachen

Offene Probleme

Springer-Verlag Berlin · Heidelberg · New York 1969

Professor Dr. WOLFGANG STEGMÜLLER
Philosophisches Seminar II
der Universität München

Dieser Band enthält die Kapitel 9, 10 und Anhang der unter dem Titel „Probleme und Resultate der Wissenschaftstheorie und Analytischen Philosophie, Band I, Wissenschaftliche Erklärung und Begründung" erschienenen gebundenen Gesamtausgabe.

ISBN 978-3-540-06597-5   ISBN 978-3-642-96192-2 (eBook)
DOI 10.1007/978-3-642-96192-2

Titel-Nr. 1574

Inhaltsverzeichnis

Von der gebundenen Gesamtausgabe des Bandes „Probleme und Resultate der Wissenschaftstheorie und Analytischen Philosophie, Band I, Wissenschaftliche Erklärung und Begründung", sind folgende, weitere Teilbände erschienen:

Studienausgabe Teil 1: Das ABC der modernen Logik und Semantik. Der Begriff der Erklärung und seine Spielarten.

Studienausgabe Teil 2: Erklärung, Voraussage, Retrodiktion. Diskrete Zustandssysteme. Das ontologische Problem der Erklärung. Naturgesetze und irreale Konditionalsätze.

Studienausgabe Teil 3: Historische, psychologische und rationale Erklärung. Kausalitätsprobleme, Determinismus und Indeterminismus.

Studienausgabe Teil 4: Teleologie, Funktionalanalyse und Selbstregulation.

Kapitel IX
Statistische Systematisierungen

1. Die fünf Probleme der Wahrscheinlichkeit

Statistische Erklärungen und statistische Systematisierungen sind zwar in den vorangehenden Abschnitten wiederholt erwähnt und benützt worden. Doch wurde bisher keine genauere Untersuchung dieser Systematisierungsform vorgenommen. Wie bereits an früheren Stellen mehrfach angedeutet worden ist, rufen statistische Erklärungen philosophische Probleme sui generis hervor, deren Behandlung wir uns jetzt zuwenden. Die hier auftretenden Schwierigkeiten und möglichen Lösungen dieser Schwierigkeiten sind in klassischer Form von C. G. HEMPEL in den drei Arbeiten [Inconsistencies], [Versus] und [Aspects], Abschnitt 3, behandelt worden. Wir knüpfen im folgenden weitgehend an diese Darstellungen von HEMPEL an.

Sämtliche Spezialprobleme der statistischen Systematisierung haben ihre Wurzel in der Tatsache, daß es sich bei derartigen Systematisierungen um *Wahrscheinlichkeitsschlüsse* handelt. Es ist daher wichtig, sich zunächst darüber Klarheit zu verschaffen, welche philosophischen Probleme beim Studium des Wahrscheinlichkeitsbegriffs auftreten. Wir werden in den folgenden Betrachtungen keineswegs alle diese philosophischen Aspekte der Wahrscheinlichkeitstheorie behandeln, sondern uns auf einen einzigen konzentrieren und die übrigen nur soweit einbeziehen, wie dies für unsere Zwecke notwendig ist. Man kann fünf verschiedene Klassen von Problemen unterscheiden:

(1) Zur ersten Klasse gehören die *Sinnprobleme*. Diese betreffen *die Explikation der Wahrscheinlichkeitsbegriffe*. Hier ist die Frage zu beantworten, *was wir denn meinen, wenn wir in einer gegebenen Situation sagen, daß eine Wahrscheinlichkeit von bestimmter Größe*, z. B. 1/3 oder 0,79, *vorliege*. Wir sprechen deshalb von Sinnproblemen im Plural, weil es keineswegs von vornherein klar ist, daß nur ein einziger Begriff zu explizieren ist. Tatsächlich hat der Ausdruck „wahrscheinlich" sowohl in vorwissenschaftlichen wie in wissenschaftlichen Kontexten *verschiedene* Verwendungen. Und wie noch zu zeigen sein wird, ist es auch für eine begriffliche Durchdringung statistischer Schlüsse wesentlich, mindestens *zwei Wahrscheinlichkeitsbegriffe* zu unterscheiden. Im Anschluß an die von R. CARNAP vorgeschlagene Terminologie

werden wir von *statistischer* und von *induktiver Wahrscheinlichkeit* sprechen. Daneben wird heute meist noch die *subjektive* oder *personelle Wahrscheinlichkeit* unterschieden, die stets auf ein (empirisches oder idealisiertes) Subjekt relativ ist. Alle Arten von Wahrscheinlichkeiten können ferner prinzipiell in dreifacher Form eingeführt werden: als qualitative, als komparative und als quantitative Begriffe. Meist denkt man nur an die dritte und schärfste Begriffsform, wenn man über Wahrscheinlichkeiten spricht. Doch kann als Vorstufe davon auch ein qualitativer Begriff der hohen Wahrscheinlichkeit oder ein komparativer Begriff „*x* ist wahrscheinlicher als *y*" eingeführt werden.

(2) Einer ganz anderen Frage, welche die Lösung der Sinnprobleme bereits voraussetzt, wendet man sich zu, wenn man untersucht, *wie man zu geeigneten Wahrscheinlichkeitsaussagen gelangt*. Wenn in solchen Aussagen der statistische Wahrscheinlichkeitsbegriff benützt wird, so handelt es sich dabei stets um hypothetische Annahmen, selbst in den einfachsten Fällen. Die Frage würde dann also lauten, wie man auf der Grundlage geeigneter Beobachtungsresultate zu bestimmten statistischen Hypothesen gelangt.

(3) Von der eben angeführten zweiten Frage ist eine dritte zu unterscheiden, nämlich *wie man vorgegebene Wahrscheinlichkeitsbehauptungen auf ihren Wahrheitsgehalt hin überprüft*. In Anwendung auf die statistische Wahrscheinlichkeit z. B. kann der Unterschied zwischen diesen beiden Fragestellungen schlagwortartig so verdeutlicht werden: In (2) ist die fragliche statistische Hypothese noch gar nicht vorhanden, sondern wird erst gesucht. Jetzt hingegen ist die statistische Hypothese vorgegeben und soll durch Konfrontierung mit geeigneten Erfahrungsdaten überprüft werden. Der Weg, der zu einer statistischen Hypothese führt, braucht sich nicht mit dem Überprüfungsverfahren zu decken: Bestimmte Erfahrungen können eine statistische Hypothese nahelegen, die dann auf Grund eines systematischen Testverfahrens angesichts anderer Erfahrungsdaten doch wieder preisgegeben werden muß.

Im induktiven Fall liegen die Dinge anders. Hier ist nämlich die Begründung eine rein logische; der Weg, der zu einer induktiven Wahrscheinlichkeitsaussage führt, besteht in einer logischen Deduktion[1]. Die Überprüfung kann daher in nichts anderem bestehen als in einer Überprüfung der Korrektheit dieser Deduktion.

---

[1] Hierin zeigt sich allerdings eine Mehrdeutigkeit in der Wendung „wie gelangt man zu einer Hypothese?" Diese Frage braucht überhaupt nicht auf ein rationales Verfahren anzuspielen, sondern kann sich auf die irrationale psychologische Vorgeschichte der Gewinnung dieser Hypothese beziehen. In der so interpretierten Frage ist auch im deduktiven Fall häufig die Vermutung, daß eine bestimmte Aussage ein logisches oder mathematisches Theorem sei, zunächst logisch gar nicht begründbar, während die Begründung später mit dem Gelingen des Beweises nachgetragen wird.

(4) Wieder ein anderes Problem betrifft die Frage, *wie wir aus gewußten oder angenommenen Wahrscheinlichkeitswerten neue Wahrscheinlichkeiten ableiten oder berechnen können.*

(5) Als letztes Problem tritt schließlich das *Anwendungsproblem* auf. Es läßt sich bezüglich der statistischen Wahrscheinlichkeit in die folgende Gestalt kleiden: *Wie lassen sich statistische Hypothesen für Erklärungen, Voraussagen oder andere Arten von wissenschaftlichen Systematisierungen verwenden?* Es ist diese Frage, mit der wir uns genauer beschäftigen werden.

Die Beantwortung der Frage (4) wird als die spezifische Aufgabe der *mathematischen Wahrscheinlichkeitstheorie* oder der *Wahrscheinlichkeitsrechnung* angesehen. Dort werden Verfahren entwickelt, um von gegebenen zu neuen Wahrscheinlichkeiten übergehen zu können. Doch wäre es falsch zu meinen, daß die Wahrscheinlichkeitsrechnung nichts weiter liefert als dies. Wenn die mathematische Theorie axiomatisch aufgebaut ist, so wird damit zugleich eine *partielle Begriffsexplikation* geliefert. Die Analogie zum Aufbau der Arithmetik möge dies verdeutlichen.

Wenn man die Zahlentheorie auf der Grundlage der fünf Axiome von PEANO aufbaut, so kann man sicherlich nicht behaupten, daß man damit eine vollständige Explikation des Begriffs der natürlichen Zahlen gegeben habe. Dieses Axiomensystem hat nämlich unendlich viele verschiedene, obzwar strukturgleiche, erfüllende Modelle. Und wir würden nur die Elemente eines dieser Modelle, nämlich die des „Normalmodells", als natürliche Zahlen bezeichnen, die anderen hingegen nicht. Eine vollständige Explikation des Zahlbegriffs setzt daher zusätzlich die Konstruktion dieses Normalmodells voraus. Eine derartige Konstruktion findet sich z. B. in der Theorie von G. FREGE, welcher die Begriffe der Null, des Nachfolgers sowie der natürlichen Zahl in einem mengentheoretischen Rahmen definierte. Trotzdem liefert die Peanosche Axiomatik eine partielle Klärung des Zahlbegriffs, da in dieser Axiomatik gewisse, für die Zahlenreihe charakteristische Strukturmerkmale beschrieben werden (nämlich jene Strukturmerkmale, die alltagssprachlich etwa in der folgenden Schilderung enthalten sind: die Reihe besitzt genau ein Anfangsglied und kein Endglied; jedes Glied hat genau einen unmittelbaren Nachfolger; und von zwei verschiedenen Gliedern der Reihe ist stets das eine durch endlich viele Nachfolgerschritte vom anderen aus erreichbar). Daß die Explikation keine vollständige ist, beruht eben darauf, daß es noch zahlreiche andere Objektgesamtheiten gibt, welche dieselben Strukturen aufweisen. Man nennt solche Gesamtheiten nach einem Vorschlag von B. RUSSELL heute vielfach *Progressionen*. Will man die Frage beantworten, wodurch sich die Zahlenreihe von anderen Progressionen unterscheidet, so liefert die Peano-Axiomatik darauf keine Antwort mehr.

Ähnlich verhält es sich mit der Wahrscheinlichkeitstheorie. Wenn der Mathematiker ein wahrscheinlichkeitstheoretisches Axiomensystem aufstellt, so liefert er damit zugleich einen Beitrag zur Begriffsexplikation, da er gewisse formale Merkmale des Wahrscheinlichkeitsbegriffs in seinen Axiomen festhält. Doch ist diese Explikation analog wie im zahlentheoretischen Fall nur eine sehr partielle und genügt daher z. B. nicht für die in (1) gesuchte vollständige Begriffsexplikation. Daß die mathematische Theorie für diese Aufgabe nicht ausreicht, zeigt sich auch darin, daß im Rahmen dieser Theorie z. B. der Unterschied zwischen statistischer und induktiver Wahrscheinlichkeit, mit dem wir uns noch beschäftigen werden, nicht faßbar wird. Die Axiomatik der Wahrscheinlichkeitsrechnung legt nur jene Struktur fest, die statistische und induktive Wahrscheinlichkeit gemeinsam haben.

Da wir uns im folgenden der Problemklasse (5) zuwenden, für welche zwar nicht die Beantwortung der in (2) bis (4) angedeuteten Fragen, wohl aber die Lösung der zur ersten Klasse gehörenden Probleme vorausgesetzt wird, müßten wir jetzt eigentlich darangehen, in einem ersten Schritt die Begriffe der statistischen und der induktiven Wahrscheinlichkeit zu präzisieren. Dies würde den Rahmen des gegenwärtigen Buches sprengen; denn wir müßten uns dazu sowohl mit allen wichtigen Theorien der statistischen Wahrscheinlichkeit wie mit den verschiedenen Auffassungen von der induktiven Wahrscheinlichkeit im einzelnen auseinandersetzen. Glücklicherweise wird sich herausstellen, daß weder eine detaillierte Charakterisierung der statistischen Wahrscheinlichkeit noch der Aufbau einer Theorie des induktiven Schließens oder einer induktiven Logik vorausgesetzt werden muß, um die speziellen Probleme der statistischen Erklärung (bzw. allgemeiner: der statistischen Systematisierung) zu schildern und dafür ein Lösungsverfahren anzugeben.

2. Deduktiv-statistische und induktiv-statistische Systematisierungen

2.a Für den Augenblick wollen wir uns damit begnügen, an das intuitive Verständnis der statistischen Wahrscheinlichkeit anzuknüpfen, das wir aus dem Alltag mitbringen. Wenn wir es mit einer fest umrissenen endlichen Anzahl von Fällen zu tun haben, so beinhaltet eine Wahrscheinlichkeitsbehauptung meist nichts anderes als eine Aussage über das Vorliegen gewisser *Proportionen*. „Die Wahrscheinlichkeit dafür, daß ein Einwohner Münchens größer ist als 1,70 m, beträgt 0,19" besagt, daß 19 % der Bevölkerung Münchens eine 1,70 m übersteigende Körpergröße besitzt. Der Satz besagt also etwas über die relative Häufigkeit des Vorkommens eines Merkmals innerhalb einer Gesamtheit. Meist kann jedoch die Wahrscheinlichkeitsaussage nicht in eine solche Behauptung über Proportionen übersetzt werden, weil die Zahl der möglichen Resultate indefinit ist. Dies ist z. B. der

Fall, wenn wir von der Wahrscheinlichkeit sprechen, mit einem bestimmten Würfel eine 6 zu werfen, oder von der Wahrscheinlichkeit, aus einem vorgegebenen Kartenspiel zweimal hintereinander einen König zu ziehen. Unsere Vorstellung ist dabei die, daß die angegebene Wahrscheinlichkeit mit der *relativen Häufigkeit „auf lange Sicht"* übereinstimmt, nämlich mit der relativen Häufigkeit (der Sechserwürfe, des Ziehens zweier Könige) bei hinreichend langer Wiederholung des vorliegenden Versuchs. Tatsächlich bilden auch Beobachtungen relativer Häufigkeitswerte für uns die Grundlage für die Aufstellung einer statistischen Hypothese. Und auch zur Überprüfung einer früher einmal akzeptierten oder zur Diskussion gestellten statistischen Hypothese verwenden wir empirische Feststellungen über relative Häufigkeiten. Wir lassen es hier offen, wie diese Häufigkeitsdeutung der statistischen Wahrscheinlichkeit genauer zu explizieren ist. Was uns an dieser Stelle interessiert, ist der *Unterschied* zwischen strikten Gesetzen und Wahrscheinlichkeitsgesetzen oder statistischen Gesetzen.

Betrachten wir dazu beide Male Gesetze von der einfachsten Gestalt. Wenn wir uns für die strikten Gesetze außerdem noch auf solche von qualitativer Gestalt beschränken, so sind dies Aussagen von der Form: $\wedge x(Fx \to Gx)$, in denen behauptet wird, daß *jeder* Einzelfall von F auch ein Einzelfall von G ist. Die entsprechende elementare statistische Wahrscheinlichkeitsaussage (*kurz: elementare statistische Aussage*) hat demgegenüber die Gestalt: $p(G, F) = r$, was soviel besagen soll wie: die Wahrscheinlichkeit, daß ein Einzelfall von (oder: ein Ereignis von der Art) F auch ein Einzelfall von (Ereignis von der Art) G ist, beträgt r.[2]

Beide Aussagen haben dies gemeinsam, daß sie keine bloßen Berichte über vergangene Beobachtungen darstellen, *sondern sich auf potentiell unendlich viele Fälle beziehen.* Für die strikten Gesetze haben wir dies bereits an früherer Stelle als eine zwar nicht hinreichende, jedoch stets notwendige Bedingung für Gesetzesartigkeit erkannt: Da wir bis zu jedem beliebigen vorgegebenen Zeitpunkt nur endlich viele Beobachtungen anstellen können, ist ein Erfahrungsbericht stets logisch äquivalent mit einer endlichen Konjunktion von singulären Sätzen. Ein derartiger Satz ist kein möglicher Kandidat für ein Naturgesetz und kommt daher auch nicht als Gesetzesprämisse einer DN-Erklärung in Frage.

Ganz analog verhält es sich mit den statistischen Gesetzen. Gleichgültig, ob wir uns auf einen so einfachen Fall wie den Wurf mit einem konkreten

---

[2] Elementare statistische Aussagen können als Teilaussagen von statistischen Hypothesen in einem allgemeineren Sinn betrachtet werden. Die letzteren bestehen in Annahmen über Wahrscheinlichkeitsverteilungen, die in der Wahl bestimmter Verteilungsfunktionen ihren Niederschlag finden.

Würfel beziehen oder auf so umfassende Gesetzmäßigkeiten wie die Prinzipien der Quantenmechanik oder auf Gesetzmäßigkeiten von einem „mittleren" Grad an Allgemeinheit, wie die Mendelschen Vererbungsgesetze oder die Gesetze des radioaktiven Zerfalls, niemals bilden diese Gesetze bloß zusammenfassende Berichte über die in der Vergangenheit tatsächlich beobachteten relativen Häufigkeiten. Der Geltungsanspruch der in ihnen behaupteten probabilistischen Verknüpfungen erstreckt sich vielmehr ebenso wie auf die beobachteten auch auf die nicht beobachteten Fälle. Die Behauptung, daß die Wahrscheinlichkeit, mit einem vorgegebenen Würfel eine 6 zu werfen, 1/6 beträgt, ist bereits sinnvoll (aber natürlich möglicherweise falsch), wenn dieser Würfel eben erst fertiggestellt und noch gar nicht zum Würfeln benutzt worden ist; und sie bleibt sinnvoll, wenn der Würfel vernichtet wird, bevor er für Würfelexperimente verwendet wurde. In einer Aussage von der Gestalt $p(G, F) = r$ darf also das Prädikat F nicht so verstanden werden, als charakterisiere es eine endliche Klasse von Fällen.

2.b Nicht alle statistischen Hypothesen, die in den verschiedenen Wissenschaften auftreten, haben die Gestalt von elementaren statistischen Aussagen oder von Konjunktionen aus solchen. Viele derartige Aussagen sind von komplexerer Gestalt, wie etwa Hypothesen über das Vorliegen eines Mittelwertes oder über die Unabhängigkeit von stochastischen Prozessen. Der Übergang von elementaren zu komplexeren Wahrscheinlichkeitsaussagen stellt bisweilen einen verhältnismäßig einfachen logischen Prozeß dar, nämlich dann, wenn der dabei benützte komplexere Begriff definitorisch auf die in elementaren Wahrscheinlichkeitsaussagen verwendeten Begriffe zurückführbar ist; in anderen Fällen wiederum erfordert ein derartiger Übergang zusätzliche Begriffe der Wahrscheinlichkeitstheorie. Für die im folgenden zu diskutierenden erkenntnistheoretischen Schwierigkeiten werden wir uns stets auf elementare statistische Aussagen beziehen.

Ferner stehen statistische Hypothesen nur in den seltensten Fällen für sich isoliert da. Wo immer es zur Ausbildung mehr oder weniger geschlossener wissenschaftlicher Theorien gekommen ist, werden die einzelnen Gesetzmäßigkeiten in einen umfassenderen theoretischen Rahmen eingeordnet: speziellere Gesetze werden aus allgemeineren deduziert. Dies gilt für den statistischen wie für den nichtstatistischen Fall. Auf Grund dieser Tatsache müssen wir so wie früher bei den strengen Gesetzen auch bei Verwendung probabilistischer Gesetze zwei Arten von Erklärungen unterscheiden: Erklärungen von *Ereignissen* und Erklärungen von *Gesetzen*. Im letzteren Fall haben wir es — genau wie bei der Ableitung eines strengen Gesetzes aus einem allgemeineren Gesetz oder aus einer allgemeineren Theorie — mit einer *logischen Deduktion* zu tun. Solche Deduktionen treten bisweilen in einer etwas verschleierten Form auf, so daß sie auf den ersten Blick wie Erklärungen von Ereignissen aussehen.

Ein Beispiel hierfür wäre das folgende: Angenommen, ein Spieler werfe einen gleichmäßig gebauten Würfel und erhalte dreimal hintereinander eine 6. Gestützt auf diese Tatsache, daß mehrere unmittelbar aufeinander folgende Würfe dasselbe Resultat ergeben haben, erwartet er nun, daß sich auch im nächsten Wurf mit größerer Wahrscheinlichkeit eine 6 als eine andere Zahl ergeben wird. Es werde jetzt die Aufgabe gestellt, *zu erklären*, warum dieser Spieler einen (übrigens für Spieler typischen) Fehler gemacht habe. Eine mögliche Deutung dieser Aufgabe ist die folgende: Was hier erklärt werden soll, ist nicht ein konkretes Phänomen, sondern eine statistische Regelmäßigkeit. Den Ausgangspunkt für diese Erklärung bilden zwei Hypothesen. Die erste Hypothese besagt, daß die einzelnen Wurfergebnisse voneinander statistisch unabhängig sind, so daß sich ihre Wahrscheinlichkeiten multiplizieren. Die zweite Hypothese beinhaltet die Annahme, daß die verschiedenen Augenzahlen 1 bis 6 mit gleich großer Wahrscheinlichkeit, also mit der Wahrscheinlichkeit 1/6, eintreffen. Aus diesen zwei Annahmen folgt *rein logisch*, daß die Wahrscheinlichkeit für einen Sechserwurf selbst dann gleich 1/6 bleibt, wenn eine längere Folge von Sechserwürfen vorangegangen ist. Die Einsicht in die Unrichtigkeit der Überzeugung des Spielers erfolgt somit über die *logische Deduktion* eines statistischen Gesetzes aus anderen statistischen Annahmen, von denen man voraussetzt, daß sie auch vom Spieler akzeptiert werden. Trifft die Voraussetzung zu, so liegt beim Spieler sogar eine logische Inkonsistenz vor, denn seine Überzeugung steht mit dem deduzierten Gesetz in logischem Widerspruch.

Häufig werden die Deduktionen, welche zu einer statistischen Gesetzmäßigkeit führen, viel schwieriger und umständlicher sein als die eben angegebene. In den meisten Fällen wird man dabei Lehrsätze der mathematischen Statistik benützen müssen[3]. Wir bezeichnen alle derartigen Fälle von Deduktionen, deren Prämissen mindestens ein statistisches Gesetz wesentlich enthalten und deren Conclusio ebenfalls wieder ein statistisches Gesetz bildet, mit HEMPEL als *deduktiv-statistische Erklärungen*. Wie bereits früher im Zusammenhang mit der analogen Situation bei strikten Gesetzen hervorgehoben wurde, gehören Erklärungen von dieser Art in einen anderen systematischen Rahmen als den, welchen wir uns für dieses Buch gesetzt haben. Es handelt sich dabei um die Einbettung spezieller Gesetzmäßigkeiten in größere theoretische Zusammenhänge, nicht dagegen um die Erklärung einzelner Sachverhalte, die wir in der realen Welt antreffen. Auch im statistischen Fall wollen wir uns weiterhin auf das Problem der Erklärung von Einzeltatsachen konzentrieren und deduktiv-statistische Erklärungen nicht weiter untersuchen.

Solche statistischen Erklärungen von Einzeltatsachen liegen dann vor, wenn das Explanans mindestens ein probabilistisches Gesetz wesentlich ent-

---

[3] Eine Reihe von Beispielen dieser Art findet sich im letzten Teil des Buches von R. v. MISES [Statistik].

hält und das Explanandum aus einem singulären Satz besteht. Wie sich zeigen wird, kann man zwar nach wie vor von erklärenden Argumenten sprechen, doch sind diese Argumente keine Deduktionen mehr, sondern haben induktiven Charakter. Deshalb sollen statistische Erklärungen von Einzeltatsachen als *induktiv-statistische Erklärungen* (abgekürzt: *IS-Erklärungen*) bezeichnet werden. Analog sprechen wir im allgemeinen Fall von *IS-Systematisierungen*.

Einige Leser werden es vermutlich ebenso wie im deduktiv-nomologischen Fall vorziehen zu sagen, daß deduktiv-statistische Erklärungen und IS-Erklärungen nicht zwei verschiedene Arten von Erklärungen, also Unterfälle eines und desselben allgemeineren Begriffs der Erklärung, sind, sondern daß hier eine der vielen Äquivokationen im Ausdruck „Erklärung" zutage tritt. Dem könnte folgendes entgegengehalten werden: In beiden Fällen sind es Sachverhalte, die erklärt werden sollen. Der Gegenstand einer IS-Erklärung ist ein singulärer Sachverhalt, der Gegenstand einer deduktiv-statistischen Erklärung ist ein allgemeiner Sachverhalt von Gesetzescharakter. Dieser Unterschied beruht allein auf dem Merkmal der Gesetzesartigkeit. Denn ein gesetzesartiger Sachverhalt ist genau ein solcher, der durch gesetzesartige Aussagen beschrieben wird, während ein singulärer Sachverhalt ein solcher ist, den man durch eine nicht gesetzesartige Aussage beschreibt. Wir haben uns hier dieser platonistischen Sachverhaltssprechweise bedient, um die Analogie zwischen den beiden Fällen anschaulich hervorzukehren. Wie sich dabei zeigt, wäre es nicht einmal zutreffend zu sagen, daß sich zwar die IS-Erklärungen, nicht aber die deduktiv-statistischen Systematisierungen auf die „reale Welt" beziehen; denn auch gesetzesartige Sachverhalte gehören zur „realen Welt".

3. Der sogenannte statistische Syllogismus und seine Schwierigkeiten

3.a Der Begriff der statistischen Wahrscheinlichkeit und damit auch der des statistischen Gesetzes wurde bisher nur vage charakterisiert. Diese Charakterisierung reicht jedoch aus, um eine Schwierigkeit aufzuzeigen, die Argumenten anhaftet, welche unter ihren Prämissen statistische Gesetze enthalten. Wir schildern diese Schwierigkeiten gegenwärtig in loserer Form unter Verwendung des intuitiven Begriffs der statistischen Wahrscheinlichkeit. Im nächsten Abschnitt soll dieselbe Schwierigkeit nochmals in einer begrifflich präziseren Gestalt geschildert werden.

Unter einem *statistischen Syllogismus* versteht man ein Argument von der folgenden Art:

Die Proportion der Dinge mit der Eigenschaft F, die außerdem die Eigenschaft G besitzen, ist m/n;
(1) a hat die Eigenschaft F.
Also besitzt a mit der Wahrscheinlichkeit m/n die Eigenschaft G.

Wenn die Proportion eine sehr hohe ist, der Betrag m/n also nahe bei 1 liegt, so soll dieser Syllogismus nach der Ansicht einiger Autoren, z. B. nach S. TOULMIN, [Argument], einen Schluß von folgender Art zulassen (wobei wir voraussetzen, daß die Proportion 49/50 als sehr groß empfunden wird):

Die Proportion der Dinge mit der Eigenschaft F, die außerdem die Eigenschaft G besitzen, ist größer als 49/50;
(2) a hat die Eigenschaft F.
Also ist es *beinahe sicher* (oder: *sehr wahrscheinlich*), daß a auch die Eigenschaft G besitzt.

Und analog würde sich der Schluß ergeben:

Die Proportion der Dinge mit der Eigenschaft F, die außerdem die Eigenschaft G besitzen, ist kleiner als 1/50;
(3) a hat die Eigenschaft F.
Also ist es *beinahe sicher* (oder: *sehr wahrscheinlich*), daß a die Eigenschaft G *nicht* besitzt.

Die Formulierung in der Sprache der Proportionen ist natürlich nur dann korrekt, wenn die Bezugsklasse F endlich ist. Der in der mathematischen Statistik verwendete Wahrscheinlichkeitsbegriff ist von einer solchen Voraussetzung frei. Dieser allgemeinere Fall würde unter Verwendung der in 2.a eingeführten Abkürzung $p(G, F)$ die folgenden, zu (1) bis (3) analogen Schlüsse liefern:

$p(G, F) = q$; (oder: $\geqq q$, $> q$, $\leqq q$, $< q$)
(4) *Fa.*
Also gilt mit der Wahrscheinlichkeit q, daß Ga (analog für $\geqq$, $>$, $\leqq$, $<$).

$p(G, F) > 49/50$ (oder: allgemeiner: die statistische Wahrscheinlichkeit dafür, daß ein F auch ein G ist, liegt nahe bei 1);
(5) a ist ein F.
Also ist es beinahe sicher, daß a ein G ist.

$p(G, F) < 1/50$;
(6) a ist ein F.
Also ist es beinahe sicher, daß a kein G ist.

Diese statistischen Syllogismen führen zu *logischen Widersprüchen*. Der Grund dafür ist leicht zu erkennen. Betrachten wir etwa den Fall (4). In der Conclusio eines solchen Schlusses wird einem Individuum a eine Eigenschaft G zugeschrieben (bzw., da nur die Extensionen eine Rolle spielen: das Individuum wird einer Klasse G zugeordnet). Der Wahrscheinlichkeitswert q, mit dem diese Zuordnung erfolgt, wird der statistischen Prämisse $p(G, F) = q$ entnommen. Um den Schluß anwenden zu können, ist es erforderlich, daß das fragliche Individuum a ein Element der Bezugsklasse ist, die durch das Prädikat F ausgezeichnet wird. *Weitere Bedingungen, denen diese Bezugsklasse zu genügen hat, werden nicht aufgestellt.*

Nun können wir aber statt F andere Bezugsklassen F', F'', ... etc. wählen, für welche sich in der Regel *andere, d. h. von q abweichende Wahrscheinlichkeiten q', q'',* ... etc. der Zugehörigkeit zur Klasse G ergeben werden. Außerdem wird das Individuum a ebenfalls in den meisten Fällen zu wenigstens einigen dieser anderen Bezugsklassen gehören. Wenn $F^{(i)}$ eine derartige Bezugsklasse ist, so daß also erstens $F^{(i)}a$ gilt und zweitens außerdem $p(G, F^{(i)}) = q^{(i)}$ mit $q^{(i)} \neq q$, so erhält man nach demselben Schlußverfahren das Resultat, daß Ga mit der Wahrscheinlichkeit $q^{(i)}$ gilt und nicht mit der Wahrscheinlichkeit q, im Widerspruch zu (4). Wenn immer also die beiden genannten Bedingungen erfüllt sind, läßt sich einem statistischen Syllogismus mit einer bestimmten Conclusio ein damit rivalisierender gegenüberstellen, der eine mit der ersten logisch unverträgliche Conclusio ergibt, *trotz der Tatsache, daß sämtliche Prämissen beider Syllogismen wahr sind.* Dies zeigt, daß der statistische Syllogismus auf einer fehlerhaften Konstruktion beruhen muß.

Es ist wichtig, sich den Inhalt der eben kursiv gedruckten Teilaussage vor Augen zu halten. Daran wird zugleich deutlich, daß im deduktiven Fall eine analoge Situation niemals eintreten kann. Die miteinander logisch unverträglichen Konklusionen würden dort lauten: „a ist ein G" und „a ist kein G". Die erste Aussage könnte zwar aus zwei Prämissen folgendermaßen abgeleitet werden:

$$(7) \qquad \frac{\begin{array}{c} \wedge x \, (Fx \rightarrow Gx) \\ Fa \end{array}}{Ga}$$

und die zweite Aussage aus zwei anderen Prämissen:

$$(8) \qquad \frac{\begin{array}{c} \wedge x \, (F'x \rightarrow \neg Gx) \\ F'a \end{array}}{\neg Ga}$$

Diese beiden Schlüsse sind logisch gültig. *Es ist jedoch im Gegensatz zum statistischen Fall ausgeschlossen, daß alle vier Prämissen dieser beiden Schlüsse wahr sind.* Da aus der Klasse dieser vier Prämissen die einander widersprechenden Aussagen Ga und $\neg Ga$ ableitbar sind, ist diese Klasse selbst inkonsistent.

Und eine inkonsistente Satzklasse kann nicht aus wahren Sätzen allein bestehen. Dies könnte man auch so ausdrücken: Wegen der miteinander logisch unverträglichen Folgerungen sind die beiden Prämissenklassen dieser Schlüsse selbst miteinander logisch unverträglich; Klassen von wahren Aussagen können jedoch nicht logisch unverträglich miteinander sein.

Die bisher geschilderte Inkonsistenz äußert sich in den voneinander abweichenden Zahlenwerten, die man durch mehrere Schlüsse von der Art (4) mit wahren Prämissen gewinnt. Der Widerspruch äußert sich noch krasser, wenn man an die Schemata von der Art (2) bzw. (3) anknüpft. Hier führt die Paralysierung mittels rivalisierender Argumente dazu, daß von zwei kontradiktorischen Aussagen behauptet wird, daß sie beinahe sicher seien. Um diesen Widerspruch zu erzeugen, ist es z. B. im Fall des Schemas (2) nur erforderlich, eine andere Eigenschaft bzw. Klasse F^* zu finden, die ebenfalls auf a zutrifft (zu der a gehört) und für die als Bezugsklasse die statistische Gesetzmäßigkeit gilt: Die Proportion der Dinge mit der Eigenschaft F^*, die außerdem die Eigenschaft G besitzen, ist kleiner als 1/50.

3.b Um deutlich zu machen, daß es sich bei diesen kontradiktorischen Ergebnissen nicht um künstlich konstruierte, „an den Haaren herbeigezogene" Fälle handelt, seien zwei Beispiele betrachtet. Nach TOULMIN ist das folgende Argument ein zulässiger statistischer Syllogismus (er spricht von „Quasi-Syllogismus"):

Weniger als 2% aller Schweden sind römisch-katholisch;
(9)　　Petersen ist ein Schwede.
_____
es ist daher beinahe sicher, daß Petersen nicht römisch-katholisch ist.

Falls die beiden Prämissen richtig sind, könnte man nach diesem Schlußschema zur Conclusio übergehen. Wie ein Kritiker mit Recht hervorhob[4], kann dieser Schluß u. U. paralysiert werden durch den folgenden Quasi-Syllogismus, sofern dessen Prämissen ebenfalls wahr sind:

Weniger als 2% der Menschen, welche nach Lourdes pilgern, sind nicht römisch-katholisch;
(10)　　Petersen pilgerte nach Lourdes.
_____
also ist es beinahe sicher, daß Petersen römisch-katholisch ist.

Falls wir den statistischen Syllogismus als gültiges Schlußverfahren akzeptieren wollten, so könnten wir also nicht ausschließen, von wahren Prämissen zu logisch unverträglichen Schlußfolgerungen zu gelangen.

_____
[4] J. COOLEY in The Journ. of Phil. 56, 1959, S. 305.

Ein anderes Beispiel wäre das folgende[5]:

weniger als 1% aller Philosophen sind Millionäre;
(11)   Franz ist ein Philosoph.

Es ist daher beinahe sicher (d. h. mit einer Wahrscheinlichkeit von mehr als 99 %), daß Franz kein Millionär ist.

Es stellt sich jedoch heraus, daß Franz außerdem Besitzer einer Diamantengrube ist; für die Zugehörigkeit solcher Menschen zur Klasse der Millionäre gilt ebenfalls eine statistische Aussage:

Mehr als 99 % aller Besitzer von Diamantengruben sind Millionäre;
(12)   Franz ist Besitzer einer Diamantengrube.

Es ist daher beinahe sicher (d. h. mit einer Wahrscheinlichkeit von mehr als 99 %), daß Franz ein Millionär ist.

Zahlreiche ähnliche Beispiele aus dem außerwissenschaftlichen wie dem wissenschaftlichen Alltag lassen sich leicht konstruieren. Kennen wir z. B. die statistische Wahrscheinlichkeit q dafür, daß ein Mann mit einem Alter zwischen 40 und 50 Jahren noch mindestens weitere 20 Jahre lebt, und wissen wir außerdem, daß Franz zwischen 40 und 50 Jahren alt ist, so sind wir geneigt anzunehmen, die Wahrscheinlichkeit dafür, daß Franz noch mindestens 20 Jahre leben werde, betrage q. In einen Widerspruch geraten wir, wenn wir dieselbe Schlußweise auf die beiden Informationen anwenden, daß Franz zwischen 48 und 58 Jahren alt ist und daß die statistische Wahrscheinlichkeit einer Mindesterwartung von weiteren 20 Lebensjahren für 48- bis 58-jährige r beträgt mit $r \neq q$.

Zu ähnlichen Schwierigkeiten wie der statistische Syllogismus führen gewisse damit verwandte Induktionsregeln, die von anderen Philosophen formuliert wurden. Als Beispiel führt HEMPEL die Regel R von M. BLACK[6] an, welche besagt: Wenn sich für die meisten Einzelfälle einer Klasse A unter sehr mannigfaltigen Bedingungen ergeben hat, daß sie auch zu B gehören, so wird das nächste angetroffene Element von A wahrscheinlich ein Element von B sein. Oft weisen die Autoren – so auch BLACK – darauf hin, daß eine derartige Regel nicht unbeschränkt anwendbar ist, sondern daß gewisse Vorsichtsmaßregeln zu beachten seien. Im Fall der Regel R z. B. soll es zwar zulässig sein, die Conclusio kategorisch zu behaupten; die Stärke ("strength"), mit der diese Behauptung erfolgen könne, hänge jedoch ab von der Zahl sowie der Mannigfaltigkeit der beobachteten positiven Einzelfälle. Mit der Formulierung von Einschränkungen ist es jedoch

---

[5] Ein Beispiel von dieser Art findet sich auch bei S. F. BARKER, [Induction], S. 76.

[6] M. BLACK, [Self-Supporting], S. 720.

nicht getan. Denn die Regel R führt nicht nur bei „unvorsichtigem Gebrauch" zu Schwierigkeiten, sondern ebenso wie der statistische Syllogismus zu logischen Widersprüchen. Ein solcher Widerspruch wird immer dann auftreten, wenn das nächste angetroffene Element von A gleichzeitig zu einer Klasse A^* gehört, für die sich in der Vergangenheit unter sehr mannigfaltigen Bedingungen ergeben hat, daß die meisten dazugehörigen Elemente nicht zu B gehören. Wieder stoßen wir daher auf die Situation, daß ein nach dem Wortlaut dieser Regel gültiges Argument mit wahren Prämissen durch ein rivalisierendes, gleichfalls im Einklang mit dieser Regel formuliertes Argument mit wahren Prämissen paralysiert werden kann, da die Conclusio im zweiten Fall die Negation der Conclusio des ersten Argumentes ist.

4. Die Schwierigkeiten bei Verwendung eines präzisierten statistischen Wahrscheinlichkeitsbegriffs

4.a Wir müssen jetzt zwei mögliche Reaktionen auf die geschilderten Schwierigkeiten erörtern. Die eine besteht in dem radikalen Vorschlag, man müsse überhaupt den Gedanken an eine statistische Erklärung preisgeben. Die andere besagt, daß die Schwierigkeit verschwindet, wenn man statt des bisherigen mehr oder weniger vagen Gebrauchs der objektiven oder statistischen Wahrscheinlichkeit mit einem präzisierten Begriff der statistischen Wahrscheinlichkeit operiert. Insbesondere lasse die mathematische Statistik kein so primitives Verfahren zu wie den statistischen Syllogismus, und daher träten bei der Anwendung statistischer Prinzipien auch die früheren Widersprüche nicht mehr auf.

Beide Vorschläge zur Überwindung der Schwierigkeiten beruhen jedoch auf einem Irrtum. Zu dem ersten Vorschlag wäre zu sagen, daß durch eine terminologische Verschiebung keine Änderung in der Sache hervorgerufen wird. Und eine bloße Änderung in der Terminologie würde es ja bedeuten, wenn man sich weigerte, Anwendungen statistischer Gesetzmäßigkeiten auf konkrete Situationen „Erklärungen" zu nennen[7]. Wir haben in Abschn. 3 bei der Schilderung der Schwierigkeiten den Ausdruck „Erklärung" ganz vermieden. Man müßte also die Anwendungsmöglichkeit statistischer Gesetzmäßigkeiten schlechthin leugnen, wenn man diesen Gedanken konsequent zu Ende führen wollte. Das käme aber einer vollständigen Skepsis gegenüber statistischen Regelmäßigkeiten gleich; man wüßte nicht mehr, wozu solche statistischen Regularitäten überhaupt dienen

---

[7] Die ganz andersartigen späteren Überlegungen in 13.e werden durch diese Bemerkung nicht berührt.

sollten. Bevor wir uns zu einer solchen Skepsis entschließen, müssen wir nach einem positiven Ausweg suchen.

Das Bedenken gegen statistische Erklärungen ist allerdings verständlich, wie man sich anhand einfacher Beispiele überlegen kann. Die Berufung auf statistische Regelmäßigkeiten erscheint nämlich als eine oberflächliche Charakterisierung einer Situation, in der nach einer Erklärung für ein Phänomen gesucht wird. Wenn Hans unmittelbar nach dem Genuß von drei Tassen schwarzen Kaffees um Mitternacht zu Bett geht und nicht einschlafen kann, so werden wir dies nicht verwunderlich finden. Wenn uns keine physiologischen Gesetzeskenntnisse und auch keine physiologischen Details über Hans zur Verfügung stehen, so müssen wir uns für die Erklärung mit einer einfachen Generalisierung über den Zusammenhang von Kaffeegenuß und der Fähigkeit, nach diesem Genuß einzuschlafen, begnügen. Da nicht ausnahmslos bei allen Menschen ein derartiger Effekt eintritt, kann die Regelmäßigkeit bloß eine statistische sein. Wir würden also etwa sagen müssen, daß Hans *deshalb* nicht einschlafen konnte, *weil* er unmittelbar vorher drei Tassen schwarzen Kaffees trank und *weil* erfahrungsgemäß mindestens 95 % aller Menschen unmittelbar nach dem Genuß von drei Tassen schwarzen Kaffees nicht einschlafen können. Dies ist gewiß keine sehr aufschlußreiche Erklärung. In einem Fall wie diesem ist es auch durchaus berechtigt zu glauben, daß eine genauere wissenschaftliche Untersuchung die tiefer liegenden Ursachen für das Nicht-einschlafen-Können nach Kaffeegenuß aufdecken wird, so daß die als oberflächlich empfundene Subsumtion unter die erwähnte statistische Regelmäßigkeit durch eine befriedigendere Erklärung ersetzt wird, in deren Explanans *nichtstatistische* chemische und neurophysiologische Gesetzmäßigkeiten verwendet werden.

Häufig scheint es sich somit so zu verhalten, daß hinter statistischen Gesetzmäßigkeiten tieferliegende deterministische Gesetzmäßigkeiten verborgen liegen. Es wäre aber falsch, diesen Gedanken zu einem Dogma zu erheben, also das Kind mit dem Bade auszuschütten und zu behaupten, daß statistische Systematisierungen *stets* nur eine mehr oder weniger primitive Vorstufe für eine echte wissenschaftliche Erklärung bilden könnten. Lange Zeit hindurch scheint man tatsächlich so etwas geglaubt zu haben. Man war der Meinung, daß z. B. die statistisch formulierten Gesetzmäßigkeiten der Meteorologie („in 80 % der Fälle folgt am Ort *x* auf eine Wettersituation von dieser und dieser Art eine Wettersituation von solcher und solcher Art"), der Biologie („ca. 51 % aller Geburten sind Knabengeburten"), insbesondere auch der Vererbungslehre (Mendelsche Gesetze), und der systematischen Geisteswissenschaften, wie Nationalökonomie und Soziologie, ein bloßes Provisorium darstellten, das schließlich durch fundamentalere deterministische Gesetze abgelöst werden müßte.

Mit der Quantenmechanik ist dies anders geworden. Darin wurde erstmals deutlich, daß es durchaus denkmöglich sei, daß die wahren Grundgesetze der Welt nicht einen deterministischen, sondern *einen irreduzibel statistischen Charakter* haben. Dies ist die wichtige erkenntnistheoretische Funktion der Quantenphysik, die ganz unabhängig davon besteht, ob diese Theorie in Zukunft wieder einmal durch eine deterministische abgelöst werden sollte. In der klassischen Physik war dies anders. Zwar fanden auch dort mit dem Aufbau der *kinetischen Gastheorie* statistische Hypothesen Eingang in die exakten Naturwissenschaften. Aber diese Theorie war nicht von vornherein logisch unverträglich mit jeder deterministischen Theorie des Verhaltens von Gasen. Mit der Schaffung der Quantenphysik ist dagegen eine statistische Theorie ins Leben gerufen worden, die logisch unverträglich ist mit jeder deterministischen Theorie, welche dieselben Phänomene zu erklären beansprucht, zu deren Erklärung die erstere Theorie entworfen wurde (vgl. zu diesem Punkt auch die Ausführungen in VII, 9).

Aber selbst wenn man ganz von der Frage abstrahiert, wie es um die Grundgesetze der Welt bestellt ist, oder wenn man nach wie vor zu dem Glauben neigt, daß diese Grundgesetze deterministischer Natur sind, kann man das Faktum und die Wichtigkeit statistischer Erklärungen nicht in Abrede stellen. Wir haben bereits mehrfach darauf hingewiesen, daß historische, nationalökonomische und soziologische Erklärungen praktisch unmöglich würden, wenn man im jeweiligen Explanans prinzipiell keine statistischen Gesetzmäßigkeiten zulassen wollte. Ebenso wäre es unvernünftig, Voraussagen als illegitim zu bezeichnen, in denen unter Benützung der Mendelschen Vererbungsgesetze die mutmaßliche Farbverteilung der Blüten einer Tochtergeneration von Bohnen angegeben wird, wenn als Antecedensdaten die Farbverhältnisse bei der Elterngeneration bekannt sind. Ein typisches Beispiel für eine statistische Erklärung in der Physik wäre das folgende: Es soll erklärt werden, warum eine bestimmte Radonmenge (z. B. 100 Milligramm) innerhalb einer bestimmten Zeit, z. B. innerhalb von 7,64 Tagen, sich auf einen in Grenzen angebbaren Teilbetrag (z. B. 24 bis 26 Milligramm) reduziert hat. Für die Erklärung werden im Explanans neben den bereits angegebenen Antecedensdaten zwei statistische Hypothesen benötigt. Die eine besagt, daß die Halbwertzeit des Radons 3,82 Tage beträgt (d. h. daß die statistische Wahrscheinlichkeit dafür, daß ein Radonatom innerhalb von 3,82 Tagen zerfällt, gleich 1/2 ist); die zweite besteht in der Behauptung, daß der Zerfall von verschiedenen Radonatomen statistisch unabhängige Ereignisse darstellt. Auf die genauere logische Natur dieser Schlüsse werden wir später noch zurückkommen. Vorläufig genüge die Feststellung, daß erklärende und prognostische Argumente von statistischem Charakter sowohl in den Natur- wie in den Geisteswissenschaften eine weite Verwendung haben.

4.b Wir kommen nun zum zweiten Punkt. Dazu beginnen wir zunächst mit ein paar Bemerkungen über das mathematische Modell, mit dem die moderne Wahrscheinlichkeitstheorie arbeitet[8]. Nach der früher üblichen Deutung von $p(G, F)$, an die wir in Abschn. 2 anknüpften, charakterisiert F die Bezugsklasse und G eine (möglicherweise unechte) Teilklasse dieser Bezugsklasse. Heute ist es üblich geworden, statt von einer Bezugsklasse von einem *Zufallsexperiment* auszugehen. Dieser Begriff ist zwar für das mathematische Modell nicht unbedingt erforderlich, erleichtert aber dessen Verständnis. Mit dem Begriff des Zufallsexperimentes verbindet sich jedenfalls die Vorstellung von einem Verfahren, das die folgenden vier Bedingungen erfüllt: (1) Das Verfahren ist in allen relevanten Einzelheiten genau beschreibbar; (2) das Verfahren ist beliebig wiederholbar; (3) bei jeder Realisierung des Verfahrens wird genau ein präzise beschreibbares Resultat gewonnen, wobei die Gesamtheit aller möglichen Resultate eine endliche oder eine unendliche Menge bilden darf; (4) die Resultate ändern sich von Wiederholung zu Wiederholung des Verfahrens in irregulärer und unvorhersehbarer Weise, jedoch so, daß die Häufigkeiten, mit denen die verschiedenen Resultate vorkommen, für eine große Anzahl von Versuchen („mehr oder weniger") konstant zu werden tendieren. Dieser Begriff des Zufallsexperimentes ist so weit gefaßt, daß darunter nicht nur menschliche Verrichtungen verstanden werden können, sondern ebenso Naturvorgänge, die vom menschlichen Dazutun unabhängig sind. Im Fall des Würfelns z. B. kann man entweder von der Bezugsklasse aller Würfe mit einem bestimmten Würfel oder vom Zufallsexperiment Würfelwurf in bezug auf einen bestimmten Würfel ausgehen.

Die möglichen Resultate bilden zusammen den sogenannten (endlichen oder unendlichen) Stichprobenraum Ω. Dieser Stichprobenraum wird im axiomatischen Aufbau der Theorie als formaler Repräsentant des Zufallsexperimentes gewählt. Aus technischen Gründen ist es notwendig, den möglichen Resultaten die zugehörigen Einerklassen zuzuordnen, welche als atomare Ereignisse aufgefaßt werden. Zweckmäßigerweise stelle sich der Leser die möglichen Resultate als einfache Sachverhalte, die durch atomare Sätze beschrieben werden, vor und betrachte den Übergang zu den atomaren Ereignissen als eine rein technische Konstruktion, deren Notwendigkeit sich aus den folgenden Überlegungen ergeben wird. Für *komplexere Ereignisse* wird eine mengentheoretische Begriffsapparatur verwendet. Es sei $\mathfrak{A}$ eine nichtleere Klasse von Teilmengen des Stichprobenraums Ω ($\mathfrak{A}$ ist also eine Menge zweiter Stufe). Wenn $\mathfrak{A}$ bezüglich endlicher Vereinigungs- und Komplementbildung abgeschlossen ist, so heißt $\mathfrak{A}$ ein *Mengenkörper*. Ist $\mathfrak{A}$ außerdem noch bezüglich unendlicher Vereinigungsbildung abgeschlossen,

---

[8] Jene Leser, die sich für dieses Modell nicht weiter interessieren, können ohne Beeinträchtigung des Verständnisses direkt zur Regel *(J)* in 4.c übergehen.

so wird $\mathfrak{A}$ ein *σ-Körper* genannt[9]. Unter *Ereignissen* — womit man hier stets Sachverhalte meint — werden genau die Elemente eines solchen Körpers oder σ-Körpers verstanden. Die Klasse $\mathfrak{A}$ nennen wir einen zum Zufallsexperiment Ω gehörigen Ereigniskörper bzw. σ-Körper von Ereignissen.

Der Grund für dieses Vorgehen wird ersichtlich, wenn man wieder zu den Sätzen zurückkehrt, welche die Sachverhalte beschreiben. Die in einem Mengenkörper zulässigen Operationen zeichnen nämlich einfach alle aussagenlogischen Verknüpfungen nach und die in einem σ-Körper zulässigen Operationen alle aussagenlogischen sowie quantorenlogischen Verbindungen. Im Fall eines Würfelwurfes z. B. wollen wir nicht nur die durch die Aussagen „es wird eine 1 geworfen", „es wird eine 2 geworfen" etc. beschriebenen möglichen Resultate in Betracht ziehen, sondern auch komplexere Sachverhalte, die durch Aussagen wie „es wird eine 1 oder eine 2 oder eine 5 geworfen", „es wird keine 3 geworfen" beschrieben werden. Bekanntlich kann man alle aussagenlogischen Verknüpfungen mit Hilfe des „oder" (Adjunktion) sowie des „nicht" (Negation) ausdrücken. Der Adjunktion entspricht mengentheoretisch die Vereinigung von Mengen und der Negation die Komplementbildung. Es ist nun eine bekannte Tatsache, daß ein System von Aussagen, das in bezug auf die aussagenlogischen Verknüpfungen abgeschlossen ist, dieselbe formale Struktur hat wie ein Mengenkörper: beide bilden eine sogenannte Boolesche Algebra. Eine analoge Strukturgleichheit gilt, wenn man von σ-Körpern und Systemen von quantorenlogischen Aussagen ausgeht. Diese Verallgemeinerung liefert nur im Unendlichkeitsfall etwas Neues. Bei dieser Analogiebetrachtung entspricht der Tautologie der ganze Raum Ω oder das sogenannte sichere Ereignis und der Kontradiktion die leere Menge oder das sogenannte unmögliche Ereignis.

Es wird jetzt auch klar, warum die atomaren Ereignisse als Einermengen von möglichen Resultaten aufzufassen sind. So wie die aussagenlogisch komplexen Sätze durch logische Verknüpfungsoperationen aus einfachen Sätzen erzeugt werden, so müssen entsprechend auch die Elemente eines Mengenkörpers aus atomaren Elementen dieses Körpers durch die beiden mengentheoretischen Operationen (Vereinigungsbildung, Komplementbildung) erzeugbar sein. Diese atomaren Elemente müssen daher selbst bereits Mengen darstellen. Eine Menge $\{1, 2, 5,\}$, bestehend aus den drei Zahlen 1, 2 und 5, kann z.B. nicht durch Vereinigung der drei genannten Zahlen gebildet werden (was keinen Sinn ergäbe), sondern nur durch die Vereinigung der drei Einermengen $\{1\}$, $\{2\}$ und $\{5\}$, deren jede genau eine Zahl als Element enthält.

---

[9] Im diskreten, d. h. endlichen oder abzählbar unendlichen Fall wird als Klasse $\mathfrak{A}$ meist die sogenannte Potenzmenge von Ω (die Klasse aller Teilmengen aus Ω, einschließlich Ω selbst) genommen.

Ereignissen soll eine quantitative Größe als Wahrscheinlichkeit zugeordnet werden. Nun werden aber die Ereignisse in der geschilderten Weise durch Teilmengen des Stichprobenraumes (als Elemente von $\mathfrak{A}$) repräsentiert. Also muß die Funktion p, welche einem Ereignis dessen Wahrscheinlichkeit zuordnet, als reelle *Mengenfunktion* über $\mathfrak{A}$ konstruiert werden, d. h. als Funktion, die als Argumente Mengen aus $\mathfrak{A}$ besitzt und deren Werte reelle Zahlen sind. Dabei muß immer die Relativierung auf ein vorgegebenes Zufallsexperiment im Auge behalten werden. Als formalen Repräsentanten dieses Zufallsexperimentes kann man, wie bereits erwähnt, den Stichprobenraum Ω wählen, der ja aus der Klasse der möglichen Resultate dieses Experimentes besteht. Dadurch vermeidet man, daß der Begriff des Experimentes selbst in das mathematische Modell Eingang findet. Die Relativierung der Funktion p müßte also stets zum Ausdruck gebracht werden, etwa durch die Schreibweise p_Ω. Solange jedoch das Zufallsexperiment bzw. der Stichprobenraum derselbe bleibt, kann der Index unterdrückt werden.

Eine reelle Mengenfunktion wird dann eine Wahrscheinlichkeitsfunktion genannt, wenn es sich um eine sogenannte normierte, nichtnegative und additive Mengenfunktion handelt, d. h. wenn sie die drei Axiome erfüllt:

(1) $p(\Omega)=1$ (Normierung; das sichere Ereignis hat den p-Wert 1)

(2) $p(G) \geqq 0$ für jedes $G \in \mathfrak{A}$ (die Wahrscheinlichkeit ist stets nichtnegativ).

(3) Wenn G_1 und G_2 zwei getrennte Mengen (d. h. zwei Mengen mit leerem Durchschnitt) aus $\mathfrak{A}$ sind, dann soll gelten: $p(G_1 \cup G_2) = p(G_1) + p(G_2)$ (Additivität; die Wahrscheinlichkeit dafür, daß eines von zwei einander ausschließenden Ereignissen eintritt, ist gleich der Summe der Einzelwahrscheinlichkeiten dieser beiden Ereignisse.)

Wenn $\mathfrak{A}$ ein σ-Körper ist, so muß die Additivitätsforderung entsprechend zur σ-Additivität erweitert werden: $p(\cup G_i)=\Sigma_i p(G_i)$ für wechselseitig getrennte Mengen G_i (das Symbol „$\cup$" für die Vereinigung von Mengen wie das Summenzeichen laufen hier über unendlich viele Glieder).

Neben dieser absoluten Wahrscheinlichkeit, die in der praktischen Anwendung meist nur eine Hilfsfunktion bildet, ist die *bedingte Wahrscheinlichkeit* von Wichtigkeit, nämlich die Wahrscheinlichkeit des Ereignisses G unter der Voraussetzung des Ereignisses F, abgekürzt: $p_F(G)$. *Strenggenommen ist jede, auch die in* (1) *bis* (3) *charakterisierte „absolute" Wahrscheinlichkeit eine bedingte Wahrscheinlichkeit*; denn auch hier besteht die Relativität in bezug auf Ω. Die bedingte Wahrscheinlichkeit läßt sich definitorisch auf die absolute zurückführen:

$$p_F(G) = \frac{p(F \cap G)}{p(F)} \, .$$

Schreiben wir noch $p(G, F)$ statt $p_F(G)$, so haben wir damit genau zu der früher bereits benützten Ausdrucksweise zurückgefunden. Diesen Übergang von der absoluten zur bedingten Wahrscheinlichkeit kann man auch deuten als Ersetzung des ursprünglichen Zufallsexperimentes Ω durch das neue Zufallsexperiment F, repräsentiert durch die Teilklasse F möglicher Resultate aus der Gesamtklasse Ω der möglichen Resultate des ursprünglichen Zufallsexperimentes. Aus dem ursprünglich gegebenen Stichprobenraum Ω wird also ein Teilraum F herausisoliert. Die Wahrscheinlichkeiten der zu diesem Teilraum F gehörenden möglichen Resultate werden durch Multiplikation mit der Konstanten $1/p(F)$ so erhöht, daß die Summierung über alle bedingten Wahrscheinlichkeiten der Elemente von F wieder den Wert 1 ergibt.

4.c Mit der Konstruktion dieses mathematischen Modells ist natürlich für die Anwendung noch nicht viel geleistet: Wie schon hervorgehoben, wird dadurch nur eine partielle Explikation des statistischen Wahrscheinlichkeitsbegriffs geliefert, der für die Anwendung nicht ausreicht. Der durch die obigen Axiome festgelegte Wahrscheinlichkeitsbegriff ist eine mathematische Entität. Die mit seiner Hilfe formulierten Wahrscheinlichkeitsaussagen sind rein mathematische Sätze. Der in statistischen Hypothesen verwendete Wahrscheinlichkeitsbegriff dagegen ist *empirischer* Natur, die Hypothesen sind *empirische* Sätze. Wir können uns hier nicht mit allen Versuchen einer vollständigen Begriffsexplikation auseinandersetzen. Vielmehr begnügen wir uns damit, drei Typen von solchen Explikationen kurz zu erwähnen und an jene, die vom praktisch arbeitenden Statistiker meist angewendet wird, anzuknüpfen.

Alle drei Typen sind Unterfälle der Häufigkeitsinterpretation der Wahrscheinlichkeit. Der erste Typus wird durch R. v. MISES und H. REICHENBACH repräsentiert[10]. Anknüpfend an die Tatsache, daß im Endlichkeitsfall eine statistische Wahrscheinlichkeitsbehauptung gleichwertig ist mit einer Aussage über relative Häufigkeiten oder Proportionen und daß daher die Überprüfung einer statistischen Hypothese stets auf dem Wege über Häufigkeitsfeststellungen erfolgt, wird im Unendlichkeitsfall die Wahrscheinlichkeit definiert als Grenzwert der relativen Häufigkeit bei unendlich oftmaliger Wiederholung eines Experimentes, falls dieser Grenzwert existiert[11]. Die Behauptung, daß die Wahrscheinlichkeit, mit einem gegebenen Würfel eine 6 zu werfen, 1/6 beträgt, besagt danach, daß die relative Häufigkeit der Sechserwürfe gegen 1/6 konvergiert, wenn man die Anzahl der

---

[10] R. v. MISES, [Statistik], und H. REICHENBACH, [Probability].

[11] Für eine detailliertere, aber doch einfache Schilderung der „Stabilitätsbedingung", der eine unendliche Folge genügen muß, damit die statistische Wahrscheinlichkeit als Häufigkeitsgrenzwert definiert werden kann, vgl. ST. KÖRNER, [Experience], S. 135ff.

Würfe über alle Schranken wachsen läßt. Diese Deutung hat den Vorteil großer Anschaulichkeit. Auch genügt sie den früheren Forderungen empirischer Signifikanz. Denn die Definition setzt außer logisch-mathematischen Begriffen nur solche Begriffe voraus, die in der Sprache eines Beobachters ausdrückbar sind. Da diese Theorie aber zu Schwierigkeiten im mathematischen Aufbau geführt hat und außerdem vielen Wissenschaftstheoretikern aus einer Reihe von Gründen als erkenntnistheoretisch bedenklich oder sogar unhaltbar erscheint, wird sie heute nur noch selten akzeptiert.

Nach einem zweiten Interpretationstypus wird die statistische Wahrscheinlichkeit als *theoretischer Begriff* (theoretische Konstruktion) eingeführt, analog anderen abstrakten physikalischen Begriffen wie „elektromagnetische Feldstärke", „Elektron", „Spin" etc. Es wird hier darauf verzichtet, eine *Definition* dieses Begriffs in der Beobachtungssprache zu liefern. Der Zusammenhang zwischen dem theoretischen Begriff und Beobachtungen, die über das Zutreffen oder Nichtzutreffen des Begriffs in einer gegebenen Situation entscheiden sollen, ist nach dieser Auffassung ein sehr indirekter, analog zu den anderen Fällen theoretischer Begriffe. Wir sprechen deshalb von der *theoretischen Interpretation* der statistischen Wahrscheinlichkeit. Diese Denkweise findet sich heute bei verschiedenen Autoren, z. B. bei R. CARNAP, K. POPPER, R. B. BRAITHWAITE, I. HACKING[12]. Nach CAPNAP z. B. ist eine statistische Hypothese über einen Würfel ein Satz, der einem System, in dem dieser Würfel als Teilsystem vorkommt, als physikalischem System eine bestimmte *Disposition* zuschreibt: den statistischen Wahrscheinlichkeitszustand des Würfels. Von einer Häufigkeitsinterpretation kann auch hier gesprochen werden, weil die Überprüfung auf dem Wege über Häufigkeitsfeststellungen erfolgt. Als ein sehr einfaches Analogiebeispiel möge etwa das Dispositionsprädikat der Löslichkeit in Wasser dienen. Ungeachtet der Tatsache, daß diese Eigenschaft der Löslichkeit in Wasser nicht mit Hilfe von Beobachtungsprädikaten definierbar ist[13] und am zweckmäßigsten als ein theoretischer Begriff gedeutet wird, entscheiden wir doch über das Vorliegen oder Nichtvorliegen dieser Eigenschaft dadurch, daß wir das Verhalten von Zuckerstücken in Wasser unter wechselnden Bedingungen beobachten. Analog überprüfen wir den Wahrscheinlichkeitszustand des Würfels durch Feststellung von dessen „Häufigkeitsverhalten" bei Wurfreihen. Die hier angedeutete Interpretation scheint bisher nur in mehr oder weniger skizzenhaften Ansätzen zu existieren. Wie die bisherigen Untersuchungen ergeben haben, dürfte diese Deutung nur in der Weise

---

[12] CARNAP-STEGMÜLLER, [Induktive Logik], K. POPPER, [Propensity], R. B. BRAITHWAITE, [Explanation], I. HACKING, [Statistical Inference].

[13] Den Nachweis dafür können wir an dieser Stelle nicht erbringen. Vgl. etwa W. STEGMÜLLER, [Semantik], S. 273ff.

erfolgreich durchführbar sein, daß der axiomatischen Theorie der Wahrscheinlichkeit *eine Logik der Stützung statistischer Wahrscheinlichkeitsaussagen* überlagert wird.

Den dritten Typus der Häufigkeitsdeutung wollen wir die *Vagheitsinterpretation* nennen. Es ist diejenige Deutung, mit der vermutlich die meisten praktisch arbeitenden Statistiker operieren und die sich auch zahlreiche Autoren ausdrücklich zu eigen machen, darunter z. B. der Verfasser eines der Standardwerke der mathematischen Statistik, H. CRAMÉR. Diese Autoren gehen davon aus, daß man bei der Anwendung eines präzisen mathematischen Begriffsgebäudes auf die Erfahrung gewisse Vagheiten in Kauf nehmen muß. Für die Zwecke der Anwendung müssen den mathematischen Begriffen empirische Begriffe zugeordnet werden, über deren Vorliegen oder Nichtvorliegen in einem konkreten Einzelfall nach dieser Auffassung nicht unbedingt mit absoluter Sicherheit eine Entscheidung möglich sein muß. Die Cramérsche Deutung[14], die auch HEMPEL seinen Analysen zugrundelegt, lautet — in der oben eingeführten Terminologie — folgendermaßen:

(*J*) *F sei ein Zufallsexperiment; G sei ein Ereignis aus dem zugehörigen Ereigniskörper. Die Aussage $p(G,F) = r$ soll dann folgendes besagen: Es ist praktisch sicher, daß in einer langen Reihe von Wiederholungen des Experimentes F die relative Häufigkeit des Ereignisses G approximativ gleich r sein wird.*

Es dürfte klar sein, warum wir diese Deutung die Vagheitsinterpretation nennen. In der Formulierung von (*J*) kommen nicht weniger als drei vage Ausdrücke vor, nämlich die Ausdrücke „lange Reihe", „praktisch sicher" und „approximativ gleich". Die Fragen, wann eine Reihe lang sei, wann ein Ereignis praktisch sicher sei und was für ein Approximationsgrad zu wählen sei, werden nicht generell durch Angabe präziser Kriterien beantwortet. Vielmehr wird es dem mit der mathematischen Theorie arbeitenden Statistiker in jedem konkreten Einzelfall überlassen, eine diesbezügliche Entscheidung zu treffen. Der Ausdruck „Vagheitsinterpretation" ist nicht wertmäßig aufzufassen; es soll damit nicht der Vorwurf der Vagheit gegen die statistische Praxis erhoben werden.

Um die Analogie zu den früheren Schemata (2) und (3) bzw. (5) und (6) gewinnen zu können, müssen noch jene beiden Fälle betrachtet werden, in denen r entweder nahe bei 0 oder nahe bei 1 liegt. Diese beiden Fälle werden auch von CRAMÉR ausdrücklich hervorgehoben (a. a. O. S. 149). Zunächst ist zu beachten, daß nach der obigen Deutung $p(G,F) = 0$ *nicht*

---

[14] Vgl. H. CRAMÉR, [Statistics], S. 148 ff.

bedeutet, daß G ein unmöglich eintretendes Ereignis darstellt, sondern nur, daß die relative Häufigkeit k/n des Ereignisses G für großes n approximativ gleich 0 ist. (Bei Unmöglichkeit des Ereignisses müßte dagegen der relative Häufigkeitswert immer gleich 0 sein.) Die mittels (J) interpretierte Aussage $p(G,F) = 0$ besagt also, daß Ereignisse von der Art G auf lange Sicht nur in einem sehr kleinen Prozentsatz der Fälle eintreten. Dieselbe Überlegung gilt unter der allgemeineren Annahme, daß der p-Wert die Bedingung erfüllt: $0 \leq p(G, F) < \varepsilon$, wobei ε eine sehr kleine Zahl sei. Denn die Interpretation (J) besagt ja auch hier, daß die relative Häufigkeit von G auf lange Sicht approximativ einem Betrag gleichen wird, der kleiner als ε ist, also wegen der Wahl von ε nahe bei 0 liegen wird. Falls das Zufallsexperiment nur ein einziges Mal realisiert wird, so kann man daher praktisch sicher sein, daß das Ereignis G nicht eintreten wird. Selbstverständlich ist für jede konkrete Anwendung eine zusätzliche Entscheidung darüber notwendig, was man als eine sehr kleine Zahl betrachten will. CRAMÉR formuliert somit diese spezielle Folgerung aus (J):

$(J.1)$ *Es sei F ein Zufallsexperiment; G sei ein Element des zugehörigen Ereigniskörpers. Ferner sei ε eine sehr kleine positive Zahl. Wenn dann gilt, daß $p(G, F) < \varepsilon$, und wenn ferner das Experiment F nur ein einziges Mal realisiert wird, so ist es praktisch sicher, daß das Ereignis G nicht eintreten wird.*

Analog verhält es sich, wenn $p(G, F)$ nahe bei 1 liegt. Für ein bei Realisierung von F sicher eintretendes Ereignis müssen wir den p-Wert 1 wählen. Wenn umgekehrt der p-Wert 1 beträgt, so kann man nicht schließen, daß das Ereignis sicher ist; vielmehr erlaubt (J) nur die Interpretation, daß das fragliche Ereignis auf lange Sicht in den meisten Fällen eintreten wird. Derselbe Schluß ist zulässig, wenn der p-Wert von 1 nur geringfügig abweicht. In diesem Fall werden wir bei bloß einmaliger Realisierung des Zufallsexperimentes F das Eintreten von G als praktisch sicher erwarten. So ergibt sich die folgende spezielle Regel:

$(J.2)$ *Es sei F ein Zufallsexperiment; G sei ein Element des zugehörigen Ereigniskörpers. Ferner sei ε eine sehr kleine positive Zahl. Wenn dann gilt, daß $1-p(G, F) < \varepsilon$, und wenn ferner das Experiment F nur ein einziges Mal realisiert wird, so ist es praktisch sicher, daß das Ereignis G eintreten wird.*

4.d Wir kehren jetzt zu unserem eigentlichen Problem zurück. Zunächst sei anhand zweier Beispiele gezeigt, wie die Schwierigkeit, welche früher unter Benützung des sogenannten statistischen Syllogismus aufgezeigt wurde, auch in dem neuen begrifflichen Rahmen auftritt.

1. *Beispiel:* N. N. sei erkrankt. Dieser spezielle Krankheitsfall werde als ein Ereignis k aufgefaßt. Eine ärztliche Untersuchung ergibt, daß es sich um eine ernsthafte Streptokokkeninfektion handelt (abgekürzt: Sk). Der Arzt behandelt diesen Krankheitsfall intensiv mit Penicillin (abgekürzt: Pk). G sei das Attribut, das auf einen Krankheitsfall genau dann zutrifft, wenn dieser in Genesung übergeht. Für eine sehr kleine Zahl ε sei $1-p(G, S \wedge P) < \varepsilon$, d. h. die statistische Wahrscheinlichkeit der Genesung bei Vorliegen von S und P (Penicillinbehandlung nach Streptokokkeninfektion) sei sehr groß. Wegen (J. 2) können wir daher schließen, daß mit praktischer Sicherheit Genesung zu erwarten sei. Dieser Schluß hat die folgende formale Struktur:

(13)
$$\frac{1-p(G, S \wedge P) < \varepsilon \text{ für eine sehr kleine Zahl } \varepsilon}{Sk \wedge Pk}$$
also ist es praktisch sicher, daß Gk.

Analog zu den früheren Fällen kann auch dieses Argument bei Vorliegen geeigneter Umstände durch ein anderes mit gegenteiliger Conclusio paralysiert werden, wobei sich dieses zweite Argument ebenfalls nur auf eine der angeführten Regeln stützt. Dazu braucht man bloß anzunehmen, daß k einer jener Krankheitsfälle von Streptokokkeninfektion ist, in denen die Penicillinbehandlung meist nicht zur Genesung führt. Ein solcher Fall kann aus verschiedenen Gründen verwirklicht sein. Eine Möglichkeit wäre die, daß die Erkrankung des N. N. durch penicillinresistente Streptokokken hervorgerufen wurde. Wir wollen in diesem Fall sagen, daß die Erkrankung das Attribut S^* hat oder daß sie ein Ereignis von der Art S^* ist. Für eine sehr kleine Zahl ε' möge gelten: $1-p(\neg G, S^* \wedge P) < \varepsilon'$. Dann können wir in der folgenden Weise schließen:

(14)
$$\frac{1-p(\neg G, S^* \wedge P) < \varepsilon' \text{ für eine sehr kleine Zahl } \varepsilon'}{S^* k \wedge Pk}$$
also ist es praktisch sicher, daß $\neg Gk$ (d. h. daß keine Genesung erfolgt).

Eine andere Paralysierungsmöglichkeit des ersten Argumentes durch ein rivalisierendes würde sich z. B. ergeben, wenn die statistische Wahrscheinlichkeit, daß N.N. die Penicillinbehandlung überlebt, sehr gering ist, weil N.N. ein Neunzigjähriger mit sehr schwachem Herz ist. An die Stelle von (14) würde hier ein anderes Argument mit einem Attribut $S^\#$ statt S^* treten; im übrigen bliebe alles gleich. So wie früher entsteht die Inkonsistenz auch hier dadurch, daß für beide Argumente angenommen worden ist, daß das Explanans wahr sei: sowohl die beiden Prämissen in (13) wie die beiden Prämissen von (14) wurden ja als richtig vorausgesetzt.

Während in der früheren Deutung der Widerspruch dadurch entstand, daß ein und dasselbe Ding unter geeigneten Bedingungen verschiedenen Bezugsklassen zugeordnet wurde, so wird jetzt jeweils ein und dasselbe Ereignis als Ergebnis verschiedener Zufallsexperimente aufgefaßt.

2. *Beispiel:* Man kann auch die für wahrscheinlichkeitstheoretische Betrachtungen beliebten Urnenbeispiele für die Konstruktion des Widerspruchs benützen. Man hat nur darauf zu achten, daß die Ziehung aus einer Urne in einer geeigneten Weise als Ergebnis zweier verschiedener Zufallsexperimente betrachtet werden kann. In einer Urne mögen sich 100.000 Kugeln von gleicher Größe und gleichem Gewicht befinden. 99.001 von diesen Kugeln seien weiß (abgekürzt: W), 999 schwarz (abgekürzt: $\neg W$, da es nur auf den Gegensatz zu W ankommt). Ziehungen Z aus dieser Urne fassen wir als Zufallsexperimente auf, wobei die statistische Wahrscheinlichkeit für die Gewinnung einer weißen Kugel durch die Hypothese $p(W, Z) = 0,99001$ gegeben sei. Wir nehmen also die Hypothese an, daß die fragliche statistische Wahrscheinlichkeit mit der relativen Häufigkeit der weißen Kugeln in der Urne identisch ist. c sei eine bestimmte Ziehung. Wir setzen voraus, daß die Zahl $\varepsilon = 1/100$ als klein betrachtet wird. Dann können wir den folgenden Schluß mittels (J.2) rechtfertigen:

(15)
$$\frac{1 - p(W, Z) < 1/100; \text{ (wobei 1/100 eine sehr kleine Zahl ist)}}{Zc}$$

Also ist es praktisch sicher, daß Wc, d. h. daß die Ziehung c eine weiße Kugel ergeben wird.

Nehmen wir nun zusätzlich an, daß sich die Kugeln in der Urne außer durch W und $\neg W$ noch durch ein anderes Merkmalspaar unterscheiden, d. h. durch zwei Merkmale, von denen jeder Kugel genau eines zukommt. Es mögen etwa 99.000 dieser Kugeln aus Elfenbein bestehen und 1.000 aus Glas. Die elfenbeinernen Kugeln seien alle weiß; von den gläsernen Kugeln sei eine weiß, die übrigen 999 schwarz. Wir nehmen weiter an, daß man durch eine einfache Beobachtung feststellen kann, ob eine Kugel aus Elfenbein oder aus Glas besteht. Das Zufallsexperiment Z^* bestehe darin, eine beliebige Glaskugel aus der Urne zu ziehen. Dies hat man sich so vorzustellen: Falls man beim tatsächlichen Ziehen eine Elfenbeinkugel erhält, so betrachtet man das Experiment als nicht vollzogen, sondern legt die Kugel zurück, mischt gut und zieht von neuem. Nur die gewonnenen Glaskugeln werden als Realisierung von Z^* betrachtet. Wegen der angegebenen Häufigkeitsverhältnisse nichtweißer Glaskugeln ist es naheliegend, die folgende statistische Hypothese als gültig zu betrachten: $p(\neg W, Z^*)$ = 0,999[15]. Die empirische Überprüfung ergebe, daß die Ziehung c ein Einzelfall des Zufallsexperimentes Z^* ist. Da 0,001 kleiner als die sehr kleine Zahl 0,0012 ist, erhalten wir unter Berufung auf (J. 2) den folgenden Schluß:

(16)
$$\frac{1-p(\neg W,\ Z^*)<0{,}0012 \text{ (wobei die Zahl 0,0012 eine sehr kleine Zahl ist)}}{Z^*c}$$

also ist es praktisch sicher, daß $\neg Wc$, d. h. daß die Ziehung keine weiße Kugel ergibt.

Wieder erhalten wir unter der Voraussetzung richtiger Annahmen einander widersprechende Ergebnisse[16].

Die Schwierigkeiten sind also in der Tat genau dieselben wie früher. Daher gelten auch die analogen allgemeinen Betrachtungen wie dort (vgl. den Text unmittelbar unter Schema (6) in 4.a), abgesehen von gewissen terminologischen Unterschieden, etwa daß wir jetzt von Zufallsexperimenten statt von Bezugsklassen sprechen etc. In beiden Sprechweisen formuliert, ist also die Situation, nochmals kurz zusammengefaßt, die folgende: Wenn ein Objekt (ein Vorgang) ein Attribut F besitzt (das Ergebnis eines Zufallsexperimentes F ist), das mit großer statistischer Wahrscheinlichkeit mit einem anderen Attribut G verbunden ist (zu einem Ereignis von der Art G führt), so wird sehr häufig dasselbe Objekt (derselbe Vorgang) ein anderes Attribut F^* besitzen (Ergebnis eines anderen Zufallsexperimentes F^* sein), das mit hoher statistischer Wahrscheinlichkeit mit $\neg G$ verbunden ist (zu einem Ereignis von der Art $\neg G$ führt). Wenn daher der vorliegende Einzelfall von F zusammen mit der ersten statistischen Wahrscheinlichkeitsaussage die Schlußfolgerung ermöglicht, daß auch das Vorliegen von G praktisch sicher ist, so kann dieses Resultat mit Hilfe der zweiten statistischen Wahrscheinlichkeitsaussage paralysiert werden, auf Grund deren das Vorliegen von nicht-G praktisch sicher ist. Der Gebrauch statistischer Gesetze für Erklärungs- oder Voraussagezwecke würde damit völlig entwertet werden. Wie bereits früher betont wurde, existiert dazu kein Gegenstück im deduktiv-nomologischen Fall; denn wenn ein Ding oder Vorgang das Merkmal A besitzt, das stets mit B verknüpft ist, so kann dieses

---

[15] Um jedes Mißverständnis auszuschließen, sei ausdrücklich betont, daß diese Aussage ebenso wie alle analogen früheren *keine a priori zu rechtfertigende Erkenntnis darstellt*, sondern eine *empirische Hypothese*, die durch die bekannten Häufigkeitsverhältnisse nahegelegt wird, aber doch auf Grund von Erfahrungen überprüft werden muß. Die Frage, wie dieses Überprüfungsverfahren statistischer Hypothesen aussieht, wird in diesem Buch nicht diskutiert.

[16] In den Hempelschen Arbeiten finden sich weitere Beispiele, so z. B. ein meteorologisches in [Aspects], S. 395.

selbe Ding (dieser selbe Vorgang) nicht zugleich ein Merkmal A^* besitzen, das stets mit nicht-B verknüpft ist.

Wir haben uns in den Beispielen dieses Unterabschnittes auf die Fälle sehr hoher bzw. sehr niedriger Wahrscheinlichkeiten beschränkt. Ebenso wie früher entsteht ein Widerspruch aber bereits dann, wenn ein und derselbe Vorgang als Ergebnis zweier verschiedener Zufallsexperimente aufgefaßt werden kann, welche für gleichartige Ereignisse *voneinander abweichende* statistische Wahrscheinlichkeiten liefern.

Wie HEMPEL mit Recht hervorhebt, wäre es kein brauchbarer Vorschlag, zu verlangen, daß statistische Hypothesen niemals auf Einzelfälle, sondern stets nur auf größere Stichproben angewendet werden dürfen. Denn erstens wäre der Sinn einer solchen Forderung nicht klar, da zwischen Stichproben, bestehend aus nur einem Element, und solchen, bestehend aus vielen Elementen, nur ein gradueller Unterschied besteht. Wie sollte man hier eine Grenze ziehen, die nicht als vollkommen willkürlich erscheint? Zweitens aber würde eine solche Forderung keinen Ausweg aus der Schwierigkeit darstellen. Es sei eine statistische Hypothese $p(G,F) = r$ gegeben. Nach dem Gesetz der großen Zahl tendiert die Wahrscheinlichkeit dafür, daß die relative Häufigkeit der G-Elemente in einer n-gliedrigen Stichprobe von r um mehr als δ abweicht, mit zunehmendem n gegen 0, wie klein die Zahl δ auch gewählt sein mag. Wenn für ein vorgegebenes δ die Zahl $n = n(\delta)$ entsprechend groß gewählt wird, dann besteht somit praktische Sicherheit dafür, daß eine einzige Folge von mindestens n Wiederholungen des Zufallsexperimentes F zu einer relativen Häufigkeit von G-Elementen führen wird, die von r um weniger als δ abweicht. Um die Analogie zu den obigen Widersprüchen zu gewinnen, haben wir jetzt bloß diese n Fälle als Ergebnisse eines anderen Zufallsexperimentes F^* zu konstruieren, für das die statistische Hypothese $p(G,F^*) = r^*$ gilt, wobei r^* um mehr als 2δ von r abweichen möge. Das Gesetz der großen Zahl würde es diesmal als praktisch sicher erscheinen lassen, daß eine durch Realisierung des Zufallsexperimentes F^* erzeugte n-gliedrige Folge von r^* um weniger als δ, also von r um mehr als δ, abweicht, im Widerspruch zum ersten Resultat.

Bei der in den folgenden Abschnitten versuchten Überwindung der geschilderten Inkonsistenzen werden wir klar zwischen zwei Dingen unterscheiden müssen: zwischen einer *Begriffsverwirrung* und einer *echten logischen Schwierigkeit*. Alle bisherigen Darstellungen sind nämlich mit einer Begriffsverwirrung behaftet, durch deren Beseitigung auch die Widersprüche verschwinden. Dahinter aber verbirgt sich ein noch verbleibendes wirkliches Problem. Um dieses deutlich zu machen, muß zunächst die Konfusion behoben werden.

5. Gewißheit als modaler Qualifikator und als Relationsbegriff
Der induktive Charakter der statistischen Systematisierungen

5.a Es gibt eine Klasse von Verwendungen des Ausdruckes „gewiß" und analog „praktisch sicher", „sehr wahrscheinlich", durch die eine Proposition oder Aussage Φ näher qualifiziert werden soll. Diese Qualifikation kann entweder eine rein *subjektive* bzw. *personelle* sein. Mit „es ist gewiß, daß Φ" und ähnlich mit „wahrscheinlich Φ", „es ist sehr wahrscheinlich, daß Φ" will dann der Behauptende hinter seine Äußerung einen größeren oder geringeren Nachdruck setzen und darüber hinaus zum Ausdruck bringen, in welchem Maße er sich mit seiner Behauptung dem Angesprochenen gegenüber verpflichtet. Die Qualifikation kann aber auch eine objektive sein. Im Fall der Gewißheit soll dann damit gesagt werden, daß die Aussage Φ eine *notwendige Wahrheit* beinhalte, entweder weil sie mit logischer Notwendigkeit gelte oder weil ihr eine zwar nicht logische, aber doch apriorische Notwendigkeit zukomme („synthetisches Urteil a priori"). In diesem zweiten Fall ist der Ausdruck der Gewißheit nur eine andere Form, einen Operator für logische Notwendigkeit oder wenigstens für apriorische Notwendigkeit alltagssprachlich wiederzugeben.

Aus Gründen, die sogleich deutlich werden, kann man im Wahrscheinlichkeitsfall keine analoge objektive Deutung vornehmen, wonach durch „wahrscheinlich" oder „sehr wahrscheinlich" eine isolierte Proposition qualifiziert würde. TOULMIN allerdings und alle anderen, die entweder den statistischen Syllogismus als eine wenn auch mit Einschränkungen gültige Argumentationsform akzeptieren oder eine Regel von der Art der früheren Regel R annehmen, behandeln diese Wendungen so, als sollte mit ihnen eine bestimmte Aussage (Proposition) modal qualifiziert werden. Ebenso legen die Cramérschen Regeln eine solche Interpretation nahe, die auch in den als Beispiele vorgebrachten Argumenten in Abschn. 4 benützt wurde.

5.b Diese Deutung ist jedoch unhaltbar. Die innerhalb statistischer Systematisierungen, z. B. statistischer Erklärungen oder Prognosen, vorkommenden Wendungen wie „es ist praktisch sicher, daß", „es ist beinahe gewiß, daß", „es ist sehr wahrscheinlich, daß" und ähnliche dürfen nicht als modale Qualifikatoren von einzelnen Aussagen gedeutet werden. Vielmehr sind sie als *Relationsausdrücke* aufzufassen, durch welche eine bestimmte Beziehung zwischen den angeführten Prämissen und der Conclusio hergestellt werden soll.

Die Analogiebetrachtung zum deduktiven Fall dürfte für die Gewinnung dieser Einsicht von Nutzen sein. Auch im deduktiven Fall können wir ja eine analoge Wendung vor die Conclusio einschieben, die aber diesmal nicht lautet „es ist beinahe sicher, daß", sondern: „es ist (absolut) sicher, daß" oder: „es ist notwendig, daß". Das Schlußschema (7) würde damit z. B. das folgende Aussehen bekommen:

$$\frac{\begin{array}{c} \wedge x\,(Fx \to Gx) \\ Fa \end{array}}{\text{also ist es sicher, daß } Ga.}$$

(17)

Ein konkretes Beispiel wäre folgendes:

$$\frac{\begin{array}{l} \text{Alle Hunde haben vier Beine} \\ \text{Alexander ist ein Hund} \end{array}}{\text{also ist es sicher, daß Alexander vier Beine hat.}}$$

(18)

Nun ist es sicherlich weder logisch notwendig noch absolut gewiß, daß Alexander vier Beine hat. Die Notwendigkeit bzw. Gewißheit, von der hier gesprochen wird, drückt vielmehr eine Relation zwischen den Prämissen und der Conclusio aus. Die Aussage Ga („Alexander hat vier Beine") ist gewiß oder notwendig *relativ auf* die in (17) bzw. (18) angeführten Prämissen. Damit soll nichts anderes gesagt werden, als daß zwischen den Prämissen und der Conclusio eine logische Folgebeziehung besteht. Die Conclusio braucht dagegen überhaupt nicht wahr zu sein, da auch die Prämissen nicht zu stimmen brauchen (Alexander kann z. B. ein Kanarienvogel sein). Es war daher unzweckmäßig und irreführend, die betreffende Wendung so anzuschreiben, als sei sie ein Bestandteil der Conclusio. Demgegenüber erscheint es als sinnvoller, neben dem Strich, der die Ableitungsbeziehung ausdrückt, die Worte „mit Sicherheit" oder „mit Notwendigkeit" anzuschreiben, also etwa:

$$\frac{\begin{array}{c} \wedge x\,(Fx \to Gx) \\ Fa \end{array}}{Ga} \quad \text{[mit Sicherheit]}$$

(19)

5.c Was für den deduktiven Fall gilt, das trifft analog für den nichtdeduktiven Fall des statistischen Schlusses zu. *Das „beinahe sicher" bzw. „sehr wahrscheinlich, daß" qualifiziert nicht die Conclusio als solche, sondern beschreibt eine Relation, die zwischen den Prämissen und der Conclusio besteht.* Wenn wir auf eines der früheren Beispiele, etwa (5) (Abschn. 3), zurückgreifen, so müßte dies in korrekter Weise so ausgedrückt werden:

(20)   „a ist ein G" ist beinahe sicher (in hohem Grade wahrscheinlich) relativ zu den beiden Aussagen „$p(G, F) > 49/50$" und „a ist ein F".

Dasselbe gilt für alle anderen Fälle, in denen diese Wendungen in die Conclusio einbezogen wurden.

Der Begriff der „Beinahe-Sicherheit" bzw. der hohen Wahrscheinlichkeit, der hier verwendet wird, hat nichts mehr mit dem Begriff der statistischen Wahrscheinlichkeit zu tun, der in der ersten Prämisse des Argumentes verwendet wird. Vielmehr handelt es sich um jenen Begriff, den R. CARNAP *induktive Wahrscheinlichkeit* oder *Bestätigungsgrad* nennt. Wenn wir für die Wendung „der Bestätigungsgrad der Hypothese H relativ auf die Aussage E ist gleich s" die Abkürzung „$C(H, E) = s$" einführen und wenn wir außerdem für den Augenblick annehmen, daß die in (20) ausgedrückte hohe induktive Wahrscheinlichkeit quantitativ meßbar ist und etwa mindestens 0,95 beträgt, so könnte (2) durch den Satz wiedergegeben werden:

$$(20') \qquad C(Ga, p(G, F) > 49/50 \wedge Fa) \geqq 0{,}95$$

Hierbei haben wir vorausgesetzt, daß ein quantitativ präzisierbarer Begriff der induktiven Wahrscheinlichkeit existiert und zwar selbst für so reiche Sprachen, in denen statistische Hypothesen von der wiederholt benützten Art ausdrückbar sind[17]. Da man unter dieser Voraussetzung am leichtesten eine prinzipielle Klärung erzielen kann, wollen wir vorläufig daran festhalten und uns erst an späterer Stelle von dieser Voraussetzung befreien.

Nicht nur der Fall der hohen oder niedrigen Wahrscheinlichkeit ist so zu behandeln, sondern auch der allgemeine Fall, in welchem innerhalb der statistischen Prämisse irgendein Zahlenwert zwischen 0 und 1 vorkommt. Dabei ist dann allerdings zu beachten, daß der induktive Wahrscheinlichkeitswert der Conclusio relativ auf die beiden Prämissen nicht mit dem in der statistischen Prämisse angeführten Wahrscheinlichkeitswert übereinzustimmen braucht. Ein Schlußschema wie (4) aus Abschn. 3 ist also aus doppeltem Grunde anfechtbar: Erstens ist die Wendung „es gilt mit der Wahrscheinlichkeit q" keine Qualifikation der Conclusio, sondern eine alltagssprachliche Formulierung für die induktive Relation, die zwischen den beiden Prämissen (als gegebenen Daten) und der Conclusio (als Hypothese) besteht. Und zweitens ist es nicht selbstverständlich, daß der q-Wert einfach von der statistischen Hypothese übernommen werden kann. Eine adäquate Bestätigungsfunktion würde jedoch in den meisten solchen Fällen entweder genau denselben oder einen sehr nahe bei ihm liegenden Wert ergeben. Um unsere gegenwärtigen Überlegungen nicht mit zusätzlichen Komplikationen, die für den augenblicklichen Kontext irrelevant sind, zu belasten, wollen wir *generell* voraussetzen, *die C-Funktion sei so konstruiert, daß sie immer die Voraussetzung erfüllt: Wenn E von der Gestalt ist: $p(G, F) = q \wedge Fa$, und H von der Gestalt: Ga, dann gilt: $C(H, E) = q$.* Wir nennen dies die Regel S.

---

[17] Auf Sprachen von solchem Ausdrucksreichtum ist das Carnapsche System bisher nicht anwendbar.

Statt statistische Systematisierungen in dieser Form wiederzugeben, kann man auch die zu (19) analoge Konstruktion vornehmen: Während eine einfache horizontale Linie ein deduktives Argument ausdrücken soll, werde eine induktive Relation durch zwei horizontale Striche charakterisiert. Der Grad der induktiven Wahrscheinlichkeit werde rechts neben diesen Doppelstrich in eckigen Klammern angefügt. Das Schema (4) wäre also z. B. durch das folgende zu ersetzen:

$$(21) \qquad \frac{\begin{array}{c} p(G, F) = q \\ Fa \end{array}}{Ga} \ [q]$$

Für die Rechtfertigung der Eintragung des Zahlenwertes q in die Klammer ist die Regel S zu benützen. Argumente von dieser Gestalt mögen als *IS-Systematisierungen der Basisform* bezeichnet werden.

Wer gegenüber allen Versuchen, eine quantitative induktive Bestätigungsrelation einzuführen, skeptisch ist, der muß auf dieses *allgemeine* Schema (21) verzichten und sich auf die *speziellen* Fälle beschränken, *in denen die statistische Hypothese eine sehr hohe oder eine sehr niedrige Wahrscheinlichkeit behauptet.* In die eckige Klammer wäre dann ein quantitativ nicht präzisierbarer Ausdruck wie „praktisch sicher" (oder besser: „verleiht praktische Gewißheit") einzutragen. Aus den Schemata (5) und (6) z. B. würden dann die folgenden hervorgehen:

$$(22) \qquad \frac{\begin{array}{c} p(G, F) > 49/50 \\ Fa \end{array}}{Ga} \ [\text{verleiht praktische Gewißheit}]$$

$$(23) \qquad \frac{\begin{array}{c} p(G, F) < 1/50 \\ Fa \end{array}}{\neg Ga} \ [\text{verleiht praktische Gewißheit}]$$

Die Relation der induktiven Bestätigung, die hier benützt wurde, soll ausdrücken, wie stark eine bestimmte hypothetische Annahme durch verfügbares Wissen gestützt wird. Dabei kann es, wie gesagt, offenbleiben, ob sich für diese „Stärke" eine adäquate Metrisierung finden läßt. Wir haben in beiden Fällen — z. B. sowohl bei (21) wie bei (22) — jeweils von einer *Prämisse* wie von einer *Conclusio* gesprochen. Diese Ausdrucksweise ist, wie CARNAP in anderem Zusammenhang betont hat, mit Vorsicht zu gebrauchen. Es besteht nämlich ein entscheidender Unterschied gegenüber dem deduktiven Fall. Eine gültige deduktive Relation hat zwar als solche mit der

Frage der Wahrheit oder Falschheit der Prämissen nichts zu tun. *Falls jedoch alle Prämissen eines derartigen Argumentes wahr sind, so muß auch die Conclusio wahr sein.* Daher kann man, wenn man um die Wahrheit der Prämissen weiß oder sie für wahr hält, *die Conclusio abspalten und sie in die Gesamtheit dessen mit aufnehmen, was man für wahr hält.* Im Fall eines induktiven Argumentes überträgt sich dagegen die Wahrheit nicht von den Prämissen auf die Conclusio, da die ersteren nur eine teilweise Stütze für die letzteren liefern. Deshalb kann man hier auch im Fall eines Wissens um die Wahrheit der Prämisse E nicht die Conclusio H abspalten und sie in das einbeziehen, worum man weiß. Trotz dieser fehlenden Analogie wollen wir im folgenden stets den Ausdruck „induktives Argument" gebrauchen und auch von dessen Prämisse und Conclusio sprechen. Wir dürfen dabei nur nicht vergessen, daß in dieser einen entscheidenden Hinsicht die Analogie zum deduktiven Fall aufhört.

5.d *Mit der relationalen Interpretation der praktischen Gewißheit* — bzw. des quantitativen Wahrscheinlichkeitsgrades bei Annahme des Schemas (21) — *verschwinden die früher konstruierten Widersprüche.* Daß gewisse wahre Prämissen einer Aussage eine hohe induktive Wahrscheinlichkeit verleihen, ist durchaus damit verträglich, daß andere ebenfalls wahre Prämissen dieser selben Aussage eine sehr niedrige induktive Wahrscheinlichkeit erteilen. Tatsächlich hatten wir in den Abschnitten 3 und 4 an allen Stellen, wo widersprechende Resultate erzielt wurden, verschiedene Prämissenmengen benützt. Die beiden Prämissen von (15) z. B. sind verschieden von den beiden Prämissen in (16). Die Aussage Wc erhält eine hohe induktive Wahrscheinlichkeit *relativ auf* die weiteren Prämissen von (15) und die Aussage $\neg Wc$ eine hohe induktive Wahrscheinlich *relativ auf* die beiden Prämissen von (16). Diese beiden Feststellungen sind miteinander logisch verträglich. Der scheinbare Widerspruch entstand dort dadurch, daß das „praktisch sicher" nicht als ein *Relationsausdruck* eingeführt wurde, der etwas über *das Verhältnis der Prämissen zur Conclusio* aussagt, sondern *als ein Bestandteil der Conclusio selbst,* der den Teilsatz Wc bzw. $\neg Wc$ modal *qualifiziert*[18]. Denn die beiden Aussagen „es ist praktisch sicher, daß Wc" und „es ist praktisch sicher, daß nicht Wc" sind miteinander logisch nicht verträglich. Daß eine solche Unverträglichkeit besteht, haben wir generell angenommen. Sie ergibt sich aus der normalen Bedeutung von „es ist praktisch sicher, daß".

Toulmin allerdings verwirft nachdrücklich diese relative Verwendung der induktiven Wahrscheinlichkeit und betont, daß die Bezugnahme auf Prämissen nur notwendig sei, um die Wahrscheinlichkeit einer Hypothese zu messen, die selbst eine nichtrelationale Eigenschaft der Hypothese dar-

---

[18] Das Wort „modal" verwenden wir hier stets in Analogie zu den Modaloperatoren für Notwendigkeit, Möglichkeit usw., durch die ja auch *einzelne* Aussagen qualifiziert werden.

stelle[19]. Nun ist es, wie bereits erwähnt, sicherlich richtig, daß es eine solche nichtrelationale Verwendung des Ausdruckes „wahrscheinlich" gibt. Wir sprechen etwa von der subjektiven oder personellen Qualifikation einer Aussage Φ. Diese Deutung ist im Fall statistischer Erklärungen aber inakzeptabel, und zwar — unabhängig von allen weiteren inhaltlichen Überlegungen — einfach deshalb, weil dadurch sofort wieder die früher geschilderten Widersprüche entstehen würden. Darüber hinaus kann man sagen, daß überall dort, wo eine derartige Wahrscheinlichkeitsbeurteilung einer Hypothese nicht bloß Ausdruck persönlicher Überzeugung oder Verpflichtung sein will, sondern wo damit ausgedrückt werden soll, daß diese Hypothese *auf Grund objektiver Kriterien* eine Glaubhaftigkeit besitzt, der Begriff als ein relationaler Begriff eingeführt werden muß; denn diese objektive Glaubhaftigkeit kann der Hypothese nur auf Grund anderweitig verfügbaren Wissens zuteil werden. (Dieses Wissen mag im Grenzfall auf das „tautologische Wissen" zusammenschrumpfen.)

Die angestellten Überlegungen können als ein zusätzliches Argument zugunsten von CARNAPs Konzeption einer induktiven Wahrscheinlichkeit aufgefaßt werden. Erst durch die Einführung eines relationalen induktiven Wahrscheinlichkeitsbegriffs ließen sich ja die Widersprüche bei der Anwendung statistischer Hypothesen auf konkrete Situationen vermeiden. *In jeder solchen Anwendung überlagern sich zwei verschiedene Wahrscheinlichkeitsbeurteilungen.* Das eine ist die statistische Wahrscheinlichkeitshypothese (manchmal auch *objektive* Wahrscheinlichkeitsaussage genannt), die als Prämisse benützt wird. Das andere ist die induktive Wahrscheinlichkeit (manchmal auch als *subjektive* Wahrscheinlichkeit bezeichnet), auf die man sich für das Argument in ähnlicher Weise berufen muß, wie man sich im deduktiven Fall auf eine Schlußregel zu berufen hat[20]. In der Formel (20′) tritt diese Überlagerung

---

[19] TOULMIN vergleicht diesen Fall mit der Beurteilung des Wahrheitswertes einer Hypothese auf Grund verfügbarer Erfahrungsdaten (a. a. O., S. 80 f.). Diese Analogie läßt sich aber nicht aufrecht erhalten. Der Wahrheitswert einer Hypothese H besteht unabhängig von irgendwelchen Erfahrungsdaten und anderweitigem Wissen. Daher sind auch die metasprachlichen Aussagen „die Hypothese H ist wahr", „die Hypothese H ist falsch" für sich sinnvolle Äußerungen. „Die Wahrscheinlichkeit von H ist so und so groß" ist hingegen keine für sich sinnvolle Aussage. Wir müssen uns ausdrücklich auf ein Wissen E beziehen, nämlich: „die Wahrscheinlichkeit von H auf Grund (des Wissens) E ist so und so groß", da diese Wahrscheinlichkeit ihrem Wert nach von E abhängt und sich daher mit der Änderung von E ebenfalls verändern kann. Demgegenüber ist der Wahrheitswert einer Hypothese davon ganz unabhängig, was wir wissen oder glauben.

[20] Die Gegenüberstellung „objektiv — subjektiv" ist irreführend; denn eine präzisierte induktive Wahrscheinlichkeit ist eine objektive Relation, über deren Vorliegen oder Nichtvorliegen mittels eines unabhängigen Standards zu entscheiden ist.

besonders deutlich zutage; dem Symbol „p" entspricht die statistische, dem Symbol „C" die induktive Wahrscheinlichkeit.

Man braucht allerdings nicht unbedingt so weit zu gehen wie CARNAP, der die induktive Wahrscheinlichkeit ebenso für einen metrisierbaren Begriff hält wie die statistische Wahrscheinlichkeit. Will man diese Überzeugung nicht teilen, so kann man sich mit einem komparativen induktiven Wahrscheinlichkeitsbegriff oder sogar mit einem qualitativen Begriff der induktiven Wahrscheinlichkeit begnügen. Dann muß man allerdings auf Schlußweisen von der Art (21) verzichten und sich mit Schlüssen gemäß den Schemata (22) und (23) begnügen. Entscheidend ist nur dies, daß für den erklärenden oder prognostischen Gebrauch statistischer Gesetzmäßigkeiten das Bestehen einer quantitativen *oder* einer komparativen *oder* einer qualitativen induktiven Relation vorausgesetzt werden muß, die zwischen einem die statistische Hypothese enthaltenden Explanans und dem Explanandum besteht. Wir brauchen uns hier nicht festzulegen, in welcher der drei Begriffsformen die induktive Wahrscheinlichkeit eingeführt werden soll und eingeführt werden kann. Wir nennen eine solche Deutung statistischer Systematisierungen, welche deren relationalen induktiven Charakter unterstreicht, es aber offen läßt, ob diese induktive Relation bloß qualitativ oder darüber hinaus komparativ oder sogar metrisch zu charakterisieren ist, eine *schwache induktive Interpretation* der statistischen Systematisierung. Von einer *starken induktiven Interpretation* der statistischen Systematisierung sprechen wir hingegen nur dann, wenn ein quantitativer Begriff des Bestätigungsgrades benützt wird, wie dies z. B. in (21) der Fall ist.

Eine — sei es schwache, sei es starke — induktive Interpretation statistischer Systematisierungen muß natürlich nicht nur an jenen Stellen vorgenommen werden, an denen die geschilderten Widerspruchsgefahren lauern, sondern *an allen Stellen, wo statistische Gesetze zur Anwendung gelangen.* Dies gilt insbesondere für die früher erwähnte Anwendung der Mendelschen Vererbungsgesetze sowie der statistischen Hypothese über die Halbwertzeit des Radons. Wenn im ersten Fall von den *mutmaßlichen* Farbverhältnissen bei der Tochtergeneration gesprochen wurde, so ist dieses „mutmaßlich" nicht als modaler Qualifikator der Aussage, welche über diese Farbverteilung spricht, zu deuten, sondern als ein induktives Relationsprädikat, durch das zum Ausdruck gebracht werden soll, daß die relevanten Antecedensdaten (bestehend aus den Farbverteilungen der Elterngeneration) zusammen mit den Vererbungsgesetzen der Voraussage über die Farbverhältnisse bei der Tochtergeneration eine hohe induktive Wahrscheinlichkeit verleihen. Ebenso liegt im zweiten Fall kein logischer Schluß auf die Feststellung vor, daß die fragliche Radonmenge einen Betrag zwischen 24 und 26 Milligramm ausmacht, sondern eine induktive Aussage, welche dieser Feststellung relativ zum Ausgangsdatum und zu den beiden statistischen Gesetzen einen hohen Grad an Bestätigung zuschreibt.

Es möge noch darauf hingewiesen werden, daß die in diesem Abschnitt gegebene Analyse statistischer Systematisierungen eine nachträgliche Rechtfertigung dafür darstellt, daß an früherer Stelle die Bezeichnung „induktiv-statistische Systematisierung" oder „*IS-Systematisierung*" eingeführt worden ist.

6. Die Mehrdeutigkeit der statistischen Systematisierungen

6.a Mit der Beseitigung der Begriffsverwirrung, die in der fehlerhaften Deutung einer induktiven Relation als eines modalen Aussagequalifikators bestand, sind die Widersprüche verschwunden. Leider kann jedoch keine Rede davon sein, daß damit auch die bei den statistischen Systematisierungen auftretenden begrifflichen Schwierigkeiten behoben worden wären. Das eigentliche Problem tritt jetzt erst deutlich zutage.

Wenn zwei verschiedene Prämissenmengen zu deduktiv-logischen Folgerungen führen, die logisch unverträglich miteinander sind, so muß mindestens eine dieser beiden Prämissenmengen eine falsche Aussage enthalten. Im Gegensatz dazu können zwei Aussagemengen, die nur aus wahren Sätzen bestehen, einander widersprechenden Aussagen eine hohe induktive Wahrscheinlichkeit zuschreiben, wie etwa die Beispiele (15) und (16) zeigen. Zwar wird jeder logische Widerspruch vermieden, wenn wir die beiden Argumente etwa in der Form $C(H, E) = r$ und $C(\neg H, E^*) = r^*$ mit hohem r und ebenfalls hohem r^* bei wahrem E und wahrem E^* darstellen. Doch entsteht für uns *das Anwendungsproblem: Auf welche dieser beiden induktiven Relationen sollen wir uns für unsere theoretischen Erwartungen und unsere praktischen Entscheidungen stützen?* In beiden Fällen wird von wahren Prämissen ausgegangen (E bzw. E^*). In beiden Fällen wird einer Aussage auf Grund dieser Prämissen eine hohe Wahrscheinlichkeit zugeschrieben. Die eine dieser Aussagen jedoch ist das kontradiktorische Gegenteil der anderen. Der Widerspruch ist verschwunden, ein Dilemma aber ist geblieben. HEMPEL *bezeichnet dieses Dilemma als die Mehrdeutigkeit der statistischen Erklärung oder allgemeiner als die Mehrdeutigkeit der IS-Systematisierung.*

6.b Wie bereits an früherer Stelle werden sich vielleicht auch hier einige Leser daran stoßen, daß wir bei der Schilderung dieses Problems die Annahme machen, daß die Prämissen *wahr* sind. Die Wahrheit statistischer Hypothesen könne man ja, so wird man einwenden, niemals erkennen. Diese Wahrheitsvoraussetzung wurde jedoch nur gemacht, um das Problem besonders drastisch formulieren zu können. Eine Kritik an dieser Voraussetzung würde, soweit damit das gegenwärtige Problem überwunden werden sollte, zweifellos einen gedanklichen Irrweg darstellen. Um solche irrigen Gedanken von vornherein zu unterbinden, soll das Problem unter Abstraktion vom Wahrheitsbegriff formuliert werden[21]. Den Ausgangspunkt dafür bildet die Klasse A_t der zur Zeit t von den empirischen Wissenschaften akzeptierten Sätze oder Propositionen. Über diese Klasse werden zwei idealisierende Rationalitätsannahmen gemacht, nämlich daß A_t *logisch konsistent* und *in bezug auf die logische Folgebeziehung abgeschlossen* ist; d. h. jede Aussage, die aus gewissen Sätzen von A_t logisch ableitbar ist, soll ebenfalls zu A_t gehören. Man kann sich A_t als die Gesamtheit der von einem idealen rationalen Subjekt akzeptierten Propositionen vorstellen. Doch ist diese Hilfsvorstellung für das Folgende unwesentlich. Nach einem terminologischen Vorschlag von KYBURG[22] nennen wir A_t das *rationale Corpus* zur Zeit t. Im Unterschied zu unseren früheren Annahmen soll die Elementschaft in A_t nicht die Wahrheit implizieren. Der Zeitindex t muß deshalb hinzugefügt werden, weil mit den sich ändernden Erfahrungen die Zugehörigkeit von Propositionen zu A_t wechselt. Auch gut bestätigte empirische Hypothesen werden nur versuchsweise in A_t einbezogen und daraus wieder entfernt, wenn sie mit neuen Erfahrungen nicht mehr im Einklang stehen. In dieser Hinsicht unterscheidet sich A_t wesentlich von der zeitunabhängigen Klasse der wahren Propositionen.

Die Mehrdeutigkeit der IS-Erklärung ergibt sich nun folgendermaßen: Die Klasse A_t der zu einer Zeit t akzeptierten Sätze enthält auch statistische Hypothesen, die als Prämissen von IS-Systematisierungen verwendbar sind. Hier kann es sich nun ereignen, daß verschiedene dieser Hypothesen, zusammen mit anderen in A_t enthaltenen Sätzen, einander widersprechenden Aussagen eine hohe induktive Wahrscheinlichkeit verleihen. Dies wird durch die früheren Beispiele sowie die dortigen prinzipiellen Überlegungen gezeigt. Von den Prämissen der Argumente (9) bis (12) und (13) bis (16) brauchen wir jetzt nicht mehr vorauszusetzen, daß sie wahr sind, sondern nur, daß sie in A_t vorkommen. Und nun entsteht eine theoretische wie eine praktische Schwierigkeit. Die letztere kann wörtlich genauso formuliert werden wie oben: Auf welches von zwei solchen rivalisierenden Argumenten sollen wir uns für unsere praktischen Entscheidungen stützen? Wir können nicht sagen, daß die Prämissen im einen Fall glaubhafter sind als im anderen; denn sie gehören alle zu der Gesamtheit der von uns akzeptierten Sätze. Und die induktive Glaubwürdigkeit, die diese Prämissen den widersprechenden Konklusionen verleihen, soll ebenfalls beidemal eine sehr hohe sein. Die theoretische Schwierigkeit ist die: Wenn Sätze aus A_t einer anderen Aussage eine hohe induktive Glaubhaftigkeit verleihen, so sollte diese andere Aussage ebenfalls in A_t einbezogen werden. Wenn es sich dabei um zwei einander widersprechende Aussagen handelt, so würde

---

[21] In dieser Weise wird die Schwierigkeit auch bei HEMPEL in [Aspects], S. 395 ff., formuliert.

[22] H. E. KYBURG, [Belief].

die Einbeziehung beider die Forderung der Konsistenz von A_t verletzen. Welche also sollen wir akzeptieren? Wie hieraus ersichtlich wird, betrifft die theoretische Schwierigkeit auch das Problem der sukzessiven Erweiterung von A_t im Laufe der Zeit.

6.c Bisher haben wir davon abstrahiert, ob die fraglichen Argumente für Erklärungs- oder für Voraussagezwecke verwendet werden oder ob sie andere Formen von wissenschaftlichen Systematisierungen darstellen. Sofern es sich bei den zu widersprechenden Resultaten führenden IS-Systematisierungen um *Voraussageargumente* handelt, stehen wir vor der verwirrenden Situation, daß von zwei gleichermaßen sehr gut bestätigten und deshalb akzeptierten Klassen von Annahmen die eine ein künftiges Vorkommnis als praktisch sicher erscheinen läßt, während dieses Ereignis auf Grund der anderen als praktisch unmöglich erscheinen muß. An einem früheren Beispiel illustriert: Wenn wir annehmen, daß alle vier Prämissen von (13) und (14) zu A_{t_0} gehören, wobei t_0 der gegenwärtige Zeitpunkt sein möge, so müßten wir, sofern wir uns auf (13) stützen, voraussagen, daß der an Streptokokkeninfektion erkrankte und mit Antibiotika behandelte Patient höchstwahrscheinlich genesen wird, während wir unter Berufung auf (14) den mutmaßlichen Tod dieses Patienten vorauszusagen hätten.

Im Fall von *Erklärungen* wissen wir allerdings, welches von den miteinander unvereinbaren möglichen Ereignissen, deren Eintreten mittels einer IS-Systematisierung begründet werden könnte, tatsächlich stattgefunden hat, so daß wir nur die dieses Ereignis beschreibende Aussage in A_t aufnehmen. Trotzdem wären IS-Erklärungen völlig entwertet: Wir könnten ja stets gleich gute Erklärungen anbieten, je nachdem ob das fragliche Ereignis oder sein Gegenteil stattgefunden hätte. Welche wir akzeptieren, würde von unserer Information darüber abhängen, was sich ereignet hat — ein typischer Fall einer ex-post-facto-Erklärung, deren paradoxe Rechtfertigung so aussehen müßte: „X ist deshalb ein Explanans für ein Y, weil Y sich ereignete"! Wüßten wir in unserem Beispiel, daß der Patient genesen ist, so würden wir die beiden Prämissen von (13) als Explanans heranziehen; hätten wir dagegen von seinem Tod erfahren, so könnten wir die beiden ebenfalls akzeptierten Prämissen von (14) als Explanans verwenden.

7. Erster Lösungsvorschlag:
Die Erfüllung von Carnaps Forderung des Gesamtdatums.

7.a R. CARNAP hat darauf aufmerksam gemacht, daß man bei der Anwendung induktiven Räsonierens auf konkrete Wissenssituationen eine wichtige methodologische Regel befolgen muß, zu der es kein Analogon im deduktiven Fall gibt. CARNAP nennt sie *die Forderung des Gesamtdatums*

(„requirement of total evidence")[23]. Sie besagt, daß bei der Anwendung des induktiven Wahrscheinlichkeitsbegriffs auf bestimmte Situationen *das gesamte verfügbare Erfahrungswissen* als Beurteilungsgrundlage — also als das, was wir Prämissen nannten — zu nehmen ist. Diese Forderung gilt nicht nur für den Fall, daß man einen quantitativ präzisierten Begriff der induktiven Wahrscheinlichkeit oder des Bestätigungsgrades verwendet, wie CARNAP dies tut, sondern auch dann, wenn dieser Begriff entweder mehr oder weniger im Vagen gelassen oder nur als qualitativer bzw. als komparativer Begriff expliziert wird. Den Grund für die Notwendigkeit dieser Forderung sieht man am leichtesten ein, wenn man den induktiven Fall mit dem deduktiven vergleicht.

Bei der Anwendung deduktiver Schlüsse wird stillschweigend ein Prinzip benützt, welches man *das Prinzip der Invarianz logischer Schlüsse gegenüber Prämissenverstärkung* nennen könnte. Gilt $\Re \Vdash H$, d. h. folgt H logisch aus $\Re$, so kann ich auf die Wahrheit von H schließen, wenn ich um die Wahrheit der Sätze aus $\Re$ weiß. Nun gilt aber im Fall von $\Re \Vdash H$ auch $\Re^* \Vdash H$, falls $\Re \subset \Re^*$. Daher bin ich a fortiori berechtigt, im Fall des Wissens um die Wahrheit der Elemente aus $\Re^*$ auf die Wahrheit von H zu schließen. Eine solche weitere Klasse kann ich in jedem Fall deduktiver Ableitungen aus wahren Prämissen finden, da ich bei einer solchen Ableitung stets nur einen sehr kleinen Teil meines tatsächlichen Wissens als Prämissen verwende.

Ganz anders liegen die Dinge im induktiven Fall: Weiß ich um die Richtigkeit von E und verleiht E der Aussage H eine hohe induktive Glaubwürdigkeit, so darf ich daraus noch nicht den Schluß ziehen, daß es vernünftig wäre, H zu akzeptieren. Es kann nämlich der Fall sein, daß ich bei Benützung des für H günstigen Wissens E andere Daten unberücksichtigt gelassen habe, die mir bekannt sind und die gegen H sprechen. In der Prämissen-Terminologie ausgedrückt: Erhielt eine Hypothese auf Grund verfügbaren Wissens einen bestimmten Grad an Glaubhaftigkeit oder Bestätigung, so kann zusätzliches Wissen diesen Bestätigungsgrad verändern, und zwar nach beiden Richtungen; es kann ihn erhöhen, aber ihn auch verringern. Zahllose intuitive Beispiele hierfür, etwa aus der unternehmerischen Planung oder aus dem Gerichtsverfahren, ließen sich anführen. Verfügbares Wissen darf nur dann unberücksichtigt bleiben, wenn es für die Beurteilung der fraglichen Hypothese *irrelevant* ist. Sofern ein quantitativer Bestätigungsbegriff C zur Verfügung stünde, könnte E^* als irrelevant für die Beurteilung der Hypothese H bezüglich des Datums E bezeichnet werden, wenn $C(H, E) = C(H, E \wedge E^*)$. Verfügt man über keinen scharfen Relevanzbegriff, so muß man, wenn man keine Unvorsichtigkeit begehen will, in einem induktiven Argument die zu beurteilende Hypothese tatsächlich zum gesamten Erfahrungswissen in Beziehung setzen.

---

[23] Vgl. R. CARNAP, [Probability], S. 211f., oder [Induktive Logik], S. 83.

Kurz gesagt, ist der Unterschied also der: Eine gültige deduktive Relation kann stets unbedenklich auf eine konkrete Wissenssituation angewendet werden. Eine gültige induktive Relation ist jedoch nur dann auf eine konkrete Situation anwendbar, *wenn gewährleistet ist, daß im Datum alles für die Hypothese relevante Erfahrungswissen aufscheint.*

CARNAP und ebenso HEMPEL, der sich in diesem Punkt der Auffassung CARNAPs anschließt, betonen, daß es sich bei der Forderung des Gesamtdatums nicht um ein Prinzip der induktiven Logik handle, in der Kriterien für die Gültigkeit induktiver Argumente entwickelt werden, sondern um eine Maxime für die *Anwendung* der induktiven Logik; in CARNAPs Terminologie: es handelt sich um eine methodologische Maxime. Diese formale Unterscheidung zwischen der Theorie des induktiven Schließens als einer semantischen Theorie und einer davon zu unterscheidenden Methodologie ist jedoch von einem bestimmten Gesichtspunkt her *anfechtbar*. Denn das, worum es in der Induktiven Logik geht, ist doch eine adäquate Explikation des Begriffs der induktiven Glaubwürdigkeit oder der induktiven Bestätigung. Und diese Explikation ist unvollständig, solange die Anwendungsregeln nicht formuliert sind, da der zu explizierende intuitive Begriff sicherlich ein pragmatischer und kein bloß semantischer Begriff ist. Wir müssen daher ein Prinzip von der obigen Art *als einen Bestandteil der Präzisierung des Begriffs der induktiven Bestätigungsrelation* ansehen.

Die Carnapsche Formulierung könnte im Leser die irrige Meinung aufkommen lassen, als müsse bei der Wahrscheinlichkeitsbeurteilung einer Hypothese in einer konkreten Wissenssituation diese Hypothese bloß mit dem gesamten *Beobachtungs*wissen bzw. dem gesamten relevanten Beobachtungswissen konfrontiert werden, d. h. nur mit jenen von uns akzeptierten Sätzen, die keine oder praktisch keine hypothetische Komponente enthalten, sondern sich auf direkte Beobachtungen stützen. Demgegenüber ist zu betonen, daß in dem Ausdruck „alles verfügbare Erfahrungswissen ist zu berücksichtigen" das Wort „Wissen" nicht in dem strengen Sinn des praktisch nicht zu bezweifelnden Wissens, auch nicht in dem des Beobachtungswissens, zu verstehen ist, sondern daß dieses Wissen auch hypothetische Annahmen einschließt, sofern sie versuchsweise akzeptiert worden sind. Wenn t_o der gegenwärtige Zeitpunkt ist, so darf daher bei der induktiven Beurteilung einer Hypothese H nicht nur die Gesamtheit der bis zu t_o gemachten Beobachtungen als Basis verwendet werden, sondern es ist *das gesamte rationale Corpus A_{t_o} zu benützen.*

7.b In welchem Sinn liefert die Carnapsche Regel eine Überwindung der vorliegenden Schwierigkeiten? Wenn wir etwa (15) und (16) oder einen der übrigen früheren Fälle mit widersprechenden Schlußfolgerungen betrachten, so mag es sich dabei zwar stets um gültige induktive Argumente handeln. Trotzdem dürfen diese induktiven Argumente nicht ohne weiteres auf konkrete Situationen für Erklärungs- und Voraussagezwecke angewendet werden. In allen diesen Argumenten wird ja zahlloses weiteres Wissen vernachlässigt, von dem vieles sicherlich nicht irrelevant ist.

Nehmen wir für den Augenblick an, es stünde uns ein quantitativer Bestätigungsbegriff zur Verfügung, der die formale Struktur einer Wahrscheinlichkeit hat, so würde bei Befolgung des Carnapschen Prinzips die aufgezeigte Schwierigkeit tatsächlich sofort verschwinden. In beiden Fällen müßten die Prämissen unserer induktiven Schlüsse stets durch A_t bzw. durch die für die Hypothesenbeurteilung relevante Teilklasse von A_t ersetzt werden. Da wir A_t als logisch konsistent voraussetzten, kann diese Aussagengesamtheit nicht gleichzeitig einer Hypothese H sowie deren Negation $\neg H$ eine hohe, also jeweils nahe bei 1 liegende induktive Wahrscheinlichkeit verleihen; denn die Summe dieser beiden Wahrscheinlichkeiten muß gleich 1 sein.

In formaler Darstellung sieht dies so aus: Es sei $\Phi \in A_t$; ebenso sei $\Psi \in A_t$. Ferner mögen für eine Hypothese H die beiden induktiven Relationen erfüllt sein:

(a) $$C(H, \Phi) > 0{,}99$$
(b) $$C(\neg H, \Psi) > 0{,}99$$

Dieser Sachverhalt ist z. B. erfüllt, wenn Φ die Konjunktion der beiden Prämissen von (15) darstellt, Ψ die Konjunktion der beiden Prämissen von (16), wenn ferner die Hypothese H mit Wc identisch ist und die Regel S aus 5.c als gültig vorausgesetzt wird.

Bis hierher existiert das Dilemma: Ψ und Φ sind beide zum gegenwärtigen Zeitpunkt t akzeptierte Aussagen, die überdies möglicherweise beide richtig sein können. Die eine davon verleiht auf Grund einer *gültigen* induktiven Relation der Hypothese H eine hohe Glaubhaftigkeit; die andere verleiht auf Grund einer ebenfalls *gültigen* induktiven Relation der Negation von H eine hohe Glaubhaftigkeit.

Nun wenden wir das Carnapsche methodologische Prinzip des Gesamtdatums an. Dann müssen wir sowohl Φ wie Ψ durch A_t, also durch das gesamte zum Zeitpunkt t akzeptierte Wissen ersetzen. Da C die formale Struktur einer Wahrscheinlichkeit haben soll, gilt dafür *das spezielle Additionsprinzip* — welches übrigens eine unmittelbare Folgerung der Axiome (1) bis (3) von 4.d darstellt, wenn man die dortige mengentheoretische Sprechweise in die Sprechweise der Propositionen übersetzt —, so daß insbesondere

$$C(H, A_t) + C(\neg H, A_t) = 1$$

zu gelten hätte. Würden dann noch immer die Analoga zu den beiden obigen Ungleichungen bestehen bleiben, nämlich:

(a') $C(H, A_t) > 0{,}99$
(b') $C(\neg H, A_t) > 0{,}99$

so würden wir *einen arithmetischen Widerspruch* erhalten: Die Summe zweier Zahlen, die beide größer sind als 0,99, kann nicht gleich 1 sein. Da wir für A_t die Konsistenz voraussetzten, darf ein solcher Widerspruch nicht auftreten. Also muß mindestens eine der beiden Aussagen (a') oder (b') falsch sein. Ist (a') falsch, so zeigt dies, daß (a) für die Anwendung auf die konkrete Wissenssituation untauglich war, da bei der bloßen Verwendung von Φ als Datum relevantes Erfahrungswissen vernachlässigt wurde. Dieser Fall tritt insbesondere dann ein, wenn (b') richtig ist; denn dann muß $C(H, A_t) < 0{,}01$ sein, damit das spezielle Additionsprinzip erfüllt wird. Ist (b') falsch, so wendet sich eine analoge Kritik gegen die Benützung von (b). Sind sowohl (a') wie (b') falsch, so ist keine der beiden Aussagen (a) und (b) dafür geeignet, die Glaubhaftigkeit von H bzw. von $\neg H$ zu beurteilen. In der Unverträglichkeit von (a') mit (b') zeigt sich also, daß in mindestens einem der ursprünglichen induktiven Argumente die Forderung des Gesamtdatums verletzt war.

Wenn also zwei gültige induktive Schlüsse von der früher erwähnten Art mit ausnahmslos akzeptierten Prämissen vorliegen, deren Konklusionen einander widersprechen, so wissen wir, daß mindestens einer dieser Schlüsse gegen das methodologische Prinzip verstößt und daher *trotz der Tatsache, daß er eine gültige induktive Argumentationsweise mit wahrer Prämisse darstellt, für die Zwecke einer wissenschaftlichen Systematisierung nicht in Frage kommt*, also insbesondere weder für Erklärungs- noch für Voraussagezwecke benützt werden kann. Im Gegensatz zum deduktiven Fall genügt es also für Erklärungen mittels statistischer Hypothesen nicht, zu überprüfen, ob die Prämissen wahr bzw. akzeptierbar sind und ob das Argument *als Argument* korrekt ist. Es muß weiterhin genau untersucht werden, ob in den Prämissen dieses Argumentes nichts Relevantes außer Betracht gelassen worden ist.

Die Berücksichtigung von CARNAPs Prinzip liefert kein mechanisches Entscheidungsverfahren dafür, welches Argument akzeptierbar ist. In den gegebenen Beispielen wissen wir nur, daß mindestens eines der dortigen Argumente das Carnapsche Prinzip verletzt; wir erfahren aber nicht, von welchem Argument dies gilt. Diese Frage ist erst beantwortet, wenn die effektive Berechnung des C-Wertes auf Grund des Gesamtdatums A_t vorgenommen wurde.

8. Zweiter Lösungsvorschlag:
Eine Ersatzlösung
Hempels Prinzip der maximalen Bestimmtheit

8.a Die angegebene Lösung stellt eine ideale theoretische Methode dar, welche in der vorgeschlagenen Gestalt aus zwei Gründen unanwendbar ist: (1) Selbst wenn wir über ein System der Induktiven Logik verfügten, in welchem ein Bestätigungsbegriff für solche Sprachen definiert wäre, in denen sich statistische Hypothesen von der geschilderten Art formulieren lassen, würde die Carnapsche Forderung auf ein außerordentlich unhandliches Verfahren hinauslaufen. Strenggenommen gäbe es dann für einen gegebenen Zeitpunkt nämlich nur ein einziges Explanans für *alle* Arten von statistischen Systematisierungen. Wir müßten ja stets das gesamte verfügbare Wissen, also die ganze Klasse A_t, als Prämisse für IS-Systematisierungen verwenden. Zwar stünde uns unter der gemachten Voraussetzung auch ein präziser Relevanzbegriff zur Verfügung, mit dessen Hilfe wir in jedem konkreten Fall irrelevantes Wissen sukzessive eliminieren könnten. Doch würde dies kaum eine praktische Arbeitserleichterung darstellen, da wir trotzdem von der gesamten Klasse A_t als Ausgangsbasis für die Anwendung dieses Eliminationsverfahrens auszugehen hätten. Immerhin könnte man — unter vorläufiger Abstraktion von der in 8.b erwähnten Schwierigkeit — sagen, daß bei Vorliegen eines solchen starken Systems der Induktiven Logik die Forderung des Gesamtdatums, bezogen auf die jeweilige Klasse A_t des akzeptierten Wissens, die theoretische Lösung unseres Problems darstellen würde. Aus praktischen Gründen müßten wir uns aber auch unter dieser Voraussetzung nach einer handlicheren Ersatzlösung umsehen.

(2) Tatsächlich steht ein solches System der Induktiven Logik nicht zur Verfügung, so daß es wenigstens vorläufig müßig ist, in der Form irrealer Konditionalsätze darüber zu spekulieren, wie die Situation für ein derartiges System aussehen würde.

Der Carnapsche Vorschlag muß daher als eine heuristische Maxime für die Suche nach einer sowohl handlichen wie präzisen Regel aufgefaßt werden. Eine nochmalige kurze Betrachtung der früheren Beispiele mag für das Auffinden einer solchen Regel, in der Carnaps Grundidee Verwendung findet, von Nutzen sein. Diese Beispiele wurden so dargestellt, als seien die zu kontradiktorischen Ergebnissen führenden statistischen Systematisierungen völlig gleichwertig. Zweifellos würden wir aber schon rein intuitiv in einigen dieser Fälle jeweils einer der konkurrierenden Systematisierungen den Vorzug geben, nämlich jener, bei der die fraglichen Prämissen *eine schärfere Information* liefern.

Am deutlichsten zeigt sich dies am medizinischen Beispiel (13) und (14). Betrachten wir die Situation *vor* Kenntnis des in (14) erwähnten singulären

Sachverhaltes und *nach* dessen Kenntnis. Solange nichts weiter als die drei Tatsachen bekannt sind, daß N. N. an einer Streptokokkeninfektion erkrankt ist, daß er mit einem Antibioticum behandelt wurde und daß in einem solchen Fall die statistische Wahrscheinlichkeit einer Heilung sehr groß ist, wird man keinerlei Bedenken haben, (13) als IS-Voraussage zu akzeptieren. In dem Augenblick jedoch, wo wir die zusätzliche Information erhalten, daß N. N. ein sehr hohes Alter hat und herzleidend ist oder daß es sich um eine Infektion durch solche Streptokokken handelt, welche gegen diese Antibiotika resistent sind, ändert sich die Situation völlig. Solange wir keine weiteren Gesetzeskenntnisse erhalten haben, werden wir zwar (13) als Grundlage für eine Prognose nicht schlechtweg ablehnen. Doch werden wir verlangen, daß zunächst eine statistische Hypothese zur Verfügung gestellt wird, in der über die Wahrscheinlichkeit der Heilung relativ zur engeren Bezugsklasse (in anderer Sprechweise: relativ zu dem genauer spezifizierten Zufallsexperiment) gesprochen wird: zur Bezugsklasse der an penicillinresistenten Streptokokken erkrankten und mit Penicillin behandelten Patienten bzw. der so erkrankten Neunzigjährigen mit schwachem Herz. Könnte keine solche akzeptierbare statistische Hypothese aufgestellt werden, so müßten wir darauf verzichten, irgendeine Prognose zu machen. Würde dagegen eine solche zusätzliche Hypothese geliefert und ergäbe sich hierbei dieselbe Wahrscheinlichkeit wie früher, so wäre die auf (13) gestützte Erwartung zwar weiterhin berechtigt. Für die *Rechtfertigung* selbst hätten wir uns aber nicht auf die Prämisse von (13) zu stützen, sondern auf analoge Prämissen mit S^* bzw. $S^\#$ statt S. Tatsächlich jedoch ist, wie nicht anders zu erwarten, die Genesungswahrscheinlichkeit relativ auf diese engere Bezugsklasse eine äußerst geringe, was in der statistischen Prämisse von (14) ausdrücklich hervorgehoben wird. Daher werden wir den ursprünglichen Voraussage- bzw. Erklärungsversuch fallenlassen. Dies bedeutet nicht, daß wir das induktive Argument (13) als ungültig verwerfen, sondern nur, daß wir dieses Argument nicht mehr für geeignet ansehen, um darauf in der gegebenen Wissenssituation eine Voraussage oder Erwartung zu stützen. Stattdessen werden wir ein Argument von der Art (14) als Erklärungs- oder Voraussage-Argument akzeptieren.

Für die allgemeine Situation haben wir zwei Fälle zu unterscheiden. Der erste Fall liegt vor, wenn ein Individuum a zwei Klassen F und F' angehört mit $F' \subset F$ und wenn außerdem zwei statistische Gesetze $p(G, F)=r$ und $p(G, F')=r'$ mit $r \neq r'$ zur Verfügung stehen. In diesem Fall werden wir uns für IS-Systematisierungen eher auf das zweite statt auf das erste statistische Gesetz stützen, weil dieses zweite Gesetz eine statistische Wahrscheinlichkeit relativ auf die engere der beiden Bezugsklassen ausdrückt, denen dasselbe Individuum a beidemal angehört. Soeben wurde die vage Wendung gebraucht, daß wir uns in einer Situation wie dieser *eher* auf das zweite als auf das erste Gesetz stützen werden. Es ist nämlich keineswegs gesagt, daß

dies in einem solchen Konkurrenzfall das richtige Verhalten wäre. Es könnte ja *noch engere* zusätzliche, das Individuum *a* enthaltende Bezugsklassen
F'', F''', ... mit wieder anderen Wahrscheinlichkeiten für G geben. In
diesem Fall müßten wir die engste unter diesen Bezugsklassen wählen, es
sei denn, daß sich von einem bestimmten Punkt an die Wahrscheinlichkeiten
nicht mehr ändern und der Übergang zu noch engeren Bezugsklassen überflüssig wird. Dieser letzte Punkt wird für die endgültige Formulierung der
gesuchten Regel von Bedeutung werden: Man braucht sich nicht auf die
schärfste Information zu stützen, wenn die dieser Information entsprechenden, *a* enthaltenden engeren Bezugsklassen zu keinen Wahrscheinlichkeiten
führen, die von jenen abweichen, die sich ergeben, wenn man eine weniger
scharfe Information, also eine umfassendere Bezugsklasse wählt.

In einem Schlagwort könnte man den Grundgedanken dieser Überlegung so ausdrücken: *Bei der Anwendung probabilistischer Hypothesen in statistischen Systematisierungen verdrängt die schärfere Information stets die schwächere.*
Diese inhaltlichen Überlegungen werden in der später formulierten Regel
einen präziseren Niederschlag finden.

Anders verhält es sich, wenn *a* zu zwei Klassen F und F' mit *verschiedenen*
statistischen Wahrscheinlichkeiten $p(G, F)$ und $p(G, F')$ gehört, ohne daß
ein Einschlußverhältnis zwischen F und F' in der einen oder in der anderen
Richtung bestünde. In einer derartigen Situation müssen wir ein weiteres
statistisches Gesetz mit einer sowohl in F wie in F' enthaltenen Bezugsklasse, z. B. $F \cap F'$, aufsuchen. *Solange ein solches nicht entdeckt ist, müssen wir
es in der Schwebe lassen, welche statistische Systematisierung die korrekte ist bzw.
ob eine solche überhaupt gefunden werden kann.*

Von dieser Art sind die meisten übrigen Beispiele, obwohl wir auch hier
häufig der einen Systematisierung den Vorzug vor der anderen geben würden, was aber gewisse inhaltliche Plausibilitätsbetrachtungen voraussetzt.
So etwa wird im Philosophenbeispiel (11) und (12) Franz einmal der Klasse
K der Philosophen und das andere Mal der Klasse K' der Besitzer von
Diamantengruben zugerechnet. Da weder alle Philosophen Diamantengruben besitzen, noch alle solchen Besitzer philosophieren, ist keine dieser
beiden Klassen enger als die andere. Daher kann strenggenommen keines
dieser beiden Argumente verwendet werden, um etwa vorauszusagen, ob
Franz ein Millionär ist oder nicht. Wenn wir uns de facto im Fall des Wissens um alle Prämissen von (11) und (12) vermutlich auf (12) und nicht auf
das andere Argument stützen werden, so deshalb, weil wir auf Grund einer
zusätzlichen Überlegung annehmen würden, daß die statistische Wahrscheinlichkeit relativ zu $K \cap K'$ mit der statistischen Wahrscheinlichkeit
relativ zu K' praktisch identisch sein dürfte. Denn während sich die Ver-
mögenschancen eines Philosophen, der in den Besitz einer Diamantengrube
kommt, im Durchschnitt beträchtlich erhöhen dürften, wird der plötzliche

Entschluß des Besitzers einer Diamantengrube, von nun an philosophieren zu wollen, seine Vermögensverhältnisse kaum beeinträchtigen[24]. Anders ausgedrückt: Wir würden die Information, daß der Besitzer einer Diamantengrube plötzlich zu philosophieren anfing, als irrelevant für die Frage „Millionär oder nicht?" ansehen, während wir den Umstand, daß ein Philosoph plötzlich eine Diamantenmine erbt, für diese Frage nicht als irrelevant betrachten. Ebenso werden wir im anderen früheren Beispiel eher geneigt sein, uns in einem konkreten Fall auf (10) statt auf (9) zu stützen, da wir vermutlich annehmen, daß der Prozentsatz der Nichtkatholiken unter den Schweden, die nach Lourdes pilgern, kaum erheblich größer sein dürfte als der Prozentsatz der nach Lourdes pilgernden Nichtkatholiken insgesamt.

8.b Bevor die Ersatzregel für die Forderung des Gesamtdatums formuliert werden soll, muß noch eine weitere Schwierigkeit erwähnt werden, die bei der Verwendung statistischer Systematisierungen für Erklärungszwecke auftritt. Wenn man sich nämlich strikt an die ursprüngliche Carnapsche Forderung halten wollte, so gäbe es fast keine oder vielleicht überhaupt keine statistischen Erklärungen. Zum Unterschied vom Voraussagefall gehört ja im Erklärungsfall in der Regel das Explanandum zur Klasse des zur Zeit t akzeptierten Wissens A_t. Würde das letztere als Explanans Verwendung finden, so würde sich die statistische Erklärung auf den trivialen *deduktiven* Schluß von einer Prämissenklasse auf ein Element dieser Klasse reduzieren. Statistische Hypothesen wären nur mehr für Voraussagezwecke, nicht jedoch für Erklärungszwecke verwendbar.

Die gesuchte Regel muß also auch diesen Nachteil vermeiden. Gleichzeitig zeigt diese Überlegung, daß man nicht *nur* von einer *Ersatzlösung* sprechen kann. In gewisser Weise muß die gesuchte neue Regel der Carnapschen sogar überlegen sein; denn in einer ganz anderen Hinsicht als der früher diskutierten ist die Carnapsche Forderung, wie sich eben zeigte, inadäquat. Um nichttriviale IS-Erklärungen zuzulassen, die zugleich CARNAPs Forderung erfüllen, müßte man als Prämisse die Klasse A_t *nach Wegnahme* der im Explanandum enthaltenen Information verwenden. Eine präzise Fassung dieses Gedankens bereitet jedoch Schwierigkeiten. Immerhin dürfte dieser Gedanke im Einklang stehen mit den inhaltlichen Überlegungen, die ein nach einer statistischen Erklärung Suchender in einer pragmatischen Situation anzustellen hätte: Eine solche Person würde sich überlegen, welches verfügbare Wissen für das Explanandum relevant ist, und dabei zugleich davon absehen, daß sie um die Wahrheit des Explanandums weiß;

---

[24] Ausgeschlossen ist das letztere natürlich nicht. Im Fall anderer Arten von Unternehmungen könnte man den Verdacht hegen, daß das Philosophieren einen ungünstigen Einfluß auf den ökonomischen Ablauf des Geschäftes haben werde. Diamantengruben dürften gegen derartige potentiell schädliche Einflüsse der Philosophie weitgehend immun sein.

mit anderen Worten: sie würde statt der tatsächlich vorliegenden Erklärungssituation eine Voraussagesituation fingieren, also so tun, *als ob* das Explanandum keine ausgemachte Tatsache wäre, sondern ein erst zu prognostizierendes Ereignis.

8.c Auch die angedeutete Ersatzregel würde sich als unbrauchbar erweisen, wenn man nicht solche statistischen Gesetze ausdrücklich ausnehmen wollte, die Theoreme der mathematischen Wahrscheinlichkeitstheorie darstellen. Die obigen Überlegungen führten zu der Forderung, daß *Ga* höchstens dann als mittels *Fa* und eines Gesetzes $p(G, F)=r$ *erklärt* betrachtet werden darf, wenn kein statistisches Gesetz $p(G, F')=r'$ mit $r \neq r'$ akzeptiert ist, so daß auch $F'a$ und $F' \subset F$ gilt. *Sofern* $r \neq 1$, *gibt es aber im Erklärungsfall stets ein derartiges Gesetz*. Da *Ga* in jedem Fall und *Fa* nach Voraussetzung gilt, braucht man als F' nur den Durchschnitt $F \cap G$ zu wählen und hätte damit eine engere Bezugsklasse gefunden, die sicherlich eine andere Wahrscheinlichkeit liefert, da $p(G, F \cap G)=1$ gelten muß. Diese letztere Aussage ist aber keine empirische Hypothese, sondern eine logische Folgerung der maßtheoretischen Definition der Wahrscheinlichkeit; daher kann eine solche Aussage im Rahmen von IS-Erklärungen unberücksichtigt bleiben.

Die Formulierung der Regel soll auf statistische Systematisierungen beschränkt bleiben, die von der Gestalt (21) sind, d. h.:

$$(21) \qquad \frac{\begin{array}{c} p(G, F) = q \\ Fa \end{array}}{Ga} \; [q],$$

die also der früheren Regel *S* genügen. Die wichtigsten Fälle von IS-Erklärungen und -Prognosen ergeben sich daraus durch Spezialisierung. Es sind jene, in denen gilt: $1-q<\varepsilon$ für kleines ε. Zugleich soll die Regel so allgemein gehalten sein, daß sie auch jene Fälle umfaßt, in denen man vorläufig nur von einem *Erklärungsvorschlag* sprechen kann, weil einige der im Explanans verwendeten Aussagen noch nicht so gut getestet worden sind, daß man wagen könnte, sie der Klasse A_t des akzeptierten Wissens einzuverleiben. HEMPEL selbst spricht daher von einer Präzisierung des Begriffs der *potentiellen statistischen Erklärung*. Wir kommen nun zur Formulierung der ursprünglichen Fassung der Hempelschen Regel *(Regel der maximalen Bestimmtheit)*:

(*MB*)   Es sei zur Zeit *t* eine IS-Systematisierung von der Gestalt (21) gegeben. φ sei die Konjunktion der Prämissen dieser Systematisierung. α sei die Konjunktion aller Elemente aus A_t, also der zu *t* akzeptierten Sätze. (Stattdessen könnte für α auch ein anderer mit A_t L-äquivalenter Satz gewählt werden.) (21) ist *rational annehmbar relativ auf die Wissenssituation* A_t genau dann, wenn folgendes gilt: Sofern aus der Konjunktion $\alpha \wedge \varphi$ logisch folgt, daß es eine Klasse F' gibt, so daß $F'a$ und $F' \subset F$, so muß erstens aus $\alpha \wedge \varphi$ auch logisch ein statistisches Gesetz $p(G, F')=r$ folgen. Zweitens muß entweder $r=q$ gelten, oder $p(G, F')=r$ muß ein Theorem der mathematischen Wahrscheinlichkeitstheorie sein[25].

Diese Regel ist nicht aufzufassen als Bestandteil der Definition von „korrekte statistische Erklärung", sondern ähnlich wie die Forderung des Gesamtdatums *als ein Kriterium für die korrekte Anwendung einer solchen Systematisierung*. Die Motivation für die einzelnen Bestimmungen dieser Regel ergibt sich aus den vorangehenden heuristischen Betrachtungen. Vor allem drei Dinge sind hier zu beachten: (a) Wenn es eine Klasse F' mit $F'a$ und $F' \subset F$ gibt und uns kein empirisches statistisches Gesetz von der Art $p(G, F')=r$ bekannt ist, so müssen wir mit unserem Urteil zurückhalten und dürfen das Schema (21) nicht für statistische Erklärungs- oder Voraussagezwecke verwenden. Denn wir wissen ja nicht, ob die in F' gegenüber F enthaltene schärfere Information für die Wahrscheinlichkeitsbeurteilung von G von Relevanz ist. Dieser Fall wird am besten durch das frühere medizinische Beispiel illustriert: Haben wir zunächst nur die Prämissen von (13) in A_t (t = Gegenwart) einbezogen und erfahren wir zusätzlich, daß der Erkrankte ein Neunzigjähriger mit schwachem Herz ist, so werden wir mit unserem Urteil so lange zurückhalten müssen, bis wir eine entsprechende statistische Hypothese zur Verfügung gestellt bekommen, welche auf diese genauere Information Rücksicht nimmt. Es wäre ja z. B. rein logisch denkbar, daß sich eine Penicillinbehandlung auch auf diese spezielle Art von Herzerkrankung vorteilhaft auswirkt und bei Leuten hohen Alters besonders wirkungsvoll ist. (b) Eine derartige statistische Hypothese stehe zur Verfügung. Liefert sie einen anderen Wert, so müssen wir uns eher auf sie statt auf die erste stützen, d. h. genauer: wir müssen uns auf sie stützen, sofern sich ihr gegenüber nicht das in (a) beschriebene Spiel wiederholt. Daher werden wir z. B. im früheren Fall dem Argument (14) den Vorzug gegenüber (13) geben. (c) Ein akzeptiertes statistisches Gesetz, welches einen von q abweichenden Wert liefert (falls $q \neq 1$) und die beiden zusätzlichen für die Klasse F' verlangten Bedingungen von (MB) erfüllt, existiert stets. Es handelt sich dabei aber um keine empirische Hypothese, sondern um einen Lehrsatz der Wahrscheinlichkeitsrechnung. Aus diesem Grunde müssen, um (MB) überhaupt anwendbar zu machen, derartige Lehrsätze ausdrücklich ausgenommen werden.

---

[25] Kenner des Aufsatzes [Versus] von HEMPEL mögen ausdrücklich darauf aufmerksam gemacht werden, daß die hier zitierte Regel von HEMPELs früherer Formulierung in [Versus], S. 146, abweicht. Dort war gefordert worden, daß F von (21) selbst bereits die kleinste Klasse ist, die a enthält und in bezug auf welche ein statistisches Gesetz von der geschilderten Art akzeptiert ist. Dies führt zu Schwierigkeiten, die HEMPEL bereits dort hervorhob (a. a. O., S. 148f.).

Die Regel (*MB*) hat den praktischen Effekt, unter den darin ausgedrückten Voraussetzungen *eine Art von induktivem Analogon zur Abtrennungsregel der deduktiven Logik zu liefern*. Ist eine IS-Systematisierung mit akzeptierten Prämissen von der Gestalt (21) rational annehmbar im eben definierten Sinn, so können wir davon sprechen, daß auch die Conclusio *im Grade q annehmbar* sei. Der Ausdruck '„rational annehmbar" ist etwas mißverständlich. Er kann nämlich in zweierlei Sinn verstanden werden: im Sinn einer gültigen induktiven Relation und im Sinn eines gültigen pragmatischen Schlusses. Wenn wir die beiden Prämissen von (21) zusammen wieder mit *E* und die Conclusio mit *H* bezeichnen, so liegt eine induktive Annehmbarkeit von *H* im Grade *q* relativ auf das Wissen *E* immer dann vor, wenn $C(H, E)=q$. Die Gültigkeit dieser induktiven Relation ist aber in der hier gegebenen Definition der rationalen Annehmbarkeit *nicht* gemeint. Sie ist ja stets gegeben, wenn $C(H, E)=q$ gilt, gleichgültig ob die Regel (*MB*) — bzw. die Carnapsche Forderung des Gesamtdatums oder eine andere approximative Formulierung dieser Forderung — erfüllt ist oder nicht. Eine pragmatische Formulierung könnte man hier nur in der Gestalt eines irrealen Konditionalsatzes geben: Unter der Voraussetzung $C(H, E)=q$ wäre *H* zur Zeit *t* im Grade *q* glaubhaft, falls das Gesamtwissen zur Zeit *t* genau aus *E* bestünde.

Die hier definierte rationale Annehmbarkeit ist also nicht zu verstehen als Akzeptierbarkeit von (21) als einer gültigen induktiven Relation, sondern als eines *gültigen Schlusses*. Für dessen Gültigkeit ist zwar die Gültigkeit der induktiven Relation eine conditio sine qua non, aber nicht hinreichend. Die Abspaltung der Conclusio von den Prämissen ist erst dann möglich, wenn die im zuletzt formulierten irrealen \Konditionalsatz fiktiv ausgedrückte Bedingung zur realen Bedingung wird, und zwar in Gestalt der durch (*MB*) geleisteten Approximation: Sind die in (*MB*) ausdrücklich formulierten Voraussetzungen erfüllt, *so können wir so tun, als stelle E das gesamte relevante Erfahrungswissen dar*.

Wir sagten an früherer Stelle, daß der statistische Syllogismus auf einer Begriffsverwirrung beruhe, da darin der relationale Charakter der IS-Systematisierung vernachlässigt werde. Berücksichtigung dieses relationalen Charakters sowie der Regel (*MB*) in Anwendung auf konkrete Wissenssituationen ermöglicht im nachhinein, wie wir eben sahen, doch wieder so etwas wie einen statistischen Syllogismus. Die Wurzel für dessen Fehlerhaftigkeit in der ursprünglichen Formulierung lag also in der Nichtbeachtung der methodologischen Maxime, daß bei einer Wahrscheinlichkeitsbeurteilung das gesamte relevante Wissen zu berücksichtigen ist.

8.d Eine Kritik der Regel (*MB*) könnte sich auf einen erkenntnistheoretischen Vergleich mit der deduktiv-nomologischen Erklärung stützen. Ein deduktiv-nomologischer Erklärungsversuch kann — wenn wir die singuläre Prämisse als richtig unterstellen — nur dadurch im nachhinein inadäquat werden, daß sich das Gesetz bzw. die Theorie im Explanans als falsch erweist. Wenn ein Explanans die ursprünglich von HEMPEL und OPPENHEIM aufgestellten Adäquatheitsbedingungen erfüllt, so kann nicht einmal dies passieren; denn ein wahrer Satz kann nicht später falsch werden. Eine statistische Systematisierung hingegen kann sich sogar bei Wahrheit aller im Explanans vorkommenden Sätze später als inadäquat erweisen, *selbst dann, wenn sie die obige Regel (MB) erfüllt*. Wir machen hier die scharfe Annahme der *Wahrheit* der Prämissen der statistischen Systematisierung, um den trivialen Fall auszuschließen, daß diese Systematisierung später deshalb nicht mehr akzeptiert werden kann, weil ihre Prämissen als falsch verworfen werden müssen. Die Behauptung lautet also, daß sich selbst unter dieser starken Voraussetzung der Wahrheit des Explanans sowie der Erfüllung von (*MB*) nachträglich die Inadäquatheit der Systematisierung im Sinn ihrer rationalen Unannehmbarkeit erweisen kann. Im deduktiv-nomologischen Fall hingegen kann sich höchstens ein gut bestätigtes potentielles Explanans nachträglich als inadäquat herausstellen, nicht hingegen eine wahres Explanans.

Angenommen nämlich, eine statistische Systematisierung erfülle zur Zeit t die Regel (*MB*) und enthalte nur wahre Prämissen. Dann braucht diese Systematisierung für einen späteren Zeitpunkt t' die Bedingung (*MB*) nicht mehr zu erfüllen. Zum Unterschied von A_t könnten nämlich aus $A_{t'}$ zwei Aussagen F^*a und $p(G, F^*)=q'$ mit $q \neq q'$ und $F^* \subseteq F$ logisch folgen, wobei $p(G, F^*)=q'$ kein Theorem der Wahrscheinlichkeitsrechnung ist.

Wollte man eine solche Möglichkeit ausschließen, um eine stärkere zeitliche Invarianz des Begriffs der IS-Systematisierung zu gewinnen, so wäre für den Satz φ die Wahrheit zu fordern und im zweiten Teil der Regel (*MB*) dürfte nicht von den logischen Folgerungen aus $\alpha \wedge \varphi$ die Rede sein. Vielmehr müßte dieser Teil in „absoluter" Weise unter Bezugnahme auf die Wahrheit formuliert werden: „Sofern es eine Klasse F' gibt, so daß $F'a$ und $F' \subset F$, so muß auch ein statistisches Gesetz $p(G, F')=r$ gelten ... (der Rest wörtlich wie früher)" (Regel (*MB**)). Die Relativierung auf A_t könnte dann weggelassen werden. Statt von rationaler Annehmbarkeit könnte von *objektiver Zulässigkeit* der Anwendung von (21) gesprochen werden. Zwar könnte man dann nicht mehr *entscheiden*, ob ein zu einer bestimmten Zeit vorgeschlagenes IS-Explanans objektiv zulässig ist. Dies wäre jedoch kein wesentlicher Einwand, zumal auch im deduktiv-nomologischen Fall bei Annahme der ursprünglichen Adäquatheitsbedingungen für solche Erklärungen nicht entscheidbar wäre, ob eine *vorgeschlagene* Erklärung wirklich eine Erklärung ist.

HEMPEL weist in [Aspects], S. 403, darauf hin, daß man von einer wahren DN-Erklärung sprechen könne, daß es aber zu diesem Begriff kein brauchbares Analogon im Fall von IS-Erklärungen gäbe, weil für diese die Relativierung auf A_t wesentlich sei. HEMPEL nennt dies *die epistemologische Relativität der statistischen Erklärung.* Danach könnten wir also im statistischen Fall nur ein Analogon zum Begriff der gut bestätigten (potentiellen) deduktiv-nomologischen Erklärung konstruieren. Wie soeben angedeutet, scheint es aber prinzipiell möglich zu sein, mittels der Regel (*MB**) auch den Begriff der objektiv zulässigen statistischen Erklärung zu konzipieren, für den keine solche Relativität besteht. Man kann sich den Unterschied zwischen diesen beiden Fällen so verdeutlichen, daß man sich überlegt, welche IS-Systematisierungen eliminiert werden: Nach der Regel (*MB*) ist eine zur Diskussion gestellte IS-Erklärung zu einer Zeit *t nicht rational akzeptabel,* wenn die induktive Glaubhaftigkeit, die das Expanans dem Explanandum zuweist, durch gewisse andere *in A_t enthaltene* statistische Gesetze entwertet wird, welche die Konstruktion rivalisierender IS-Erklärungen gestatten. Nach der Regel (*MB**) ist eine IS-Erklärung trotz der Wahrheit des Explanans *objektiv unzulässig,* wenn die induktive Glaubhaftigkeit, die das Explanans dem Explanandum zuweist, durch gewisse *wahre* statistische Regelmäßigkeiten durchkreuzt wird, welche die Konstruktion rivalisierender IS-Systematisierungen ermöglichen, *gleichgültig, ob diese die IS-Erklärung paralysierenden statistischen Gesetze jemals erkannt und zum akzeptierten Wissen gerechnet werden.* Wir setzen hier beim Leser voraus, daß er auf Grund der vorangegangenen Betrachtungen die entsprechenden genaueren Eintragungen in diese beiden ungenauen Formulierungen vorzunehmen vermag. Was diese Formulierungen leisten sollten, war nur die nochmalige Verdeutlichung des Unterschiedes zwischen dem Begriff der rational annehmbaren, auf eine Wissenssituation relativen potentiellen IS-Erklärung und der nichtrelativen objektiv zulässigen IS-Erklärung.

8.e Knüpfen wir jetzt wieder an die Hempelsche Fassung (*MB*) an. Dann ist zu zeigen, in welcher Weise diese Regel die Mehrdeutigkeit der statistischen Systematisierung beseitigt[26]. Dazu genügt es, nachzuweisen, daß zwei miteinander rivalisierende statistische Argumente mit ausnahmslos akzeptierten Prämissen, aber unverträglicher Conclusio nicht beide die Regel der maximalen Bestimmtheit erfüllen können. Angenommen, es lägen zu *t* die folgenden beiden IS-Systematisierungen vor, deren sämtliche Prämissen zu A_t gehören mögen:

$$\text{(C)} \quad \frac{\begin{array}{c} p(G, F) = q_1 \\ Fa \end{array}}{Ga} \; [q_1] \qquad \text{(D)} \quad \frac{\begin{array}{c} p(\neg G, H) = q_2 \\ Ha \end{array}}{\neg Ga} \; [q_2]$$

Dabei mögen sowohl q_1 wie q_2 nahe bei 1 liegen: $1-\varepsilon < q_1$, $1-\varepsilon < q_2$ für ein kleines ε (es würde genügen, $\varepsilon \leq 1/2$ zu wählen). Da insbesondere die beiden

---

[26] Vgl. dazu jedoch auch 13.d. Wir geben das Argument zugunsten von *(MB)* in der Annahme wieder, daß es für den Leser nützlich ist, aus einem Fehler zu lernen.

singulären Prämissen zu A_t gehören, ist auch die Zugehörigkeit von a zu $F \cap H$ eine Folgerung des zu t akzeptierten Wissens A_t. Würde die Systematisierung (C) die Regel (MB) erfüllen, so müßte aus dem Wissen A_t auch das Gesetz $p(G, F \cap H) = q_1$ logisch folgen und daher selbst zu A_t gehören. Analog müßte bei Erfüllung von (MB) durch (D) das Gesetz $p(\neg G, F \cap H)$ $= q_2$ Bestandteil von A_t sein[27]. Nun ist es ein einfacher Satz der Wahrscheinlichkeitstheorie − tatsächlich eine unmittelbare Folgerung der Axiome (1) bis (3) von Abschn. 3 −, daß $p(G, F \cap H) + p(\neg G, F \cap H) = 1$, also $q_1 + q_2 = 1$. Dies ist jedoch arithmetisch unmöglich, wenn sowohl q_1 wie q_2 nach Voraussetzung nahe bei 1 liegen. Also können nicht beide Systematisierungen zur Zeit t rational annehmbar sein. Es kann daher kein Konflikt zwischen IS-Systematisierungen bestehen, die zu ein und derselben Zeit rational akzeptierbar sind. Auch für den allgemeinen Fall ist nur der Umstand zu berücksichtigen, daß q_2 stets $1 - q_1$ sein muß.

Nach Klärung der prinzipiellen Situation sei nochmals eines der früheren Beispiele von korrekten statistischen Erklärungen herangezogen: die Erklärung dafür, daß eine Stichprobe von 100 Milligramm Radon sich innerhalb von 7,64 Tagen auf eine Menge von 24 bis 26 Milligramm reduziert. Zunächst sei gleich darauf hingewiesen, daß auch in diesem Beispiel durchaus Fälle eintreten können, in denen die früher vorgeschlagene Erklärung inadäquat ist. Beschränken wir uns aber vorläufig auf den adäquaten Fall. Das Zufallsexperiment (die Bezugsklasse) F besteht hier darin, daß eine beliebige Stichprobe von 100 Milligramm Radon während 7,64 Tagen dem Zerfall überlassen bleibt. Das augenblickliche Gesamtwissen A_t interpretiert den vorliegenden Fall als ein derartiges Zufallsexperiment. Außerdem enthält es das statistische Gesetz für die Halbwertzeit des Radons. G sei das Merkmal, das einer Radonmenge genau dann zukommt, wenn diese nach 7,64 Tagen auf eine Menge im Bereich zwischen 24 und 26 Milligramm zusammenschrumpft. Das Merkmal F läßt sich zwar sicherlich durch ein viel engeres ersetzen: $F \cap F' \cap F'' \ldots \cap F^{(n)}$, da das Wissen A_t, wie wir annehmen wollen, auch zahlreiche weitere Informationen über die vorliegende Stichprobe enthält, etwa über die Temperatur der Stichprobe, über den auf sie ausgeübten Druck, über das von ihr eingenommene Volumen, über die elektromagnetischen Umstände, über gewisse chemische Bedingungen usw. Auf Grund der Beschaffenheit von A_t beeinträchtigen jedoch diese zusätzlichen Kenntnisse im Verein mit der Regel (MB) die gegebene Erklärung nicht; denn zu A_t gehören auch jene Teile der Theorie des radioaktiven Zerfalls, welche besagen, daß die Zerfallsrate des Radons von all diesen weiteren Faktoren unberührt bleibt, so daß die statistische Wahrscheinlichkeit relativ zu der engeren Bezugsklasse dieselbe ist. Die Bedingung der Regel (MB) für eine rational annehmbare IS-Systematisierung ist also erfüllt,

---

[27] Dies folgt beidemal aus der früher vorausgesetzten deduktiven Abgeschlossenheit von A_t.

sofern nicht eine andersartige vor t gewonnene zusätzliche Information zu einem Verstoß gegen diese Regel führt. Ein solcher Verstoß läge z. B. vor, wenn man eine Zwischeninformation über den bisherigen Ablauf des Zerfalls erhielte, die für ein Datum vor Ablauf der 7,64 Tage eine verbleibende Restmenge angibt, welche zwar physikalisch möglich, aber doch viel größer ist als auf Grund der statistischen Gesetze zu erwarten war. Diese Information könnte etwa besagen, daß 1/2 Stunde vor Ablauf der Frist von 7,64 Tagen noch 30 Milligramm Radon vorhanden sind. Auf Grund dieser neuen Information wäre es ungeheuer unwahrscheinlich, daß die ursprünglich vorausgesagte Reduktion auf 24 bis 26 Milligramm in der restlichen Zeit erreicht würde. Die erste Systematisierung wäre entwertet, da die Ausgangsmenge zugleich einer engeren Bezugsklasse angehört (die Bedingungen eines viel spezielleren Zufallsexperimentes erfüllt), relativ auf welche die Wahrscheinlichkeit von G gegenüber der ursprünglichen, die sehr hoch war, eine viel niedrigere ist. Die Bedingungen des neuen Experimentes umfassen jene Radonmengen von 100 Milligramm, die sich nach 7,64 Tagen minus 30 Minuten bloß auf 30 Milligramm reduziert haben. Dieses Beispiel zeigt zugleich, daß eine zu t kraft (MB) rational annehmbare statistische Voraussage zu einer späteren Zeit t' aus zwei Gründen inakzeptabel werden kann: auf Grund einer *neuen Tatsacheninformation über die vorliegende Stichprobe,* die wegen der neuen Kenntnisse zu einer engeren Bezugsklasse gehört, für die sich ein *bereits bekanntes* „rivalisierendes" statistisches Gesetz formulieren läßt (gegenwärtiges Beispiel); oder auf Grund der *Entdeckung eines neuen rivalisierenden Gesetzes bei bereits vorhandener Tatsacheninformation.* Diese letztere Möglichkeit läßt sich auf unser Beispiel nur fiktiv anwenden: Sie läge etwa vor, wenn man eines Tages entdeckte, daß die Zerfallsrate radioaktiver Elemente im Gegensatz zur ursprünglichen Annahme doch mit gewissen abnormen elektromagnetischen oder chemischen Bedingungen variiert, die im vorliegenden Fall erfüllt waren.

Zusammenfassung: Den Ausgangspunkt bildete die *Inkonsistenz,* welche der statistische Syllogismus sowie der unvorsichtige Gebrauch der Regel (J) zur Folge hat. Diese erste Schwierigkeit wurde behoben durch den Hinweis auf den *relationalen Charakter des Begriffs der praktischen Sicherheit bzw. der induktiven Wahrscheinlichkeit.* Als weit größeres Problem blieb eine zweite Schwierigkeit bestehen, nämlich *die Mehrdeutigkeit der statistischen Systematisierung,* die im Bereich der DN-Systematisierungen kein Analogon besitzt: Hat ein Gegenstand eine Eigenschaft F, die (tatsächlich oder auf Grund des Wissens A_t) mit großer statistischer Wahrscheinlichkeit mit einer Eigenschaft G verknüpft ist, so wird er in den meisten Fällen auch eine Eigenschaft F^* besitzen, die mit großer statistischer Wahrscheinlichkeit mit nicht-G verknüpft ist. Der relationale Charakter der induktiven Wahrscheinlichkeit beseitigt zwar in einem solchen Fall die Gefahr des logischen Widerspruchs, beantwortet jedoch nicht die Frage, auf welche von zwei solchen rivalisierenden IS-Systematisierungen wir uns in einer konkreten Wissenssituation stützen sollen bzw. ob wir uns überhaupt auf eine von ihnen stützen dürfen. Als Lösung dieser Schwierigkeit wurde zunächst die Forderung des Gesamtdatums von R. CARNAP vorgeschlagen. Dieser Vorschlag führte jedoch zu einem dritten Problem, da sich die Erfüllung dieser Forderung einerseits als praktisch unhandlich und vorläufig nicht einmal theoretisch realisierbar erwies, andererseits bei Anwendung auf statistische *Erklärungen* sogar inadäquat ist. Als wesentlich handlicheres Prinzip, das außerdem mit der genannten Inadäquatheit nicht behaftet ist, wurde HEMPELs *Prinzip der maximalen Bestimmtheit* benützt. Es wurde in zwei Versionen formuliert: Die eine Version, die von größerem praktischen Interesse ist, ermöglicht die Auszeichnung der zu einer bestimmten Zeit *rational annehmbaren* induktiv-statistischen Systematisierungen. Die andere Version präzisiert den Begriff der *objektiv zulässigen* statistischen Systematisierung. Was die Regel in beiden Versionen leistet, ist dies, daß sie ein pragmatisches bzw. induktives Analogon zur Abtrennungsregel im Bereich der deduktiven Logik zur Verfügung stellt.

Die folgenden vier Abschnitte beschäftigen sich mit Anwendungen, speziellen Problemen und einem Alternativvorschlag zu CARNAPs Forderung. Jene Leser, die an der Fortsetzung der Diskussion von HEMPELs Regel der maximalen Bestimmtheit interessiert sind, können sofort zur Lektüre von Abschn. 13 übergehen.

9. Der nichtkonjunktive Charakter statistischer Systematisierungen

9.a Angenommen, es seien *r* korrekte DN-Erklärungen mit demselben Explanans, aber verschiedenen Explananda $E_1, \ldots, E_r$ gegeben. Dann liefert dieses Explanans auch eine korrekte Erklärung der Konjunktion $E_1 \wedge \ldots \wedge E_r$. Statistische Erklärungen weichen in diesem Punkt von nomologischen Erklärungen ab. Das Explanans einer IS-Erklärung kann einer Folge verschiedener Explananda eine hohe induktive Glaubhaftigkeit verleihen, ihrer Konjunktion jedoch eine sehr niedrige. Die Wurzel für diese neue Abweichung statistischer von nomologischen Erklärungen liegt im *Multiplikationstheorem* der Wahrscheinlichkeitstheorie. Danach ist die Wahrscheinlichkeit der Konjunktion zweier unabhängiger Ereignisse, abgesehen von den Grenzfällen der extremen Wahrscheinlichkeitswerte 0 und 1, kleiner als die Wahrscheinlichkeit der einzelnen Ereignisse. Nimmt man eine Konjunktion von hinreichend vielen Fällen, so kann der Wahrscheinlichkeitswert beliebig weit herabgedrückt werden.

9.b Ein einfaches Beispiel möge die Situation erläutern. Wir gehen aus von einem Zufallsexperiment F, das in 14 aufeinanderfolgenden Münzwürfen besteht. Für die IS-Erklärungen von Ereignissen, die zum Ereigniskörper von E gehören, mögen zwei sehr naheliegende, überdies aber empirisch überprüfte und akzeptierte statistische Grundhypothesen S_1 und S_2 herangezogen werden. S_1 besage, daß die beiden möglichen Resultate eines Münzwurfes *Kopf* und *Wappen* gleichwahrscheinlich sind, jedes dieser möglichen Resultate also mit der Wahrscheinlichkeit 1/2 eintritt[28]. S_2 drückt die Hypothese aus, daß die einzelnen Münzwürfe statistisch unabhängig voneinander sind. Eine einmalige Realisierung von F besteht in einer Folge von 14 aufeinanderfolgenden Münzwürfen. Da jeder Wurf entweder Kopf oder Wappen ergeben kann, erhalten wir $2^{14} = 16.384$ mögliche Resultate $R_1, R_2, \ldots, R_{16.384}$.[29] Aus S_1 und S_2 folgen logisch 2×2^{14} statistische Hypothesen von der Gestalt $p(R_k, F) = 1/16.384$ und $p(\neg R_k, F) = 1 - 1/16.384$ (für jedes $1 \le k \le 2^{14}$). Es sei f eine spezielle Realisierung von F, die etwa das Resultat R_{1200} ergeben hat. Wir schreiben dafür: $R_{1200}(f)$. Der Gehalt dieser Aussage kann auch durch die folgende Konjunktion von $2^{14} - 1$ Gliedern ausgedrückt werden:

$$(24) \qquad \neg R_1(f) \wedge \neg R_2(f) \wedge \ldots \wedge \neg R_{1199}(f) \wedge \neg R_{1201}(f) \wedge \ldots \wedge \neg R_{16.384}(f).$$

Jedes dieser Konjunktionsglieder kann als Explanandum einer IS-Erklärung genommen werden, in welcher die beiden Hypothesen S_1 und S_2 zusammen mit der Information $F(f)$ (d. h. f ist eine Realisierung von F) diesem Glied eine sehr hohe induktive Wahrscheinlichkeit verleihen:

$$(25) \qquad \frac{\begin{array}{c} S_1 \\ S_2 \\ F(f) \end{array}}{\neg R_k(f)} \quad [1 - 1/16.384] \text{ (d. h. } q = 1 - (1/2)^{14}) \quad (1 \le k \le 2^{14}, k \ne 1200)$$

Wir haben für diese $2^{14} - 1$ IS-Erklärungen jedesmal S_1 und S_2 als statistische Hypothesen gewählt, um im Einklang mit der Ausgangsfeststellung stets dasselbe Explanans zu haben. Stattdessen hätten wir natürlich jedesmal die entsprechende spezielle, aus $S_1 \wedge S_2$ logisch folgende Hypothese $p(\neg R_k, F) = (2^{14} - 1)/2^{14}$ wählen können. Ein einheitliches Explanans könnte bei dieser Wahl nachträglich so gewonnen werden, daß man am Ende die $2^{14} - 2$

---

[28] Für die Formulierung von S_1 wird natürlich ein von F verschiedenes Zufallsexperiment benützt, nämlich das einfache Experiment, das in einem einmaligen Münzwurf besteht.

[29] Der Leser beachte, daß jedes einzelne Resultat aus einer Folge von 14 Ergebniswerten *Kopf* oder *Wappen* besteht.

übrigen derartigen Hypothesen als überflüssige Zusatzprämissen hinzufügt. Die Regel *(MB)* sei für alle diese Argumente erfüllt, d. h. wir setzen voraus, daß etwaige zu dieser Zeit verfügbare zusätzliche Informationen über das Experiment f die Wahrscheinlichkeiten für die R_k bzw. $\neg R_k$ nicht beeinflussen.

Das Explanans von (25) verleiht somit sämtlichen $2^{14}-1$ Aussagen $\neg R_k(f)$ $(k \neq 1200)$, also sämtlichen Konjunktionsgliedern von (24), eine sehr hohe induktive Wahrscheinlichkeit. Außerdem ist nach Voraussetzung jede dieser Erklärungen rational annehmbar. Daraus kann man nicht schließen, daß auch der Konjunktion (24) dieser Aussagen eine entsprechend hohe Wahrscheinlichkeit verliehen wird, dasselbe Explanans also auch für eine IS-Erklärung dieser Konjunktion verwendet werden könnte. Wegen der logischen Äquivalenz von (24) mit $R_{1200}(f)$ sowie der Tatsache, daß $p(R_{1200}, F) = 1/16.384$ aus S_1 und S_2 logisch folgt, ergibt sich vielmehr:

$$
(26) \quad
\begin{array}{c}
S_1 \\
S_2 \\
F(f) \\
\hline
\neg R_1(f) \wedge \ldots \wedge \neg R_{1199}(f) \wedge \neg R_{1201}(f) \wedge \ldots \wedge \neg R_{2^{14}}(f)
\end{array}
\quad [1/16.384]
$$

Dieses Beispiel zeigt zugleich folgendes: Man kann stets eine hinreichende Anzahl n von Konjunktionsgliedern finden, so daß die induktive Wahrscheinlichkeit, welche ein IS-Explanans der ganzen Konjunktion zuteilt, beliebig klein wird, wie groß auch immer die Wahrscheinlichkeit sein möge, die dieses Explanans den einzelnen Konjunktionsgliedern zuweist. Wollen wir etwa im Beispiel des Münzwurfes eine Wahrscheinlichkeit von weniger als 1/100 für die Konjunktion erhalten, so genügt es, mindestens 7 Würfe zu betrachten; wollen wir eine Wahrscheinlichkeit von weniger als 1/40.000 erhalten, so müssen wir wenigstens 16 Münzwürfe verwenden etc.

Wie die Zahleneintragungen in (25) und (26) zeigen, haben wir bei der Diskussion dieses Beispiels vorausgesetzt, daß es sich um IS-Systematisierungen der Basisform handelt (induktive Wahrscheinlichkeit = statistische Wahrscheinlichkeit). Offenbar ist diese zusätzliche Annahme aber für das gewonnene Resultat ohne Relevanz. Es würde sich für jede nicht gänzlich inadäquate induktive Bestätigungsfunktion ergeben, welche Zahlenwerte liefert, die von den durch die speziellen statistischen Prämissen des Explanans gelieferten statistischen Wahrscheinlichkeiten etwas abweichen.

9.c In der Sprache der induktiven *C*-Funktionen $C(H, E)$ wäre diese Analyse so auszudrücken: Wir gehen von einem Zufallsexperiment F_1 aus, dessen Resultate G_i von der einfachsten Art sind (in unserem Beispiel wäre also nicht eine Folge von 14 Münzwürfen, sondern ein einziger Münzwurf zu wählen). Das „Datum" E möge folgendes enthalten: (1) alle statistischen Hypothesen $p(G_i, F_1) = r_i$; (2) die Aussage, wonach wiederholte Realisierungen von F_1 statistisch unabhängig voneinander sind; (3) die Feststellung, daß ein bestimmtes Ereignis a in einer n-fachen Verwirklichung des Experimentes F_1 besteht. Weiter enthalte E keine Information. Für jeden Einzelfall sei die Bedingung der statistischen Systematisierung von Basisform erfüllt: Wenn H_i die Hypothese ist, daß eine einmalige Realisierung von F_1 das Resultat G_i liefert, so möge gelten: $C(H_i, E) = p(G_i, F_1) = r_i$. H sei nun die Hypothese, welche jedem der n Konstituenten von a ein Resultat G_i zuordnet. Dann soll gelten: $C(H, E) = \prod_i C(H_i, E) = \prod_i r_i$, wobei das Produkt über die unteren Indizes der G_i läuft, die H den Konstituenten von a zuordnet. In der Sprache der C-Funktionen ausgedrückt, ergibt sich dann dasselbe wie früher. Wenn H z. B. behauptet, daß f das Merkmal R_{1200} besitzt (was mit der Behauptung der Conclusio von (26) gleichwertig ist), so erhalten wir bei Zugrundelegung der entsprechenden Annahme E die Behauptung: $C(H, E) = (1/2)^{14}$, also dasselbe wie in (26). Das Analoge gilt für (25).

9.d Der nichtkonjunktive Charakter statistischer Systematisierungen kann zusammenfassend so beschrieben werden: *p sei eine beliebig nahe bei 1 liegende Zahl und ε eine beliebig kleine Zahl. Dann existiert eine Zahl n von IS-Systematisierungen, die dasselbe Explanans X, aber n verschiedene Explananda $E_1, \ldots, E_n$ enthalten, so daß X jedem E_i eine induktive Wahrscheinlichkeit von mindestens p verleiht, der Konjunktion $E_1 \wedge \ldots \wedge E_n$ jedoch eine induktive Wahrscheinlichkeit von weniger als ε zuweist.*

Dieses Ergebnis ließe sich sogar zu der Behauptung verschärfen, daß die Wahrscheinlichkeit der Konjunktion gleich 0 sein muß. Dazu braucht man nur zu bedenken, daß im obigen Beispiel *alle* 2^{14} IS-Systematisierungen von der Art (25), also unter Einschluß des Falles für $k = 1200$, betrachtet werden könnten. Die Konjunktion der Explananda würde dann *das unmögliche Ereignis* beschreiben, daß das Zufallsexperiment zu keinem der 2^{14} möglichen Resultate führt; und dieses besäße die Wahrscheinlichkeit Null.

10. Diskrete Zustandssysteme und IS-Systematisierungen

10.a Der Überlagerung zweier Arten von Wahrscheinlichkeiten war bei der Erörterung von diskreten Zustandssystemen in III keine besondere Aufmerksamkeit geschenkt worden. Tatsächlich jedoch gilt für DS-Systeme dasselbe wie für alle Arten von statistischen Systematisierungen: Die Anwendung von statistischen Gesetzen für die Zwecke von (stark oder schwach) probabilistischen Erklärungen oder Voraussagen stellt ein induktives Argument dar, in welchem einem Explanandum auf Grund gewisser

Prämissen (statistische Hypothesen plus Antecedensdaten) eine bestimmte induktive Wahrscheinlichkeit zugeschrieben wird. Es ist daher nicht zu verwundern, daß, wie HEMPEL nachweist, das Problem der Mehrdeutigkeit der statistischen Systematisierungen auch hier auftritt.

Es sei ein indeterministisches DS-System gegeben, dessen Verhalten durch das folgende Diagramm beschrieben wird:

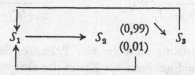

Da die Prinzipien der Wahrscheinlichkeitsrechnung als geltend vorausgesetzt werden und DS-Systeme generell die Markoff-Eigenschaft besitzen, erhält man die beiden folgenden abgeleiteten Gesetze:

(Γ_1)   Die statistische Wahrscheinlichkeit dafür, daß ein 2-Nachfolger von S_2 gleich S_1 ist, beträgt $0,99 \times 1 = 0,99$.

(Γ_2)   Die statistische Wahrscheinlichkeit dafür, daß der unmittelbare Nachfolger von S_1 wieder S_1 ist, beträgt 0.

Es möge die Information vorliegen, daß sich das System zum Zeitpunkt t_o im Zustand S_2 befindet:

(B_1) $z(t_o) = S_2$

(B_1) und (Γ_1) liefern zusammen das Explanans für eine IS-Systematisierung, welche der Conclusio $z(t_2)=S_1$, wonach also zwei Zeiteinheiten später der Zustand S_1 realisiert ist, eine induktive Wahrscheinlichkeit von 0,99 zuteilt:

(27)
$$\frac{\Gamma_1}{\begin{array}{c} z(t_o) = S_2 \\ \hline z(t_2) = S_1 \end{array}} [0,99]$$

Angenommen nun, wir erhalten die weitere Information, daß zu dem auf t_o unmittelbar folgenden Zeitpunkt t_1 der Zustand S_1 realisiert worden ist:

(B_2) $z(t_1) = S_1$

Diese Information steht mit der Struktur des Systems im Einklang. Es muß dazu bloß vorausgesetzt werden, daß von t_o auf t_1 der zwar relativ seltene, aber doch mögliche Übergang von S_2 auf S_1 stattgefunden hat. Da auf einen

Zustand von der Art S_1 aber wegen der Struktur des Systems nicht wieder ein Zustand S_1 folgen kann (Gesetz Γ_2), gelangen wir zu einer zweiten IS-Erklärung, welche das Ergebnis von (27) paralysiert, nämlich:

$$(28) \qquad \begin{array}{c} \Gamma_2 \\ \underline{\chi(t_1) = S_1} \\ \chi(t_2) = S_1 \end{array} [0] \qquad \text{bzw.} \qquad \begin{array}{c} \Gamma_2 \\ \underline{\chi(t_1) = S_1} \\ \neg\, \chi(t_2) = S_1 \end{array} [1]$$

Nach Voraussetzung sind die vier Prämissen beider Argumente (27) und (28) richtig und gehören zur Klasse der akzeptierten Sätze. Das erste dieser Argumente lehrt uns, daß wir für den Zeitpunkt t_2 mit praktischer Sicherheit die Verwirklichung des Zustandes S_1 erwarten können; nach dem zweiten Argument jedoch ist die Verwirklichung von S_1 zu t_2 ausgeschlossen[30]. Unvorsichtiger Gebrauch des Wahrscheinlichkeitsbegriffs würde daher so wie in den früheren Beispielen einen Widerspruch erzeugen. Bei der relationalen Deutung der induktiven Wahrscheinlichkeit — von der in (27) und (28) bereits Gebrauch gemacht worden ist — verschwindet zwar die logische Inkonsistenz; doch werden wir dann mit dem Problem der Mehrdeutigkeit der statistischen Erklärung konfrontiert.

10.b Es ist klar, wie wir vom intuitiven Standpunkt in diesem Fall reagieren würden: Im Argument (28) wird eine Information über den Zustand des Systems zur Zeit t_1 benützt, die im Argument (27) vernachlässigt blieb. Da diese Information für die Frage, welcher Zustand zu t_2 realisiert sein wird, von größter Relevanz ist, müssen wir das erste Argument trotz der Tatsache, daß es eine korrekte induktive Relation ausdrückt, *als rational nicht annehmbar* verwerfen und uns auf das zweite Argument stützen, dessen Prämissen uns mit einer *schärferen Information* versorgen.

Dieses inhaltlich plausible Resultat wird auch von der Regel (*MB*) erzwungen. Nehmen wir an, zum Zeitpunkt t_1 dieser Schlußfolgerung gehören zur Klasse A_{t_1} der akzeptierten Sätze die vier Prämissen B_1, B_2, Γ_1, Γ_2, hingegen kein weiteres Wissen, das auf die Beurteilung von $\chi(t_2) = S_1$ einen Einfluß haben könnte. Selbstverständlich aber soll in A_{t_1} das Wissen um das Funktionieren des Systems enthalten sein. Dann wird die Regel (*MB*) von (27) verletzt. Auf Grund von A_{t_1} wissen wir, daß auf einen Zustand von der Art S_2 zum Zeitpunkt t_0 unmittelbar ein Zustand von der Art S_1

---

[30] Dieses Beispiel ist vielleicht insofern nicht ganz glücklich gewählt, als sich das zweite Argument zu einem deduktiven Schluß mit der Conclusio $\neg\chi(t_2) = S_1$ verschärfen läßt. In einem solchen Fall könnte man stets an ein Prinzip von der Gestalt appellieren: „Deduktive Systematisierung schlägt induktive (d. h. setzt die letztere außer Kraft)". Man kann aber leicht ein Beispiel konstruieren, wo sich im zweiten Fall keine Unmöglichkeit, sondern nur eine sehr niedrige Wahrscheinlichkeit ergibt.

folgte und daß auf S_1 kein Zustand dieser Art S_1 mehr folgen kann. Also wissen wir auch, daß der 2-Nachfolger von S_2 nicht S_1 sein kann.

Die Interpretation dieses Sachverhaltes in der Sprache der Regel (MB) sieht so aus: Σ sei das vorliegende DS-System. F sei die Eigenschaft, die dem Paar (Σ; t) genau dann zukommt, wenn dieses System sich zur Zeit t im Zustand S_2 befindet. Das Merkmal G komme dem Paar (Σ; t) genau dann zu, wenn Σ sich zur Zeit $t+2$ im Zustand S_1 befindet. Das Gesetz Γ_1 ist dann so ausdrückbar: $p(G, F) = 0,99$. (Σ; t_0) erfüllt gemäß unserem Wissen A_{t_1} die Bedingung F. Nun genügt (Σ; t_0) nach A_{t_1} aber auch der schärferen Bedingung $F' \subset F$, die (Σ; t) genau dann zukommt, wenn sich Σ zur Zeit t in S_2 und zur Zeit $t+1$ in S_1 befindet. Wegen Γ_2 gilt: $p(G, F') = 0$. Also ist (MB) verletzt, da nach dieser Regel der Wert von $p(G, F')$ mit dem Wert von $p(G, F)$ übereinstimmen müßte, während sich hier im einen Fall der Wert 0,99, im anderen Fall der Wert 0 ergibt.

Um jedes Mißverständnis zu vermeiden, sei ausdrücklich darauf hingewiesen, daß das Argument (27) nur bei Vorliegen der zusätzlichen Information B_2 rational unannehmbar ist. Solange nur die Information B_1 gegeben ist, haben wir es mit einer engeren Klasse A_{t_0} des akzeptierten Wissens zu tun. Das Argument (28) ist zwar nach wie vor *als Argument* konstruierbar; doch kann die Frage seiner rationalen Annehmbarkeit überhaupt nicht zur Diskussion gestellt werden, da die singuläre Prämisse $\chi(t_1) = S_1$ keinen Bestandteil des akzeptierten Wissens A_{t_0} bildet. In der Sprache von (MB) ausgedrückt: Wir können zwar auch jetzt wieder dieselbe engere Bezugsklasse F' konstruieren; wir dürfen jedoch nicht die Zugehörigkeit des Systems zu F' behaupten. In der früheren Symbolik ausgedrückt: Die Aussage $F'a$ von (MB) folgt nicht aus $\alpha \wedge \varphi$ (wobei φ jetzt die Konjunktion der Prämissen von (27) ist).

11. Statistische Prognosen

11.a Bei der Diskussion der Mehrdeutigkeit der statistischen Systematisierung haben wir uns global mit sämtlichen Systematisierungsformen beschäftigt und die IS-Prognosen nicht besonders hervorgehoben. Es dürfte zweckmäßig sein, über sie einige zusätzliche Bemerkungen zu machen und dabei zugleich abschließend zu einer von N. RESCHER hervorgehobenen Schwierigkeit Stellung zu nehmen.

Sicherlich wäre es inadäquat zu sagen, daß im statistischen Fall von Prognosen überhaupt nicht mehr gesprochen werden könne, obwohl manche Autoren diesen extremen Standpunkt einzunehmen scheinen: Sie verwenden den Ausdruck „Voraussage" so, daß er nur im Zusammenhang mit sólchen Gesetzen oder Theorien auftreten kann, welche eine *sichere* Voraussage von *Einzel*ereignissen ermöglichen, also nur im Zusammenhang mit deterministischen Theorien, wie etwa der Newtonschen Mechanik. Nun stützen wir uns aber in unseren theoretischen und praktischen Zukunftserwartungen fast immer auf statistische Regelmäßigkeiten und nur sehr selten auf strikte Gesetze. Es ist daher kein vernünftiger Grund dafür zu sehen, warum der Ausdruck „Prognose" nicht auch in solchen Fällen angewendet werden sollte. In gewissem Sinn ist dies ein linguistischer Beschluß, aber ein solcher, der mit der alltäglichen und wissenschaftlichen Praxis in besserem Einklang stehen dürfte als eine Festsetzung, welche die erwähnte eingeschränkte Verwendung von „Voraussage" zur Folge hätte.

Nach dem Ergebnis von Abschn. 8 muß eine statistische Prognose, um rational annehmbar zu sein, die Hempelsche Regel der maximalen Bestimmtheit erfüllen. Diese Regel enthält eine *doppelte* Relativität: auf *das zur Zeit t der Voraussage verfügbare akzeptierte Gesamtwissen* A_t sowie auf *die Prämissen des statistischen Argumentes*, also zwei Sätze von der Gestalt der Prämissen von (21), die überdies auf Grund von A_t in hohem Grade bestätigt sein müssen. Dadurch soll im vorliegenden Fall garantiert werden, daß wir unsere Zukunftserwartungen stets auf alle relevanten Informationen stützen, über die wir zu dieser Zeit verfügen. Die Regel (*MB*) war als ein handlicher approximativer Ersatz für CARNAPs Forderung des Gesamtdatums gedacht. Wir haben zwar früher darauf hingewiesen, daß diese Forderung *in Anwendung auf Erklärungen* inadäquat ist und daß die Ersatzregel die zusätzliche Aufgabe hat, diese Inadäquatheit zu beheben. Doch beruhte diese letztere darauf, daß bei Erklärungen das Explanandum selbst zur Klasse A_t, auf die alles zu relativieren ist, gehört. Dies fällt jetzt weg. Denn ein Wissen um das künftige Ereignis, dessen Eintreten das prognostische Argument zu erhärten sucht, erlangen wir erst durch dieses (oder ein anderes prognostisches) Argument. Es kann daher nicht schon vorher zur Klasse A_t gehört haben. Dies ist aus dem folgenden Grund von Wichtigkeit: Wenn es gelingen sollte, CARNAPs induktive Logik für Sprachen von solchem Reichtum zu verallgemeinern, in denen alle relevanten statistischen Hypothesen formulierbar sind, so könnte seine Forderung *in Anwendung auf wissenschaftliche Prognosen* zumindest als ein ideales Prinzip in der ursprünglichen Gestalt verwendet werden.

11.b Wir wollen nun versuchen, die verschiedenen Fälle von statistischen Prognosen zu klassifizieren. Dies kann auf zweifache Weise geschehen. Nach dem ersten Einteilungsgesichtspunkt soll für die Unterteilung *der Grad* maßgebend sein, *in dem das prognostizierte Ereignis von uns erwartet wird*. Der stärkste Fall ist zweifellos jener, welcher der Cramérschen Regel (*J*.2) entspricht. Hier gilt für die im Explanans vorkommende statistische Hypothese $p(G, F) = q$, daß $1-q < \varepsilon$ für eine sehr kleine Zahl ε. Ist das Prinzip der maximalen Bestimmtheit erfüllt, *so erwarten wir mit praktischer Sicherheit* *das Eintreten von Ga*, wenn die singuläre Prämisse des Explanans *Fa* lautete und das Explanans selbst Bestandteil des akzeptierten Wissens A_t ist oder durch dieses Wissen in hohem Grade bestätigt wird.

Wir nennen dies eine statistische Prognose im *scharfen Sinn*. Von einer statistischen Prognose im *nichtqualifizierten Sinn* sprechen wir dagegen, wenn so wie in (21) über die Zahl q keine weiteren Voraussetzungen gemacht werden. Hier darf man natürlich nicht sagen, daß das Vorausgesagte mit großer Sicherheit zu erwarten sei; vielmehr muß eben dieses q als „Erwartungsindex" hinzugefügt werden. Unter der Voraussetzung, daß die Regel (*MB*) eine adäquate Approximation an CARNAPs Forderung darstellt, kann die Erwartung im Grad q absolut gesetzt werden, da das gesamte relevante Wissen berücksichtigt ist. Dies ist eine Konsequenz der schon früher erwähnten Analogie zu einer logischen Abtrennungsregel; nur daß dieses Analogon kein *logisches* Prinzip ist, sondern auf *pragmatischen* Umständen beruht. Den zum ersten Fall konträren eines sehr kleinen q brauchen wir nicht eigens anzuführen, da eine Erwartung von *Ga* in sehr geringem Grade einer Erwartung von $\neg Ga$ in sehr hohem Grade entspricht.

Eine andere Einteilung ist die N. RESCHERs, auf welche wir bereits anläßlich der Schilderung der DS-Systeme gestoßen sind. Hier werden die verschiedenen möglichen Einzelereignisse nicht in Isolierung betrachtet, sondern *in ihrem Verhältnis zu den mit ihnen konkurrierenden anderen Möglichkeiten*. Wir beschränken uns wieder auf den diskreten Fall. Wenn $q > 1/2$, also das Vorausgesagte mit größerer Wahrscheinlichkeit eintritt als nicht eintritt, da die Wahrscheinlichkeit seines Eintretens größer ist als die Summe der Wahrscheinlichkeiten für das Eintreten der konkurrierenden Ereignisse, so liegt eine probabilistische Prognose *im starken Sinn* vor. Wenn q größer ist als die Wahrscheinlichkeit für irgend eine der Konkurrenzmöglichkeiten, so liegt eine probabilistische Prognose *im schwachen Sinn* vor. Jede statistische Prognose im scharfen Sinn ist eine solche im starken Sinn, aber nicht umgekehrt; denn bei $q > 1/2$ braucht nicht $1 - q < \varepsilon$ zu gelten für ein sehr kleines ε. Hierin zeigt sich der relative Sinn der stark probabilistischen Prognose: Wenn wir etwas im scharfen Sinn voraussagen, so erwarten wir *schlechthin* sein Eintreten mit praktischer Sicherheit. Wenn wir etwas im starken Sinn, aber nicht im scharfen Sinn prognostizieren, so erwarten wir, daß es *eher* eintritt *als* irgendein Ereignis aus der Gesamtheit der übrigen Möglichkeiten. *Eine statistische Prognose im schwachen Sinn kann schließlich sogar dann vorliegen, wenn wir das Nichteintreten mit praktischer Sicherheit erwarten.* Denn in diesem Fall kann q z. B. eine sehr kleine Zahl ε sein, sofern die Wahrscheinlichkeiten für die übrigen Möglichkeiten noch kleinere Zahlen sind. Die schwach probabilistische Prognose eines Ereignisses bedeutet eben nicht mehr als dies, daß man mit dem Eintreten dieses Ereignisses eher rechnet als mit dem Eintreten eines anderen möglichen *individuellen* Ereignisses. Dies ist damit verträglich, daß man mit seinem Eintreten praktisch kaum rechnet, sondern es als praktisch sicher ansieht, daß *irgendeine* der anderen Möglichkeiten realisiert wird.

11.c Werden innerhalb der zweiten Klassifikation nur diese beiden Fälle unterschieden, so entsteht die von N. RESCHER hervorgehobene, aber in ihrer Bedeutung etwas übertriebene Lücke: Wo eine Gleichverteilung herrscht, kann von einer probabilistischen Prognose weder im starken Sinn noch im schwachen Sinn die Rede sein. Wir müssen daher als dritte Kategorie die *Gleichverteilungsprognose* hinzufügen. Diese unterscheidet sich nun, wie bereits in III bemerkt, in charakteristischer Weise von den übrigen Fällen: Es ist kein Einzelergebnis, das hier vorausgesagt wird, sondern eine komplexe Situation, bestehend aus endlich vielen Möglichkeiten. Ich kann voraussagen, daß von n möglichen Ereignissen $n-k$ mit Sicherheit nicht und die restlichen k Ereignisse alle mit gleich großen Wahrscheinlichkeiten eintreten werden (mit dem Grenzfall $k = n$). Das Eintreten dieser einzelnen Ereignisse kann ich dagegen gemäß der ersten obigen Einteilung nur mehr im nichtqualifizierten Sinn in einem bestimmten Grade voraussagen.

Zu allen vier zuerst genannten Fällen existiert das Analogon im Erklärungsfall (statistische Erklärung im scharfen, im nichtqualifizierten, im starken und im schwachen Sinn). Zur Gleichverteilungsprognose hingegen fehlt das Analogon im Fall der Erklärung. Wenn wir uns um die Erklärung eines Ereignisses bemühen, so ist dabei stets auch ein Gedanke maßgebend, der von heutigen Autoren gewöhnlich nicht beachtet wird, welcher aber z. B. hinter der Leibnizschen Formel steckt: „cur potius sit quam non sit". Wir wollen zumindest erfahren, *warum dieses Ereignis eher eintritt als nicht oder eher als ein anderes.* Ist es nur eines aus einer endlichen Klasse von vollkommen gleichwahrscheinlichen Fällen, *so gibt es eben für uns nichts mehr zu erklären*, es sei denn, wir stoßen im Verlauf weiterer Forschungen auf tieferliegende andere Gesetzmäßigkeiten, auf die sich die zunächst benützten probabilistischen zurückführen lassen. Dagegen ist es durchaus sinnvoll, eine solche nichterklärende Information für eine Gleichverteilungsprognose zu verwenden und sich in seinen Erwartungen und Entschlüssen nach dieser Prognose zu richten. Wir sind hiermit abermals auf eine Situation gestoßen, in der wissenschaftliche Voraussagen eine größere Reichweite haben als wissenschaftliche Erklärungen.

12. Ein subjektivistischer Alternativvorschlag

12.a Die frühere Feststellung, daß erklärende Argumente, welche statistische Prämissen enthalten, keine deduktiven Schlüsse darstellen, darf nicht in der Weise mißverstanden werden, als gäbe es überhaupt keine logischen Argumente, deren Prämissen Wahrscheinlichkeitsaussagen sind. Wie

P. Suppes hervorhebt[31], kann man zahlreiche Schlüsse von dieser Art konstruieren, sofern man die Grundaxiome der Wahrscheinlichkeitstheorie als gültig voraussetzt[32]. Allerdings werden dann auch die Schlußfolgerungen probabilistischer Natur sein. Sehen wir für den Augenblick von jeder Deutung ab und verwenden wir p bzw. p_F als abstraktes (absolutes bzw. relatives) Wahrscheinlichkeitsmaß. Der größeren Anschaulichkeit halber schreiben wir statt $p_F(G)$ wieder $p(G, F)$. Dann kann man ein einfaches Beispiel für ein wahrscheinlichkeitstheoretisches Analogon zur Abtrennungsregel in folgender Weise gewinnen. Es gilt:

$$p(A) = p(A \wedge (B \vee \neg B)) = p(A \wedge B) + p(A \wedge \neg B)$$

(ersteres wegen der logischen Äquivalenz der Argumentsätze, letzteres wegen des speziellen Additionstheorems).

Wenn man das erste rechte Glied gleichzeitig mit $p(B)$ multipliziert und dadurch dividiert und mit dem zweiten Glied das Analoge bezüglich $p(\neg B)$ macht, so erhält man unter Verwendung der Definition der bedingten Wahrscheinlichkeit:

$$p(A) = p(A, B)p(B) + p(A, \neg B)p(\neg B).$$

Wenn wir voraussetzen, daß $p(A, B) \geqq r$ und $p(B) \geqq s$, so folgt, daß $p(A) \geqq rs$, da ein p-Wert niemals negativ sein kann und das zweite Glied der Summe daher $\geqq 0$ sein muß. Als Schema angeschrieben, erhalten wir — unter Berücksichtigung der Bemerkung in Fußnote 32 — somit:

(29)
$$\frac{\begin{array}{l} p(A, B) \geqq r \\ p(B) \geqq s \end{array}}{p(A) \geqq rs}$$
(in den beiden Prämissen kann hier auch das Gleichheitszeichen verwendet werden)

Wenn für einen kleinen Wert ε gilt: $r = s = 1 - \varepsilon$, so erhalten wir als untere Schranke für den p-Wert der Conclusio: $(1 - \varepsilon)^2$.

In analoger Weise gewinnt man unter Verwendung des allgemeinen Additionstheorems das Schema[33]:

(30)
$$\frac{\begin{array}{l} p(B \to A) \geqq r \\ p(B) \geqq s \end{array}}{p(A) \geqq r + s - 1}$$

---

[31] [Probabilistic Inference], S. 50 ff.

[32] Dieser Punkt wird von Suppes nicht ausdrücklich betont, ist aber für das Folgende zu beachten, da sich sonst leicht eine Fehldeutung bezüglich des Charakters der zu erwähnenden „Schlüsse" einschleicht.

[33] Man hat hier die logische Äquivalenz von $B \to A$ und $\neg B \vee A$ sowie das allgemeine Additionstheorem in der Gestalt zu benützen: $p(\neg B \vee A) = p(\neg B) + p(A) - p(\neg B \wedge A)$.

Sowohl (29) wie (30) könnten als probabilistische Analoga zur logischen Regel des modus ponens interpretiert werden[34].

Es tritt die naheliegende Frage auf, ob man derartige logische Verknüpfungen für die Lösung des Problems des statistischen Syllogismus verwenden könne. Dies scheint zunächst von der Deutung der Funktion p abzuhängen. Bisher war in diesem Kapitel vorausgesetzt worden, daß es zwei solche Deutungen gibt: die statistische und die induktive Wahrscheinlichkeit. *Diese Auffassung ist nicht unbestritten.* So vertritt z. B. Suppes eine uniforme subjektivistische Deutung, wonach die Funktion p den Grad des partiellen Glaubens einer Person ausdrückt. Im Gegensatz zu den beiden anderen Interpretationen erhält hier auch das absolute Wahrscheinlichkeitsmaß eine unmittelbare Deutung (und ist nicht so wie dort eine bloße Hilfsfunktion). Deshalb kann hier die Anwendbarkeit solcher Schemata wie (29) oder (30) sinnvoll diskutiert werden. Eine zusätzliche Voraussetzung muß dafür gemacht werden, die man in dem folgenden Prinzip festhalten kann: Wenn eine Person glaubt, daß ein Ereignis A vorkam, so ist die Wahrscheinlichkeit dieses Ereignisses für jene Person gleich 1[35]. (Strenggenommen müßte man bei der subjektivistischen Deutung die Relativierung auf eine Person X explizit angeben, etwa durch einen oberen Index: p^X. Der Einfachheit halber lassen wir diesen Index fort und nehmen an, daß sich in einem bestimmten Kontext sämtliche Aussagen auf ein und dieselbe Person beziehen.)

Angenommen, unsere Person wisse um die Ereignisse B und C. Dann ist $p(B) = p(C) = 1$. Ferner gelte: $p(A, B) = r$, $p(A, C) = s$. Da $p(\neg B) = p(\neg C) = 0$, kann in (29) in den Prämissen wie in der Conclusio „$\geq$" durch „$=$" ersetzt werden. Man erhielte dann durch zweimalige Anwendung dieses Schemas einerseits $p(A) = r$, andererseits $p(A) = s$, woraus $r = s$ folgen müßte. Dies aber steht nicht im Einklang mit der Tatsache, daß der statistische Syllogismus zu miteinander unverträglichen Wahrscheinlichkeiten führt. Da die Gültigkeit von (29) nicht angefochten werden kann, ergibt sich daraus, daß (29) und analog auch alle anderen Schemata von dieser Art für den erstrebten Zweck nicht verwendbar sind.

Nach subjektivistischer Auffassung besteht der Fehler darin, immer dasselbe p-Maß zu verwenden. *Mit der Änderung der verfügbaren Daten ändert sich auch stets dieses Wahrscheinlichkeitsmaß*, welches den partiellen Grad des Glaubens unserer Person ausdrückt. Wie also ist der statistische Syllogismus bei dieser Konzeption wiederzugeben? Die Antwort lautet: Es muß die Relativität auf die Daten stets ausdrücklich angeführt werden. Dann aber entartet der statistische Syllogismus zu einer völlig trivialen Angelegenheit: die Conclusio wird mit der ersten Prämisse, welche die Gestalt $p(A, B) = r$ hat,

---

[34] Für allgemeinere „Deduktionsfälle" vgl. die Theoreme 1 und 2 bei Suppes, a. a. O., S. 54.

[35] Vgl. Suppes, a. a. O., S. 61.

identisch[36]. Dieses Resultat ist natürlich nicht informativ, wenn es um die Frage geht, wie Wahrscheinlichkeitsaussagen auf konkrete Situationen angewendet werden sollen. Denn das Problem besteht ja gerade darin, daß um die Wahrheit *verschiedener* Relationen von der Art $p(B, A_i) = r_i$ gewußt wird, für die überdies die Richtigkeit des Datums A_i bekannt ist.

Tatsächlich gibt nun SUPPES eine Lösung an, welche an die Stelle des Carnapschen Prinzips des Gesamtdatums treten soll. Sie besteht darin, daß nach der im obigen Beweis von (29) verwendeten Regel bzw. ihrer Verallgemeinerung die Wahrscheinlichkeit eines Ereignisses A sukzessive für die neuen und neuen Daten zu entwickeln ist. Um vollständige Allgemeinheit zu erreichen, wird dabei nicht angenommen, daß die Person um die Wahrheit dieser Daten weiß (so daß deren Wahrscheinlichkeitswert gleich 1 ist), sondern nur, daß diese Daten selbst einen bestimmten subjektiven p-Wert zwischen 0 und 1 besitzen. Ist das einzige verfügbare Datum B und dessen p-Wert gleich $p(B)$, so bestimmt sich der Wahrscheinlichkeitswert von A für unsere Person nach der Formel:

$$(31) \qquad p(A) = p(A, B)p(B) + p(A, \neg B)p(\neg B).$$

Analoges gilt mit C statt B, wenn das fragliche Datum C ist. Sind *sowohl* das Datum B sowie C verfügbar, so ergibt sich die komplexere Formel:

$$(32) \qquad \begin{aligned} p(A) = &\, p(A, B \wedge C)p(B \wedge C) + p(A, B \wedge \neg C)p(B \wedge \neg C) + \\ &\, p(A, \neg B \wedge C)p(\neg B \wedge C) + p(A, \neg B \wedge \neg C)p(\neg B \wedge \neg C) \end{aligned}$$

Die analogen Entwicklungen sind für beliebig komplexe Daten vorzunehmen. (31), (32) sowie ihre Verallgemeinerungen ersetzen für SUPPES das Carnapsche Prinzip des Gesamtdatums. Es bereitet keine Schwierigkeiten, die früheren Beispiele unter dieses Verfahren zu subsumieren.

12.b Zu diesem Alternativvorschlag mögen einige kritische Bemerkungen gemacht werden. Dabei können wir selbstverständlich im gegenwärtigen Kontext die Frage der Adäquatheit der subjektivistischen Auffassung nicht erörtern, sondern wollen diese hier als gültig unterstellen.

Erstens ist es irreführend, wenn SUPPES sagt, daß die Carnapsche Forderung überflüssig sei. Diese scheinbare „Überflüssigkeit" ergibt sich nur aus der andersartigen Wahrscheinlichkeitsauffassung. CARNAP konstruiert die induktive Wahrscheinlichkeit als eine *semantische* Relation zwischen Propositionen und muß daher, um die korrekte Anwendung auf bestimmte Wissenssituationen zu gewährleisten, einige methodologische Regeln hinzufügen. Dazu gehört die Forderung des Gesamtdatums. Nach der von SUPPES vertretenen subjektivistischen Deutung wird der Wahrscheinlichkeitsbegriff unmittelbar als ein pragmatischer Begriff und nicht als ein

---

[36] Vgl. SUPPES, a. a. O., S. 58. Auch die beiden anderen auf S. 59 angegebenen Formulierungen stellen nur Varianten dieser trivialen Aussage dar.

semantischer Begriff eingeführt. Es werden daher keine eigenen methodologischen Regeln benötigt. An die Stelle jener speziellen Regel tritt das durch (32) angedeutete Schema zur Bestimmung subjektiver Wahrscheinlichkeitswerte. Statt zu sagen, daß die Carnapsche Forderung überflüssig geworden ist, sollte daher besser gesagt werden, *daß diese Forderung durch das Analogon (31) plus dessen Verallgemeinerungen ersetzt werde*, welches zeigt, wie sich diese Forderung in der subjektivistischen Theorie widerspiegelt. Diese Feststellung ist zweifellos interessant, da sie zeigt, in welcher Gestalt jene methodologische Regel wieder auftaucht, wenn man eine Übersetzung von der einen in die andere Denkweise vornimmt.

Vom Standpunkt der Anwendung zeigt sich zweitens, daß die Situation keineswegs einfacher geworden ist, so daß also an die Stelle des unhandlichen Carnapschen Prinzips eine leichter zu handhabende Regel getreten wäre. Auch für die nach dem in (32) angedeuteten Verfahren zu bestimmenden Wahrscheinlichkeiten müssen *sämtliche* Wissensdaten berücksichtigt werden (in (32) war der Einfachheit halber angenommen worden, daß diese Gesamtheit nur aus zwei Daten besteht). Die Situation ist sogar noch komplizierter als bei CARNAP, da hier außerdem das Vorhandensein einer subjektiven Wahrscheinlichkeitsverteilung für alle diese Daten vorausgesetzt wird.

Es sei zugestanden, daß die andersartige Konzeption möglicherweise zu einer Vereinfachung in einer bestimmten Hinsicht führt: Im Gegensatz zum Carnapschen Vorgehen braucht hier keine Theorie der induktiven Logik vorausgesetzt zu werden, sondern nur ein empirisches Verfahren zur Bestimmung der erforderlichen subjektiven Wahrscheinlichkeitsbewertungen gegebener Personen. In zwei anderen Hinsichten aber treten dieselben Nachteile auf wie früher: Schema (32) wäre für die Zwecke der Verwendung in statistischen Systematisierungen ebenso wie die Carnapsche Forderung viel zu unhandlich. Außerdem haben wir an früherer Stelle gesehen, daß die Carnapsche Forderung im Fall der Verwendung in statistischen *Erklärungen* überhaupt inadäquat ist. Die Hempelsche Regel (*MB*) konnte deshalb *nicht bloß* als eine Ersatzregel für jene Forderung betrachtet werden. Die frühere Überlegung läßt sich für den gegenwärtigen Fall vollständig parallelisieren. Aus diesen beiden Gründen wäre also auch eine subjektivistische Theorie genötigt, nach einer Regel zu suchen, welche die Verwendung von Wahrscheinlichkeitshypothesen für Erklärungszwecke in *adäquater* und *vereinfachter* Gestalt wiedergibt, also nach einem subjektivistischen Analogon zu (*MB*) bzw. (*MB**)[37].

---

[37] Um kein Mißverständnis aufkommen zu lassen, sei ausdrücklich darauf hingewiesen, daß die obigen Bemerkungen nicht polemisch gemeint sind; denn SUPPES beschäftigt sich in dem zitierten Artikel nicht ausdrücklich mit der Frage des Verhältnisses von statistischen und nomologischen Systematisierungen, sondern mit einer Reihe von anderen Themen, die wir im gegenwärtigen Kontext unberücksichtigt lassen mußten.

13. Maximale Bestimmtheit und Gesetzesartigkeit

13.a Hat sich der subjektivistische Alternativvorschlag auch nicht als besser oder fruchtbarer erwiesen denn HEMPELs Regel, so haben doch Diskussionsbeiträge zum Problem der IS-Systematisierung in jüngster Zeit gezeigt, daß die ursprüngliche Fassung von (MB) in 8.c modifikationsbedürftig ist. Man kann die relevanten Untersuchungen in drei Klassen einteilen. In den Überlegungen der einen Art wird gezeigt, daß (MB) in einer bestimmten Hinsicht zu weit, d. h. *zu liberal* ist, da dadurch IS-Erklärungen zugelassen werden, die kein Naturwissenschaftler akzeptieren würde. Eine zweite Art von Betrachtungen lehrt, daß (MB) in anderer Hinsicht *zu eng* ist und daher aufgelockert werden sollte. Schließlich kann durch ein Gegenbeispiel gezeigt werden, daß die Plausibilitätsbetrachtungen, welche zur Formulierung von (MB) führten und die im nachhinein in 8.e scheinbar die Form einer logischen Rechtfertigung annahmen, *fehlerhaft* sind. Aus den zu den ersten beiden Klassen gehörenden Analysen ergibt sich deutlich die Relevanz des Gesetzesbegriffs für IS-Systematisierungen.

Wir beschränken uns zunächst darauf, ein Gegenbeispiel für die erste Art von Überlegungen zu liefern, welches auf R. WÓJCICKI zurückgeht[38]. Dafür knüpfen wir an das erste Beispiel von 4.d an. „$Sx \wedge Px$" bedeute also dasselbe wie „x ist eine Person, die an einer ernsthaften Streptokokkeninfektion leidet und die mit Penicillin behandelt wurde". Wir kürzen diese Konjunktion ab durch „Fx". „Gx" bedeute „bei x tritt rasche Genesung ein". Schließlich bedeute „Qx" dasselbe wie „x hat die Eigenschaft F; außerdem aber besitzt x physiologische Merkmale, deren Anwesenheit eine rasche Genesung sehr unwahrscheinlich macht" (für praktische Beispiele vgl. die Ausführungen im Anschluß an (13)). Es werde nun angenommen, daß die Klasse A_t der zur Zeit t akzeptierten Sätze genau die folgenden vier Aussagen (sowie deren L-Implikate) enthalte:

$$p(G, F) = 0,98$$
$$p(\neg G, Q) = 0,99$$
$$\wedge x (Qx \to Fx)$$
$$Fa$$

Außerdem komme die Definition:

$$Q_1 x \leftrightarrow Qx \vee (x = a)$$

in A_t vor. Wegen der Abgeschlossenheit von A_t in bezug auf die logische Folgebeziehung enthält dieses zusammen mit der Definition und den beiden vorangehenden Sätzen auch den Satz:

$$\wedge x (Q_1 x \to Fx)$$

---

[38] Zitiert bei C. G. HEMPEL, [Maximal Specificity], S. 126.

Da die durch das Prädikat „Q_1" festgelegte Klasse (Extension) höchstens ein Element mehr enthält als die durch „Q" bestimmte Klasse, wird die Nichtgenesung relativ zu Q_1 dieselbe Wahrscheinlichkeit besitzen wie die Nichtgenesung relativ zu Q. In A_t wird somit auch der Satz vorkommen:

$$p(\neg G, Q_1) = 0,99$$

Insgesamt enthält A_t also die vier Prämissen der folgenden beiden miteinander rivalisierenden IS-Argumente:

(33)
$$\frac{p(G, F) = 0,98 \\ Fa}{Ga} \quad [0,98]$$

(34)
$$\frac{p(\neg G, Q_1) = 0,99 \\ Q_1 a^{39}}{\neg Ga} \quad [0,99]$$

Wenden wir nun die Regel (*MB*) von 8.c an. Danach ist (34), nicht jedoch (33) rational annehmbar. Denn aus den in A_t enthaltenen Informationen geht hervor, daß die durch Q_1 bestimmte Klasse eine Teilklasse der Extension von „F" ist.

Dieses Resultat ist aber vollkommen unvernünftig. Denn der Schluß darauf, daß a nicht genesen wird, stützt sich ja nicht auf ein Wissen darum, daß a die im Definiens des Prädikates „Q" enthaltenen, eine Genesung unwahrscheinlich machenden physiologischen Merkmale aufweist, sondern allein darauf, daß a mit sich selbst identisch ist und daß ihm daher das Prädikat „Q_1" zukommt, für welches die Wahrscheinlichkeit der Nichtgenesung ebenso groß ist wie für „Q".

Der Ausweg aus dieser Schwierigkeit liegt nahe: Die erste Prämisse von (34) ist *keine gesetzesartige* statistische Hypothese und daher für IS-Systematisierungen nicht zulässig. Diese These läßt sich damit begründen, daß das in dieser Prämisse vorkommende Prädikat „Q_1" kein nomologisches Prädikat ist. Eine derartige Begründung ist natürlich erst dann hinreichend klar, wenn der Begriff des *nomologischen Prädikates*, d. h. des für eine gesetzesartige Aussage zulässigen Prädikates, scharf bestimmt ist. Im vorliegenden Fall genügt es, um den Ausschluß zu bewirken, eine einzige notwendige Bedingung dafür anzugeben, daß ein Prädikat nomologisch ist. Unter dem *Vollsatz* eines Prädikates bezüglich einer geeigneten (d. h. der Stellenzahl des Prädikates entsprechenden) Anzahl von Gegenstandsnamen verstehen

---

[39] Dieser Satz folgt logisch aus der L-wahren Identitätsfeststellung „$a = a$".

wir den Satz, der dadurch entsteht, daß man das Prädikat auf diese Namen anwendet. Dann lautet die gesuchte erste notwendige Bedingung:

(N_1) *Kein Vollsatz eines Prädikates, das in einer gesetzesartigen statistischen Wahrscheinlichkeitsaussage vorkommt, bezüglich (undefinierter) Gegenstandsnamen ist L-wahr.*

Diese Forderung schließt tatsächlich „Q_1" aus. Denn der Vollsatz von „Q_1" bezüglich „a", also „$Q_1 a$", ist ja nur eine Abkürzung für „$Qa \lor (a{=}a)$"; und dies ist ein logisch wahrer Satz.

Hempel gibt für die Annahme von (N_1) noch die folgende inhaltliche Rechtfertigung. Die Prädikate „F" und „Q" charakterisieren beide eine unbeschränkt wiederholbare Art von Ereignissen. Im ersten Fall handelt es sich um das beliebig wiederholbare Ereignis, daß eine Person von einer Streptokokkeninfektion befallen und darauf mit Penicillin behandelt wurde. Im zweiten Fall könnte es sich z. B. um das wiederholbare Ereignis handeln, daß eine an einer schweren Penicillinallergie leidende Person von einer Streptokokkeninfektion befallen und darauf mit Penicillin behandelt wurde. Eine analoge Konstruktion von „Q_1" als eines eine beliebige Ereignisart charakterisierenden Prädikates ist dagegen unmöglich. Dazu müßte nämlich auch der Bestandteil des Definiens „$x{=}a$" als etwas interpretiert werden können, das für eine beliebig wiederholbare Ereignisart steht. Eine solche Deutung ist aber offenbar ausgeschlossen.

13.b Die eben diskutierte erste Kritik ging davon aus, daß die Regel (*MB*) zu liberal sei. Dieser Kritik sollte durch eine *Verschärfung* dieser Regel mittels (N_1) begegnet werden. In einer zweiten Art von Kritik wird umgekehrt darauf hingewiesen, daß die Regel in einer anderen Hinsicht zu eng und daher in dieser Hinsicht zu liberalisieren sei. Diese Art von Kritik findet sich bei W. C. Humphreys[40] und G. J. Massey[41]. Der Sachverhalt läßt sich wieder am bereits benützten Beispiel aus 4.d illustrieren. Wieder sei $p(G, F){=}$ 0,98. Ferner sei „F'" ein Prädikat, welches genau auf vier Elemente der Extension von „F" zutrifft (in fast allen Fällen wird man ein derartiges „willkürliches" Teilprädikat finden). Wenn keine weitere Information zur Verfügung steht, wird man auf Grund der Tatsache, daß die neue Bezugsklasse genau vier Elemente enthält, schließen, daß $p(G, F')$ einen der fünf Werte haben muß: 0, 1/4, 1/2, 3/4, 1. Sicherlich ist keine Aussage von der Gestalt „$p(G, F'){=}r$" ein mathematisches Theorem der Wahrscheinlichkeitsrechnung. Dann wird aber *jedes* erklärende statistische Argument, welches sich auf die statistische Hypothese „$p(G, F){=}0{,}98$" stützt, durch die Regel (*MB*) zunichte gemacht. Denn diese Regel würde ja verlangen, daß auch der folgende Satz akzeptiert ist: „$p(G, F'){=}0{,}98$", was damit logisch

---

[40] [Statistical Ambiguity].
[41] [Hempel's Criterion].

unverträglich ist, daß für $p(G, F')$ nur die fünf angeführten, von 0,98 abweichenden Werte in Frage kommen.

Es ist klar, daß man nach diesem Schema — d. h. also durch Wahl einer geeigneten Teilklasse der Bezugsklasse der statistischen Hypothese — *fast jede* IS-Systematisierung durch Berufung auf die Regel (*MB*) aus der Klasse der rational annehmbaren Systematisierungen ausschließen könnte.

Zur Behebung dieser Schwierigkeit bietet sich ein ähnliches Vorgehen an wie im ersten Fall: Diejenigen Prädikate, welche die fraglichen Teilklassen festlegen und damit die ursprüngliche IS-Systematisierung als rational unannehmbar erzwingen, sind keine nomologischen Prädikate. Dies ersieht man daraus, daß diese Prädikate in dem Sinn keine „potentiell unendlichen" Klassen festlegen, daß sich die *Endlichkeit* ihrer Extension *aus rein logischen Gründen* ergibt. Wenn wir z. B. annehmen, daß a, b, c und d die vier Objekte sind, welche zusammen die Extension von „F'" ausmachen, und daß $F'x$ logisch äquivalent ist mit „$x=a \lor x=b \lor x=c \lor x=d$", so werden wir dieses Prädikat nicht als Mittel zur Beschreibung der Bezugsklasse (des Zufallsexperimentes) in einer elementaren statistischen Aussage zulassen, welche *Gesetzescharakter* haben soll. Hier verhält es sich analog wie im Fall strikter Gesetze: Unter derselben Annahme bezüglich „F'" wäre ein Satz von der Gestalt „$\land x(F'x \rightarrow Gx)$" L-äquivalent mit „$Ga \land Gb \land Gc \land Gd$". Und einer solchen Konjunktion von vier Atomsätzen würden wir selbstverständlich die Gesetzeseigenschaft absprechen. Nennen wir das Prädikat „F" der elementaren statistischen Aussage „$p(G, F)=r$" das *Bezugsprädikat* und das Prädikat „G" das *Ereignisprädikat*, so erhalten wir die folgende zweite notwendige Bedingung der Gesetzesartigkeit:

(N_2)   *Eine elementare statistische Aussage ist nur dann gesetzesartig, wenn weder das Bezugsprädikat noch das Ereignisprädikat aus rein logischen Gründen eine endliche Extension besitzt.*

Die hier vorkommende Wendung „aus rein logischen Gründen eine endliche Extension haben" ist durch das obige Beispiel erläutert, aber nicht formal präzisiert worden. Eine derartige Präzisierung könnte innerhalb eines Systems der Mengenlehre etwa in der folgenden Weise geschehen: Es sei Ψ eine Formel der Sprache dieses Systems mit genau einer freien Variablen β (so daß diese Formel also nur logische und mengentheoretische Konstante enthält). Ferner erfülle Ψ die folgende Bedingung: aus Ψ entstehen nur dann wahre Sätze, wenn für die Variable β Prädikate mit endlichen Extensionen eingesetzt werden. In diesem Fall soll Ψ eine *logische Endlichkeitsbedingung* genannt werden. Die obige Wendung ist dann so zu verstehen: Wenn Bezugs- sowie Ereignisprädikat durch ihre undefinierten Grundprädikate ausgedrückt und die so resultierenden Prädikate für die Variable β einer logischen Endlichkeitsbedingung Ψ eingesetzt werden, so ist der sich ergebende Satz keine logische oder mengentheoretische Wahrheit.

Durch die Aufnahme der beiden Bedingungen (N_1) und (N_2) gelingt es HEMPEL, die gesuchte *Verschärfung* von (MB) einerseits, die *Liberalisierung* von (MB) andererseits zu erzielen. Daß (N_1) eine Verschärfung herbeiführt, haben wir bereits festgestellt: nicht gewünschte Systematisierungen von der Art (34) werden wegen des darin vorkommenden, die Bedingung (N_1) verletzenden Prädikates „Q_1" aus der Klasse der rational annehmbaren statistischen Erklärungen ausgeschlossen. Umgekehrt führt (N_2) zu jener Verschärfung, welche die zu Beginn dieses Unterabschnittes angeführten Ausschlüsse von vernünftigen IS-Erklärungen als „rational unannehmbar auf Grund von (MB)" verbietet: In (MB) sind unter den Teilklassen von F überhaupt nur mehr solche zu berücksichtigen, welche die Bedingung (N_2) erfüllen. Eine weitere Liberalisierung in dieser Richtung wird noch zur Sprache kommen.

Der aufmerksame Leser wird bereits bemerkt haben, daß es nicht möglich ist, diese beiden notwendigen Bedingungen auf eine zu reduzieren: In (N_1) handelt es sich darum, diejenigen Fälle außer Betracht zu lassen, in denen wir aus rein logischen Gründen wissen, daß *ein bestimmtes Individuum* zu einer Klasse gehört, sei diese endlich *oder unendlich*. In (N_2) hingegen geht es darum, solche *Klassen* zu eliminieren, die aus rein logischen Gründen *endlich* sind.

In beiden Fällen ist der Einschluß der Bedingung „aus rein logischen Gründen" wesentlich. Sollte z. B. die oben verwendete Aussageform „$F'x$" nicht logisch, sondern nur *faktisch* äquivalent sein mit „$x=a \vee x=b \vee x=c \vee x=d$", so würde dies *nicht* den Entschluß rechtfertigen, die Verwendung des Prädikates „F'" für strikte oder statistische Gesetzesaussagen zu verbieten. Dies stimmt überein mit der früheren Feststellung, daß *abgeleitete Gesetze* einen endlichen oder sogar einen leeren Anwendungsbereich haben können. So kann z. B. das Gravitationsprinzip von NEWTON dazu benützt werden, um die Kraftfunktion für die folgende Klasse von Fällen zu berechnen: Gegeben seien zwei Kugeln vom doppelten Erddurchmesser aus purem Gold (sowie das Wissen um die Masse von Gold, ausgedrückt in Gramm). Das aus jenem Prinzip ableitbare spezielle Gesetz besagt, wie groß die wechselseitige Anziehung dieser beiden Kugeln als Funktion des Abstandes der beiden Kugelmittelpunkte ist. Vermutlich ist der Anwendungsbereich dieses Gesetzes, nämlich die Klasse der Paare solcher Goldkugeln, leer. Da dies jedoch nicht aus der Definition dieser Klasse logisch folgt, handelt es sich bei dieser Folgerung aus dem Newtonschen Prinzip trotzdem um ein abgeleitetes *Gesetz*.

Die Konsequenz, welche aus den Gegenbeispielen gegen die ursprüngliche Fassung von (MB) und den Vorschlägen zur Behebung dieser Mängel zu ziehen ist, kann kurz so charakterisiert werden: Für statistische *Gesetzes-aussagen* ist es nicht hinreichend, die Bezugsklasse bzw. das Zufallsexperiment anzugeben. Vielmehr muß *die spezielle Form der Beschreibung dieser Klasse bzw. dieses Experimentes* berücksichtigt werden: diese Beschreibung muß (N_1) und (N_2) erfüllen. Das gilt ganz allgemein für sämtliche Anwendungen von Wahrscheinlichkeitsaussagen für statistische Zwecke: Es genügt für derartige Anwendungen nicht, ein geeignetes Zufallsexperiment zu konstruieren. Man hat darüber hinaus die Art und Weise, wie dieses Zufallsexperiment *beschrieben* wird, mit in Rechnung zu ziehen. Damit ist bereits die eine Richtung vorgezeichnet, in der (MB) zu modifizieren ist: statt schlechthin von der Klasse F und deren Teilklassen zu sprechen, sind in dieser Regel *die Prädikate* anzuführen, welche diese Klassen als Extensionen haben, und gewissen Bedingungen zu unterwerfen.

13.c Man kann die Frage stellen, ob (N_1) und (N_2) zusammen eine *hinreichende* Bedingung der Gesetzesartigkeit elementarer statistischer Hypothesen bilden. Die Antwort fällt leider verneinend aus. Man kann dies, wie HEMPEL bemerkt, dadurch zeigen, daß man statistische Analoga zu den von N. GOODMAN konstruierten paradoxen strikten Allaussagen konstruiert.

Ein Ereignis werde ein *Heuguruh-Sprung* genannt, kurz: ein H, wenn es ein vor dem 1. September 1992 überprüfter Sprung einer Heuschrecke ist oder ein Sprung, der nicht vor diesem Datum überprüft wurde und bei dem es sich um den Sprung eines Känguruhs handelt. Ein Sprung werde kurz genannt (K), wenn seine Weite weniger beträgt als 1,4 Meter. Es werde die elementare statistische Hypothese:

$$(35) \qquad\qquad p(K,H) = 0,8$$

zur Diskussion gestellt.

Die beiden Prädikate „H" und „K" erfüllen die Bedingungen (N_1) und (N_2). Die *empirische Überprüfung* von (35) müßte in der Weise erfolgen, daß man die relative Häufigkeit von K in endlichen Ereignismengen der Art H beobachtet. Angenommen, wir nehmen derartige Überprüfungen bis zum 31. August 1992 vor. Da dieser Zeitpunkt noch in ziemlich ferner Zukunft liegt, könnten wir millionenfache Beobachtungsreihen bilden. Nach Definition von „H" dürfte es sich bis zu diesem Zeitpunkt nur um die Überprüfung von *Heuschrecken*sprüngen handeln. Die relative Häufigkeit der kurzen Sprünge nähere sich mit zunehmender Beobachtungszahl tatsächlich immer mehr dem Wert 0,8. Dann müßten wir sagen, (35) sei durch die Erfahrung gut bestätigt. Daraus würde jedoch folgen, daß die Wahrscheinlichkeit dafür, daß ein Känguruh nach dem 31. August 1992 einen kurzen Sprung, also einen Sprung von weniger als 1,4 Meter macht, 0,8 beträgt, was vermutlich ganz falsch ist.

Nur ein Ausweg aus dieser Schwierigkeit scheint offen zu stehen: (35) ist *keine* gesetzesartige statistische Wahrscheinlichkeitsaussage, da „*H*" kein nomologisches Prädikat ist; und dies trotz der Tatsache, daß „*H*" weder gegen (N_1) noch gegen (N_2) verstößt. Also sind die zwei notwendigen Bedingungen der Gesetzesartigkeit zusammen nicht hinreichend.

Es ist wichtig, dies hier festzustellen. Denn in der endgültigen Fassung der Regel der maximalen Bestimmtheit wird nicht nur von diesen beiden Bedingungen, sondern ganz allgemein vom *Begriff der gesetzesartigen statistischen Aussage* Gebrauch gemacht werden müssen, um IS-Systematisierungen auszuschließen, die sich auf Hypothesen von der Art des Satzes (35) stützen. Dieser Begriff muß daher, wie das eben gebrachte Beispiel zeigt, trotz der beiden angegebenen notwendigen Bedingungen als vorläufig nicht voll geklärt betrachtet werden.

13.d Wir müssen schließlich auf den eingangs erwähnten Fehler zu sprechen kommen. Dieser wird am besten durch ein von R. GRANDY gegebenes Beispiel[42] illustriert. Es möge A_t genau die Prämissen der beiden IS-Argumente enthalten:

$$(36) \quad \frac{\begin{array}{c} p(G, F \lor G) = 0{,}9 \\ F \lor G b \end{array}}{G b} \; [0{,}9]$$

und:

$$(37) \quad \frac{\begin{array}{c} p(\neg G, \neg F \lor G) = 0{,}9 \\ \neg F \lor G b \end{array}}{\neg G b} \; [0{,}9]$$

Beide Argumente sind auf Grund von (*MB*) rational annehmbar. Denn die einzigen Teilklassen von $F \lor G$ bzw. von $\neg F \lor G$, die nach A_t das Objekt *b* enthalten, sind erstens der Durchschnitt von $F \lor G$ und $\neg F \lor G$ und zweitens der Durchschnitt von $F \lor G$ (bzw. von $\neg F \lor G$) und G[43]. Beide Durchschnitte aber sind identisch mit G; und $p(G, G) = 1$ ist ein Theorem der mathematischen Wahrscheinlichkeitstheorie.

Trotz der rationalen Annehmbarkeit gemäß (*MB*) führen diese beiden Argumente zu einander widersprechenden Konklusionen. *Selbst bei Berücksichtigung der bisher diskutierten Verbesserungsvorschläge genügt also die Regel der maximalen Bestimmtheit von 8.c nicht, um die Mehrdeutigkeit der induktiv-statistischen Systematisierung zu beseitigen.* Sie ist also noch in einer zusätzlichen Hinsicht zu liberal.

---

[42] Zitiert bei C. G. HEMPEL, a. a. O., S. 129 f.

[43] Nach Annahme enthält A_t mit allen Sätzen auch die logischen Folgerungen der Klasse dieser Sätze. Dies gilt insbesondere auch von den beiden singulären Prämissen von (36) und (37).

Das Beispiel zeigt zugleich, daß in dem Rechtfertigungsargument von 8.e ein Fehler stecken muß. Dieser liegt einfach darin, daß in diesem Argument das zweite Adjunktionsglied der zweiten Forderung im Konsequens von (MB) außer Acht gelassen wurde. Der dortige Schluß auf die Zugehörigkeit von $p(G, F \cap H) = q_1$ und $p(\neg G, F \cap H) = q_2$ zu A_t war falsch. Es würde genügen, daß diese beiden Sätze Theoreme der Wahrscheinlichkeitstheorie sind. Diese Situation aber ist es gerade, die im Beispiel von GRANDY vorliegt; alle in Frage kommenden Klassendurchschnitte lieferten die Klasse G, und $p(G, G) = 1$ ist eine Folgerung der Wahrscheinlichkeitsaxiome. Auf diese Weise wurde im vorliegenden Beispiel der Widerspruch vermieden.

Um eine möglichst kurze Formulierung einer verbesserten Version von (MB), die (MB_1) genannt werden soll, zu gewinnen, führen wir einige Begriffe ein. Diese Begriffe werden so gewählt, daß das gerade erwähnte Adjunktionsglied im Konsequens von (MB) überflüssig wird: die zu berücksichtigenden Theoreme der Wahrscheinlichkeitstheorie erschöpfen sich nämlich in jenen, deren p-Wert entweder 0 oder 1 ist.

H und J seien zwei einstellige Prädikate[44]. Daß das erste das zweite *L-impliziert*, soll besagen, daß $\wedge x (Hx \rightarrow Jx)$ L-wahr ist. Wenn dieser Fall gegeben ist, jedoch J nicht H L-impliziert, so werde das Prädikat H *stärker als J* genannt. Wenn dagegen wechselseitige L-Implikation vorliegt, so sollen die Prädikate als *L-äquivalent* bezeichnet werden. Wenn das Bezugsprädikat F einer elementaren statistischen Aussage das Ereignisprädikat G oder dessen Negation L-impliziert, dann hat $p(G, F)$ den Wert 1 oder 0. Es wird genügen, diese beiden logischen Implikationsfälle zu berücksichtigen.

H wird als *a-Prädikat in A_t* bezeichnet, wenn in A_t der Satz Ha vorkommt. H wird *statistisch relevant für den Satz Ja in A_t* genannt, wenn die folgenden zwei Bedingungen erfüllt sind: (1) A_t enthält eine *gesetzesartige* statistische Elementaraussage $p(J, H) = r$; (2) H ist ein *a*-Prädikat, welches weder J noch $\neg J$ L-impliziert.

Während in (MB) *allen* Klassen, welche die Extension von *a*-Prädikaten bilden, einschränkende Bedingungen auferlegt werden — ausgenommen jenen, welche die Extensionen von Prädikaten bilden, die das Ereignisprädikat oder dessen Negation L-implizieren —, wird in (MB_1) eine analoge Bedingung nur für jene *a*-Prädikate aufgestellt werden, welche für Ga statistisch relevant sind. Dadurch wird die in 13.b geforderte Liberalisierung erreicht.

Ein Prädikat B werde ein *auf Ja von A_t bezogenes maximal bestimmtes Prädikat* genannt, sofern gilt: (1) B ist L-äquivalent mit einer Konjunktion von

---

[44] Um den Leser nicht durch eine Fülle von Anführungszeichen zu verwirren, lassen wir diese hier und im folgenden fort. Mißverständnisse können dadurch nicht auftreten, da aus dem Kontext stets klar hervorgeht, ob eine linguistische oder eine nichtlinguistische Entität den Gegenstand der Betrachtung bildet.

Prädikaten, die für Ja in A_t statistisch relevant sind; (2) B L-impliziert weder J noch $\neg J$; (3) es gibt kein Prädikat, das stärker ist als B und (1) sowie (2) erfüllt.

Die Regel (MB_1) wird wieder an ein elementares Argument von der Gestalt (21) aus 8.c anknüpfen. Und zwar wird darin verlangt werden, daß für jedes auf Ga bezogene maximal bestimmte Prädikat B die Klasse A_t eine Aussage $p(G,B)=r$ mit $r=q$ enthält. Dadurch wird die obige, von GRANDY bemerkte Schwierigkeit behoben. Um dies zu sehen, gehen wir auf sein Beispiel zurück. Die beiden b-Prädikate dieses Beispiels sind FvG sowie $\neg FvG$ und sämtliche L-Implikate davon. Beide und nur sie sind statistisch relevant für Gb in A_t (das zweite wegen der ersten Prämisse von (37) und der Axiome der Wahrscheinlichkeitsrechnung). Wie unmittelbar zu ersehen ist, sind auch beide auf Gb bezogene maximal bestimmte Prädikate. Sollte die Erklärung (36) rational annehmbar sein, so müßte daher A_t die Aussage $p(G,\neg FvG)=0,9$ enthalten. Dies ist aber wegen der ersten Prämisse von (37), die ja nach Voraussetzung ebenfalls zu A_t gehört, und der logischen Konsistenz von A_t ausgeschlossen. *Die durch* GRANDYs *Beispiel erzwungene Verschärfung ist damit also tatsächlich gewonnen worden.* Der Grund für diese Überlegenheit der neuen Bestimmung gegenüber der früheren kann in der jetzigen Terminologie so formuliert werden: Während in (*MB*) *nur jenen* auf Ga bezogenen maximal bestimmten Prädikaten Beschränkungen auferlegt werden, die F L-implizieren, wird jetzt *allen* auf Ga bezogenen maximal bestimmten Prädikaten eine Beschränkung auferlegt.

In die Regel muß noch, wie GRANDY zeigen konnte, eine weitere Zusatzbestimmung einbezogen werden, um inadäquate Erklärungsfälle auszuschließen. Die Motivation für diese Zusatzbestimmung stellen wir zweckmäßigerweise hinter die explizite Formulierung der Neufassung, zu der HEMPEL in Zusammenarbeit mit GRANDY gekommen ist[45], zurück.

Den Ausgangspunkt bilde also wieder eine IS-Systematisierung von der Gestalt (21). Zum Zwecke der Vereinfachung soll jetzt nur der Fall der *tatsächlichen* Erklärung und nicht der eines Erklärungs*vorschlages* berücksichtigt werden.

(MB_1) Es sei B ein Prädikat, für welches mindestens eine der beiden folgenden Bedingungen gilt:

(a) B ist ein auf Ga von A_t bezogenes maximal bestimmtes Prädikat;

(b) B ist stärker als F und statistisch relevant für Ga in A_t.

Dann enthält A_t eine gesetzesartige[46] elementare statistische Aussage $p(G,B) = r$, wobei r mit q von (21) identisch ist.

---

[45] Vgl. HEMPEL, a. a. O., Fußnoten 15 und 16.
[46] Die Forderung der Gesetzesartigkeit fehlt bei HEMPEL, a. a. O., S. 131, sie muß jedoch auch hier einbezogen werden.

Die Motivation für die Bestimmung (b) steht noch aus. Es mögen F_1, F_2, F_3, F_4, G logisch unabhängige Prädikate sein und A_t möge die folgenden Sätze enthalten: F_1a, F_2a, F_3a, F_4a, Ga, $p(G, F_1)=0,9$, $p(G, F_1 \wedge F_2 \wedge F_3)=0,9$. a-Prädikate sind dann alle fünf angeführten Prädikate sowie die L-Implikate der Klasse dieser Prädikate. Statistisch relevant für Ga in A_t sind nur die beiden Prädikate F_1 und $F_1 \wedge F_2 \wedge F_3$[47]. Das letztere ist das einzige auf Ga bezogene maximal bestimmte Prädikat. Damit das Argument (21) mit F_1 für F und $q=0,9$ eine rational annehmbare Erklärung im Sinn von (MB_1) darstellt, muß A_t den Satz $p(G, F_1 \wedge F_2 \wedge F_3)=0,9$ enthalten, eine Bedingung, die nach Voraussetzung tatsächlich erfüllt ist.

Angenommen jedoch, in A_t komme zusätzlich $p(G, F_1 \wedge F_2)=0,01$ vor. Die a-Prädikate sowie das auf Ga bezogene maximal bestimmte Prädikat sind dann dieselben wie oben. Neu hinzu tritt lediglich das für Ga statistisch relevante Prädikat $F_1 \wedge F_2$. Und dieses blockiert wegen der Bestimmung (b) von (MB_1) die Annahme von (21) (mit den im vorigen Absatz angegebenen Spezifikationen) als erklärendes Argument. Dieses Resultat ist tatsächlich intuitiv befriedigend: Die Information, daß a ein F_1 ist und daß die statistische Wahrscheinlichkeit dafür, daß ein F_1 zugleich ein G ist, groß ist, kann nicht als Erklärung dafür betrachtet werden, daß Ga; denn A_t enthält die weitere Information, daß a der schärferen Bedingung $F_1 \wedge F_2$ genügt und daß die statistische Wahrscheinlichkeit dafür, daß ein diese schärfere Bedingung erfüllendes Objekt auch die Bedingung G erfüllt, äußerst niedrig ist. Dagegen entsteht eine auch nach der neuen Bestimmung korrekte Erklärung, wenn man die singuläre Prämisse durch den anderen, ebenfalls in A_t enthaltenen Satz $F_1a \wedge F_2a \wedge F_3a$ ersetzt und die statistische Hypothese $p(G, F_1 \wedge F_2 \wedge F_3)=0,9$ benützt.

An dem Beispiel wird zugleich deutlich, wie stark die in 13.b geforderte Liberalisierung der ursprünglichen Regel (MB) ist. Nach der ursprünglichen Fassung der Regel wäre auch im ersten gegenwärtigen Fall (vorletzter Absatz) das Argument rational unannehmbar. Denn A_t müßte, um das Argument rational annehmbar zu machen, sehr viele weitere statistische Aussagen enthalten mit Bezugsklassen wie: $F_1 \wedge F_2$, $F_1 \wedge F_3$, ..., $F_2 \wedge F_3 \wedge F_4$, ..., $(F_1 \vee F_4) \wedge F_2$, ... Der von G. J. Massey mit Recht gegen (MB) erhobene Vorwurf, daß A_t danach „eine gänzlich unvernünftige Anzahl statistischer Gesetze" enthalten müsse, fällt nun hinweg.

Wir haben gesehen, daß sowohl die in 13.b geforderte Liberalisierung wie die durch Grandys Beispiel notwendig gewordene Verschärfung erreicht werden konnte. Die in 13.a geforderte Verschärfung wird im folgenden automatisch durch Einschiebung der Bestimmung „gesetzesartig" erzielt, da darin die Erfüllung der Bedingung (N_1) enthalten ist. Zusammenfassend kann man die folgende Definition aufstellen:

---

[47] Den trivialen Fall der L-äquivalenten Prädikate lassen wir hier und im folgenden der einfacheren Sprechweise halber außer Betracht.

Ein Argument von der Gestalt:

$$\frac{\begin{array}{c} p(G, F) = q \\ Fa \end{array}}{Ga} \ [q]$$

ist eine *relativ auf die Wissenssituation A_t rational annehmbare IS-Erklärung* genau dann wenn:

(1) A_t Prämissen wie Conclusio des Argumentes enthält;

(2) q nahe bei 1 liegt;

(3) die elementare statistische Wahrscheinlichkeitsaussage (erste Prämisse) gesetzesartig ist;

(4) die Forderung der maximalen Bestimmtheit gemäß (MB_1) erfüllt ist.

Der in (3) vorkommende Begriff der Gesetzesartigkeit ist durch die Bedingungen (N_1) und (N_2) nur partiell, d. h. sicherlich nicht hinreichend charakterisiert. Die Definition enthält also in dieser Hinsicht noch eine Unbestimmtheit.

In 8.d ist darauf hingewiesen worden, daß sich IS-Systematisierungen von DN-Systematisierungen in der einen prinzipiellen Hinsicht unterscheiden, daß das Hinzutreten neuer Gesetze *ohne die Preisgabe alter* eine bisher rational annehmbare induktiv-statistische Erklärung in eine rational unannehmbare verwandeln kann. Daß dieser Fall nicht nur eine spekulative Möglichkeit bildet, wird mit der geschilderten Liberalisierung der Hempelschen Regel noch deutlicher. Dazu braucht man nur einen Blick auf das im Anschluß an (MB_1) gegebene Beispiel zu werfen. Danach enthält A_t die singuläre Prämisse F_4a. Dies legt den Verdacht nahe, daß in Zukunft ein elementares statistisches Gesetz von der Art $p(G, F_4) = r$ mit $r \neq 0{,}9$ entdeckt werden könnte. F_4 wäre dann ebenfalls für Ga statistisch relevant. Damit wäre das Argument nach dem Schema (21) erschüttert, solange entweder kein statistisches Gesetz bezüglich eines neuen maximal bestimmten Prädikates (das diesmal auch F_4 L-implizieren müßte!) gefunden wäre oder für ein solches Prädikat als Bezugsprädikat sich ein von 0,9 abweichender p-Wert ergäbe.

Was noch aussteht, ist die Korrektur des unrichtigen Rechtfertigungsargumentes von 8.e. Es möge von einem allgemeineren Sachverhalt ausgegangen werden als in 8.e. A_t enthalte die Prämissen der beiden folgenden Argumente:

$$p(G,F_1)=q_1$$
$$\frac{F_1 a}{Ga} \quad [q_1]$$

sowie:

$$p(G,F_2)=q_2$$
$$\frac{F_2 a}{Ga} \quad [q_2]$$

Wenn F ein auf Ga in A_t bezogenes maximal bestimmtes Prädikat ist, so können diese beiden Argumente nur dann als Erklärungen rational annehmbar sein, wenn A_t die beiden statistischen Aussagen $p(G, F)=q_1$ und $p(G, F)=q_2$ enthält. Dann aber muß gelten: $q_1=q_2$, so daß ein Widerspruch nicht auftreten kann.

Abschließend kann man noch die Frage aufwerfen, ob sich weiterhin ein Begriff der *objektiv zulässigen* IS-Systematisierung einführen läßt. Hier ist zum früheren prinzipiell nichts hinzuzufügen. Die Formulierung einer Regel (MB_1*) liefe wiederum im Prinzip auf nichts anderes hinaus als auf die Ersetzung von „in A_t enthalten" durch „wahr".

13.e In 8.b haben wir darauf hingewiesen, daß HEMPELs Regel nicht nur als eine Ersatzlösung für CARNAPs Forderung des Gesamtdatums aufgefaßt werden kann, da die letztere statistische Erklärungen trivialisieren würde. In [Maximal Specificity], S. 120-123, vertritt HEMPEL nun eine noch wesentlich radikalere Auffassung. Es erscheint ihm jetzt, daß die frühere Deutung der Regel der maximalen Bestimmtheit als einer rohen Ersatzlösung für CARNAPs Forderung fehlerhaft gewesen sei, da sie zwei heterogene Fragestellungen miteinander vermenge. Im einen Fall handle es sich um das Problem:

(38) Welcher Grad des rationalen Glaubens (der induktiven Wahrscheinlichkeit) soll in einer gegebenen Wissenssituation einer Aussage „Ga" zugeordnet werden?

Für diese Frage bilde *die Forderung des Gesamtdatums* die korrekte Antwort: Die induktive Wahrscheinlichkeit ist zu bestimmen durch Bezugnahme auf das gesamte verfügbare Wissen, welches für jeden Zeitpunkt t durch die Klasse A_t repräsentiert wird.

Im anderen Fall hingegen handle es sich um den Stärkegrad, mit dem „Ga" in einer gegebenen Wissenssituation erklärt oder nomologisch erwartet werden kann:

(39) (a) Enthält A_t Sätze, welche als Explanans einer IS-Erklärung dafür dienen können, daß Ga?

(b) Falls (a) bejaht wird: Wie groß ist die induktive Wahrscheinlichkeit, die das Explanans dem Explanandumsatz „Ga" zuordnet?

HEMPEL hebt hervor, daß die beiden induktiven Wahrscheinlichkeiten in (38) und (39) weitgehend unabhängig voneinander sind. Zur Stützung dieser Behauptung führt er die bereits früher erwähnte Tatsache an, daß im Erklärungsfall „Ga" in A_t eingeschlossen ist und damit relativ auf das Gesamtdatum die induktive Wahrscheinlichkeit 1 erhält, während die induktive Wahrscheinlichkeit, die das Explanans einer rational annehmbaren IS-Erklärung dem „Ga" zuordnet, kleiner als 1 sein wird. Denn bei einer Erklärung komme es nicht darauf an, Daten für das Vorkommen des Explanandum-Phänomens anzuführen, sondern um den Nachweis dafür, daß dieses Phänomen nomologisch zu erwarten war.

Während HEMPEL darin beizupflichten ist, daß zwischen CARNAPs Forderung und (MB_1) ein wesentlicher Unterschied besteht, so erscheint uns doch diese radikale Kontrastierung als inakzeptabel. Die bisherigen Analysen der IS-Systematisierung legen nämlich eine ganz andere, allerdings ebenfalls sehr radikale Frage nahe: *Ist es überhaupt sinnvoll, von induktiv-statistischen Erklärungen zu sprechen?*

Eine *verneinende* Antwort auf diese Frage dürfte unausweichlich sein, wenn man gewisse sehr plausible Annahmen macht, die früher bereits in verschiedenen Zusammenhängen zur Geltung kamen:

Ebenso wie HEMPEL gingen wir in I,2 aus von dem Unterschied zwischen Erklärung heischenden und epistemischen Warum-Fragen. Nennen wir die ersteren W_1-Fragen und die letzteren W_2-Fragen. Jede Antwort auf eine W_1-Frage liefert auch eine Antwort auf eine W_2-Frage[48], nicht jedoch vice versa jede Antwort auf eine W_2-Frage eine Antwort auf eine W_1-Frage. Gibt man dies zu, so ist es unvermeidlich, den Begriff der Erklärung auf adäquate Beantwortungen von W_1-Fragen, d. h. von Erklärung heischenden Fragen, zu beschränken, nicht jedoch korrekte Antworten auf W_2-Fragen, die *keine* Antworten auf W_1-Fragen liefern, Erklärungen zu nennen. Nehmen wir weiter an, daß die vor allem in II ausführlicher erörterte These akzeptiert wird, daß induktive Argumente prinzipiell nur „Erkenntnisgründe", nicht jedoch „Realgründe" oder Ursachen liefern. Fügen wir dem schließlich noch die von HEMPEL selbst nachdrücklich vertretene Auffassung hinzu, daß alle statistischen Systematisierungen induktive Argumente sind, so ist damit die angekündigte negative Antwort bereits gewonnen.

---

[48] Obwohl dies aus HEMPELs Texten nicht eindeutig hervorzugehen scheint, können wir doch vermutlich annehmen, daß HEMPEL der Behauptung zustimmen würde, jede Antwort auf eine Erklärung heischende Warum-Frage sei eine Antwort auf eine epistemische Warum-Frage.

Man kann diese Überlegungen in das Gewand eines einfachen Argumentes mit drei Prämissen kleiden:

(1) Antworten auf solche epistemischen Warum-Fragen, die keine Antworten auf Erklärungen heischende Warum-Fragen bilden, sind keine Erklärungen, sondern Begründungen.

(2) Induktive Argumente liefern stets nur Erkenntnisgründe (Vernunftgründe) und keine Realgründe (Seinsgründe, Ursachen) und bilden deshalb nur solche Antworten auf epistemische Warum-Fragen, die nicht zugleich Antworten auf Erklärung heischende Warum-Fragen sind.

(3) Die IS-Systematisierungen sind ausnahmslos induktive Argumente.

Also gibt es keine IS-Erklärungen, sondern nur IS-Begründungen.

Will man dieser Konsequenz ausweichen, so muß man eine der obigen Prämissen preisgeben. Es ist nicht einzusehen, wie dies geschehen sollte. HEMPEL selbst drückt sich in der Formulierung seiner oben wiedergegebenen Auffassung äußerst vorsichtig aus, wenn er von einer nomologischen *Erwartung* spricht: dies deutet darauf hin, daß er an die Antwort auf eine epistemische und nicht an die Antwort auf eine Erklärung heischende Warum-Frage denkt.

Akzeptiert man den hier vertretenen Standpunkt, so müssen alle früheren Ausführungen in einer Hinsicht revidiert werden: Überall dort, wo von IS-Erklärungen die Rede war, darf nur mehr von *induktiv-statistischen Begründungen* gesprochen werden. Der Begriff der statistischen Erklärung ist preiszugeben.

Dieses Ergebnis steht nicht nur im Einklang mit unseren früheren Betrachtungen über das Verhältnis von deduktiv-nomologischen und induktiven Argumenten. Es konvergiert auch mit dem Resultat, zu dem wir am Ende von X gelangen werden. Es wird sich dort herausstellen, daß die Explikationsversuche im deduktiv-nomologischen Fall auch nicht den engeren Erklärungsbegriff, sondern einen weiteren Begriff *der deduktiv-nomologischen Begründung* zu präzisieren trachten. Bei der Schilderung des Explikationsversuches von M. KÄSBAUER wird dort deshalb der Ausdruck „Explanans" durch den Ausdruck „Ratio" ersetzt werden. In analoger Weise erschiene es als ratsam, die Gesamtheit der Prämissen eines statistischen Argumentes von der Form (21) statt als IS-Explanans von „*Ga*" als *IS-Ratio* von „*Ga*" zu bezeichnen.

Im deduktiv-nomologischen Fall läßt sich der Begründungsbegriff — allerdings nur bei Benützung *pragmatischer* Begriffe — zu einem Erklärungsbegriff verschärfen. Im statistischen Fall ist eine derartige Verschärfung nicht möglich, sofern die obigen Sätze (1) bis (3) akzeptiert werden.

14. Über die sogenannte „Güte" einer statistischen Begründung

14.a „Eine deduktiv-nomologische Erklärung ist entweder korrekt oder inkorrekt, tertium non datur" könnte man sagen. Anders im statistischen Fall. Hier wird es sich häufig so verhalten, daß man zwischen mehreren Alternativen zu entscheiden hat und die *beste* auswählt. N. Rescher und F. B. Skyrms haben in [Evaluation] versucht, zwei verschiedene formale Präzisierungen für diesen Begriff zu liefern[49]. Zur intuitiven Erläuterung schildern wir zunächst eine einfache sogenannte *Likelihoodbetrachtung*, wie sie bei der Überprüfung statistischer Hypothesen Anwendung findet. (Der Begriff der Likelihood wird von den beiden Verfassern in ihrer im folgenden geschilderten Analyse nicht benützt.)

Angenommen, es sollen Versuche mit einem Würfel gemacht werden, über den uns – aus welchen Gründen immer – nichts weiter bekannt ist als die folgende Alternativhypothese: entweder es handelt sich um einen völlig korrekten Würfel oder um einen, der so stark gefälscht ist, daß die Wahrscheinlichkeit eines Sechserwurfes 0,6 beträgt[50]. Um herauszubekommen, welcher dieser beiden Fälle vermutlich zutrifft, wird eine Versuchsreihe mit dem Würfel gemacht, bestehend etwa aus 25 Würfen. Es stelle sich heraus, daß darunter 16 Sechserwürfe vorkommen. Man wird jetzt etwa so argumentieren: Unter der Annahme, daß der Würfel korrekt ist und die Wahrscheinlichkeit eines Sechserwurfes 1/6 beträgt, ist die Wahrscheinlichkeit, daß sich eine Reihe wie die tatsächlich beobachtete ergibt, ungeheuer viel geringer als die Wahrscheinlichkeit dieser Beobachtungsreihe unter der Hypothese, daß der Würfel in der erwähnten Weise gefälscht ist. Also ist „höchstwahrscheinlich" die zweite Hypothese richtig. Das für den Nichtfachmann Ungewöhnliche an einer solchen Überlegung ist dies, daß hier Wahrscheinlichkeiten *tatsächlich beobachteter Vorkommnisse* miteinander verglichen werden, allerdings *relativ auf* vorgegebene Hypothesen. Für die Hypothesenbeurteilung hat sich der Terminus „Likelihood" eingebürgert.

---

[49] In den Ausführungen der beiden Autoren werden verschiedene zu berücksichtigende Faktoren vernachlässigt. Außerdem wird zwischen den beiden sich in IS-Systematisierungen überlagernden Wahrscheinlichkeiten nicht unterschieden. Dadurch werden einige Leser jener Abhandlung den Eindruck der Inkorrektheit gewinnen. Wir entgehen dem Vorwurf der Mangelhaftigkeit dadurch, daß wir die Voraussetzungen ausdrücklich radikal vereinfachen. Im Einklang mit dem Ergebnis von Abschn. 13 sprechen wir nicht wie die beiden Autoren von Erklärungen, sondern von Begründungen.

[50] Ein solcher Fall könnte z. B. eintreten, wenn man einerseits weiß, daß sich in der Stadt eine Fälscherwerkstatt befindet, in welcher gefälschte Würfel mit dem obigen Merkmal erzeugt werden, und einem andererseits nicht bekannt ist, ob die Person, welche einen Würfel mitgebracht hat, ein ehrlicher Spieler oder ein Betrüger ist.

Der aus dem geschilderten Beobachtungsresultat gezogene praktische Schluß wäre dann so zu formulieren: Auf Grund des Beobachtungsresultates (16 Sechserwürfe unter 25 Würfen insgesamt) hat die „Gefälschtheitshypothese" eine viel größere Likelihood als die „Korrektheitshypothese" und ist der letzteren vorzuziehen, da sie durch diese empirischen Daten viel besser gestützt ist[51].

14.b Für das Folgende setzen wir generell voraus, daß die in Erwägung gezogenen Erfahrungssätze $E_1, E_2, \ldots$ jeweils das gesamte zu A_t gehörende Erfahrungswissen darstellen oder zumindest das gesamte für die betrachteten Hypothesen *relevante* Erfahrungswissen. Ferner nehmen wir auch hier wieder die Gültigkeit der Regel S von 5.c an, so daß wir die beiden vorkommenden Wahrscheinlichkeiten (induktive und statistische) miteinander identifizieren dürfen. Schließlich setzen wir voraus, daß sich die in Betracht zu ziehenden Möglichkeiten durch endlich viele „Zustände" darstellen lassen. Die Beispiele formulieren wir nur als abstrakte Schemata und überlassen es dem Leser, sie mit konkretem Gehalt auszufüllen.

Zu begründen sei die Tatsache, daß a die Eigenschaft G besitzt, also daß Ga. Drei Alternativmöglichkeiten E_i von relevantem Erfahrungswissen stehen uns zur Verfügung:

$$E_1: \quad p(G, F_1)=0,9 \wedge F_1 a$$
$$E_2: \quad p(G, F_2)=0,6 \wedge F_2 a$$
$$E_3: \quad p(G, F_3)=0,2 \wedge F_3 a$$

Insgesamt sind nur zwei Zustände zu berücksichtigen. $S_1: Ga$, sowie $S_2: \neg Ga$. Wegen der Gültigkeit der Regel S können wir eine *induktive Wahrscheinlichkeitsmatrix* für die Werte von $C(S_j, E_i)$ $(i = 1,2,3; j = 1,2)$ aufstellen:

	E_1	E_2	E_3
+ $S_1:$ Ga	0,9	0,6	0,2
$S_2:$ $\neg Ga$	0,1	0,4	0,8

Das „+" vor dem „S_1" soll andeuten, daß dieser Zustand der tatsächlich verwirklichte ist. Offenbar liefert E_2 eine bessere Begründung für diesen faktischen Zustand als E_3 und E_1 eine bessere als E_2.

Dies legt einen ersten Begriff der Güte einer „Erklärung" bzw. einer Begründung nahe. Diese Güte kann identifiziert werden mit der *komparativen Stärke* dieser Begründung, welche sich aus dem Vergleich der zugeordneten induktiven Wahrscheinlichkeiten ergibt. Daß E_1 eine stärkere Begründung

---

[51] Einen außerordentlich interessanten Versuch, der gesamten Stützungs- und Testtheorie statistischer Hypothesen eine logische Fundierung mittels eines präzisierten Begriffs der relativen Likelihood zu geben, hat I. J. HACKING in [Statistical Inference] unternommen.

von S_1 liefert als E_2, heißt danach nichts anderes als daß $C(S_1,E_1)>C(S_1,E_2)$. Die stärkste Begründung ist jene, welche den höchsten C-Wert liefert. Man braucht dazu nur für die mit einem „+" versehene *Zeile* jenes E_i herauszugreifen, unter dem der größte in dieser Zeile vorkommende Zahlenwert steht, in unserem Fall also E_1.

Dieser Ordnungsbegriff der komparativen Stärke läßt sich in einfacher Weise metrisieren, indem man die Differenzen zwischen den induktiven Wahrscheinlichkeiten benützt. E_1 z. B. wäre danach um 0,3 stärker als E_2, E_3 um $-0,7$ stärker als E_1 usw. Diese Werte müssen zwischen $+1$ und -1 liegen. Als Maß für die komparative Stärke der Begründung von S_j durch E_k kann die arithmetische Formel gewählt werden:

$$1/n-1 \times \sum_{i=1}^{n} [C(S_j,E_k) - C(S_j,E_i)];$$

dabei ist n die Anzahl der potentiellen „Explananda" E_i.

14.c Eine ganz andere Idee von „Güte" liegt dem Gedanken zugrunde, ein Maß für den Grad anzugeben, in dem die Prämissen einer Begründung den tatsächlichen Zustand aus der Klasse der Alternativzustände aussondern. Es soll hier vom *Wirkungsgrad* der Begründung gesprochen werden. Der Sachverhalt sei wieder am Beispiel einer induktiven Wahrscheinlichkeitsmatrix erläutert:

	E_1	E_2	E_3
S_1	0	0,2	0,3
+ S_2	1	0,8	0,4
S_3	0	0	0,3

Der tatsächliche Zustand ist S_2. Zum Unterschied vom vorigen Fall müssen diesmal statt der Zeilen *die Spalten* miteinander verglichen werden. Auf Grund von E_1 ist wegen $C(S_2,E_1)=1$ und $C(S_i,E_1)=0$ für $i \neq 2$ S_2 der einzig mögliche Zustand. Eine Begründung, welche diese Bedingung erfüllt, hat den größtmöglichen Wirkungsgrad. E_2 als potentielle Begründung von S_2 erfüllt immerhin noch die Bedingung, daß $C(S_2,E_2)>1/2$, d. h. daß das Eintreten von S_2 wahrscheinlicher ist als dessen Nichteintreten. Im Fall von E_3 ist noch die Bedingung erfüllt, daß $C(S_2, E_3)$ den größten Wert in dieser Spalte bildet. Unter der Annahme, daß die Hypothese E_3 zutrifft, ist auch diesmal S_2 der mit größter Wahrscheinlichkeit zu erwartende Zustand, obzwar sein Eintreten keineswegs wahrscheinlicher ist als sein Nichteintreten. Die drei geschilderten Fälle liefern die Basis für die Einführung eines dreifach abgestuften komparativen Begriffs des Wirkungsgrades einer IS-Systematisierung.

14.d Der Vergleich der beiden Beispiele könnte die Vermutung aufkommen lassen, daß die stärkste Erklärung im komparativen Sinn immer

zugleich jene sei, die den größten Wirkungsgrad besitzt. Dies wäre jedoch
ein Irrtum, wie das folgende Gegenbeispiel zeigt:

	E_1	E_2
S_1	0	0,2
S_2	0,6	0,2
S_3	0	0,1
$+ \; S_4$	0,4	0,3
S_5	0	0,2

Für S_4 als den faktischen Zustand ist E_1 die komparativ stärkste mögliche Begründung (Zeilenvergleich!). Dagegen liefert die mögliche Begründung E_2 diejenige, welche den größten Wirkungsgrad hat (Spaltenver-
gleich!). Es handelt sich also tatsächlich um *zwei verschiedene* Gütebegriffe.
Dieses Auseinanderklaffen ist nur dadurch möglich, daß dasjenige eintreten
kann, was bereits beim dritten Fall von 14.c angeführt wurde: eine im Sinn
der komparativen Stärke schwache Begründung kann trotzdem den größten
Wirkungsgrad haben, immer dann nämlich, wenn die Wahrscheinlichkeit
des Eintretens des fraglichen Zustandes zwar geringer ist als die Wahrscheinlichkeit seines Nichteintretens, aber trotzdem größer als die *einzeln
genommenen* Wahrscheinlichkeiten für die übrigen Zustände.

Begrifflich kann man den Unterschied am besten so charakterisieren:
Der Begriff der komparativen Stärke einer Begründung stützt sich *auf einen
Vergleich verschiedener möglicher Begründungen* für einen gegebenen Zustand;
und er sondert jene aus, welche diesem Zustand die größte Wahrscheinlichkeit zuspricht. Der Begriff des Wirkungsgrades einer Begründung hingegen
stützt sich auf einen *Vergleich der verschiedenen möglichen Zustände;* und er sondert jene Begründung aus, welche diesem Zustand eine höhere Wahrscheinlichkeit zuspricht als den einzelnen Alternativzuständen.

Einige Leser werden bereits festgestellt haben, daß diese Differenzierung
auf jener Unterscheidung beruht, die in III als der Unterschied zwischen
schwach probabilistischen und stark probabilistischen Erklärungen bezeichnet worden ist.

14.e In II,1.f wurde das Notwendigkeitsargument von M. SCRIVEN erwähnt und in II,4 zurückgewiesen. Man kann jedoch, wie RESCHER und
SKYRMS erwähnen, den Ausführungen SKRIVENs noch eine andere Interpretation geben, durch welche diese eine weit größere Plausibilität erhalten.
Es handelte sich dort darum, daß wir zwei Sätze von der Art zur Verfügung
hatten (a) „Die einzige Ursache von P ist S" (z. B. „die einzige Ursache der
progressiven Paralyse ist Syphilis"); (b) „S wird sehr häufig nicht von P
gefolgt" („sehr wenige Syphilitiker entwickeln progressive Paralyse").
Wenn wir unter diesen Voraussetzungen S beobachten, so müssen wir nach
SCRIVEN zwar voraussagen, daß P (vermutlich) nicht vorkommen wird.

Sollte jedoch P vorgekommen sein, so liefert nach seiner Auffassung die Berufung auf (a) eine Erklärung.

Wendet man das obige Begriffsschema an, so scheint SCRIVEN an die folgende Situation gedacht zu haben: Es wird eine potentielle Erklärung eines Phänomens ins Auge gefaßt, welche einen *sehr geringen Wirkungsgrad* besitzt, so daß das Nichteintreten des Phänomens wahrscheinlicher ist als dessen Eintreten. Diese potentielle Erklärung ist aber gleichzeitig die Erklärung mit der *größten komparativen Stärke,* und zwar einfach deshalb, weil sie *die einzig verfügbare Erklärung* ist. Aus diesem Grund kann sie trotzdem als *gute Erklärung* gewertet werden. SCRIVENs Bemerkung bezüglich des mangelnden Voraussagegehaltes dieser Erklärung könnte dann in der Weise generalisiert werden: *Für die potentielle prognostische Verwertbarkeit einer Erklärung ist nur ihr Wirkungsgrad, nicht jedoch ihre komparative Stärke von Relevanz.*

Kapitel X
Die Explikationsversuche des deduktiv-nomologischen Erklärungsbegriffs für präzise Modellsprachen

1. Der Explikationsversuch von Hempel und Oppenheim [1]

1.a Wir verwenden eine Sprache S der ersten Ordnung mit den üblichen Verknüpfungszeichen und Quantoren. Daß es sich um eine Sprache der ersten Ordnung handelt, besagt bekanntlich, daß die Quantoren sich nur auf Individuenvariable, nicht jedoch auf Prädikatenvariable erstrecken dürfen. *Individuenvariable* mögen durch kleine Buchstaben aus dem Ende des Alphabetes bezeichnet werden, also etwa durch x, y, z; *Individuenkonstante* durch Buchstaben aus dem Anfang des Alphabetes, also z. B. durch a, b, c. Es dürfen beliebig viele *Prädikate* einer gegebenen Stellenzahl vorkommen. Der Begriff der Formel ist ebenso zu definieren wie in der Prädikatenlogik PL^1. *Sätze* sind Formeln ohne freie Variable. Da wir die Sprache als fest vorgegeben betrachten und niemals von einer Sprache zu einer anderen überwechseln, können wir der Einfachheit halber die Relativierung auf S unterdrücken und z. B. den Ausdruck „Satz" statt „Satz in S" verwenden. Ein *Molekularsatz* ist ein Satz ohne Quantoren. In Anknüpfung an die übliche philosophische Terminologie nennen wir einen solchen Satz auch einen *singulären Satz*[2]. Ein singulärer Satz, der keine logischen Zeichen enthält, heiße *Atomsatz*. Ein Satz, der entweder ein Atomsatz oder die Negation eines solchen ist, soll *Basissatz* genannt werden. *Generelle Sätze* sind Sätze, die mindestens einen Quantor enthalten. Zwecks größerer Einheitlichkeit nehmen wir an, daß die generellen Sätze ausnahmslos *in pränexer Normalform* angeschrieben sind, so daß sie also gebildet werden aus einem Präfix mit mindestens einem Quantor, hinter dem ein quantorenfreier Ausdruck steht, der zu den Wirkungsbereichen sämtlicher Quantoren des

---

[1] Vgl. C. G. HEMPEL und P. OPPENHEIM, [Studies], Abschnitt 7.

[2] Zu beachten ist hierbei, daß in früheren Kontexten das Prädikat „singulär" zum Unterschied vom jetzigen Gebrauch häufig im Sinn von „nicht gesetzesartig" verwendet worden ist.

Präfixes gehört. Ein genereller Satz, dessen Präfix nur aus Allquantoren besteht, heiße *Allsatz*.

1.b Die Logik von S kann entweder syntaktisch oder semantisch charakterisiert werden. Wir nehmen an, daß ein *semantischer Folgerungsbegriff* eingeführt wurde. Die metatheoretischen Sätze $\mathfrak{A} \Vdash \Phi$ bzw. $\Vdash \Phi$ drücken aus, daß Φ eine *logische Folgerung* von $\mathfrak{A}$ bzw. daß Φ *logisch gültig* ist. Gelegentlich werden wir, statt dieses Symbol „$\Vdash$" zu verwenden, von einer logischen Folgebeziehung oder von einer L-Implikation sprechen. Es ist nicht wesentlich, daß wir einen semantischen Aufbau der Logik voraussetzen. Wegen des Gödelschen Vollständigkeitstheorems kann man statt dessen einen geeigneten axiomatischen Aufbau der Logik zugrunde legen. Man hat dann überall das semantische Zeichen „$\Vdash$" für die logische Folgebeziehung durch das syntaktische Zeichen „$\vdash$" für die Ableitbarkeitsbeziehung zu ersetzen. (Für eine Sprache zweiter Ordnung hätten wir diese Wahlfreiheit wegen des Gödelschen Unvollständigkeitstheorems nicht mehr.) Statt zu sagen, daß $\Vdash \Phi$, sprechen wir bisweilen auch von der L-Gültigkeit von Φ; und daß zwischen Φ und Ψ eine L-Äquivalenz besteht, besagt dasselbe wie $\Vdash \Phi \leftrightarrow \Psi$. Für Sätze bedeutet $\Phi \Vdash \Psi$ dasselbe wie die L-Gültigkeit von $\Phi \rightarrow \Psi$. Wir machen hierbei stillschweigend von der Konvention Gebrauch, daß griechische Symbole Namen beliebiger Formeln sind und daß „gemischte" Ausdrücke, bestehend aus griechischen Symbolen und logischen Zeichen, Namen komplexer Formeln darstellen, die nur soweit spezifiziert sind, als dies durch die vorkommenden logischen Symbole ausdrücklich kenntlich gemacht wird.

Unsere Sprache sei eine *interpretierte Sprache*, so daß wir von *wahren* wie von *falschen* Sätzen sprechen können. Ferner setzen wir voraus, daß die Sätze der Sprache ein geeignetes Kriterium für empirische Signifikanz erfüllen, ohne uns Gedanken darüber zu machen, wie dieses Kriterium zu formulieren wäre, da solche Betrachtungen aus dem Rahmen dieses Buches herausfallen würden. Eine das Kriterium erfüllende Sprache nennen wir eine *empiristische Sprache*. Damit ist die dritte Adäquatheitsbedingung B_3 von II,2.e für korrekte Erklärungen — welche verlangt, daß die Sätze des Explanans einen empirischen Gehalt haben müssen — auf Grund unserer Annahme über die Struktur der Sprache bereits erfüllt. Die Erfüllung der ersten Adäquatheitsbedingung, nämlich die logische Korrektheit der erklärenden Argumente, wird dadurch garantiert, daß wir an der betreffenden Stelle in der Definition von „Explanans" das Symbol „$\Vdash$" verwenden.

Für die Erfüllung der zweiten Adäquatheitsbedingung B_2 wird der Begriff der Gesetzesartigkeit benötigt. Da kein allgemein akzeptiertes Kriterium der Gesetzesartigkeit vorliegt, müssen wir die H-O-Explikation[3]

---

[3] Dies sei eine Abkürzung für „Hempel-Oppenheimsche Explikation".

unter Abstraktion von einem solchen Kriterium formulieren. Die Voranstellung des Ausdruckes „potentiell" soll dies explizit machen. Um anzudeuten, wie die Definitionen zu lauten hätten, wenn das fragliche Kriterium zur Verfügung stünde, führen wir für ein solches vorläufig nur zu fingierendes Kriterium der Gesetzesartigkeit die Abkürzung „K.G." ein. Wenn wir von der Wahrheit abstrahieren, so sprechen wir statt von Gesetzen und Theorien von gesetzesartigen und theorienartigen Sätzen und statt von einer Erklärung von einem Erklärungsschema.

Die H-O-Definitionen sollen im folgenden nicht wörtlich übernommen, sondern in einigen Hinsichten ergänzt und vereinfacht werden. Ausdrücklich sei darauf aufmerksam gemacht, daß sich die Verwendung des Prädikates „potentiell" weder mit dem Gebrauch bei HEMPEL und OPPENHEIM noch mit gelegentlichen früheren Verwendungen in diesem Buch, z. B. im zweiten Kapitel, deckt.

1.c Als Vorbereitung zur Definition des Erklärungsbegriffs führen wir einige Hilfsbegriffe ein. Der dabei benützte Begriff des *wesentlichen Vorkommens* ist so zu verstehen: Eine (undefinierte) Individuenkonstante kommt in einem Satz wesentlich vor, wenn es keinen mit diesem Satz L-äquivalenten Satz gibt, in dem diese Individuenkonstante nicht vorkommt. Andernfalls kommt die Individuenkonstante darin unwesentlich vor. Man kann jeden Satz in einen mit ihm L-äquivalenten transformieren, der unwesentliche Vorkommen von Individuenkonstanten enthält, z. B. durch konjunktive Hinzufügung eines Satzes von der Gestalt „$Pa \vee \neg Pa$".

A_1. (a) Ein Satz G ist ein *potentielles Fundamentalgesetz* (oder *potentielles Grundgesetz*) genau dann, wenn die folgenden Bedingungen erfüllt sind:

　　　(1) G ist wahr;

　　　(2) G besteht aus einem nicht leeren Präfix von Allquantoren, gefolgt von einem quantorenfreien Ausdruck;

　　　(3) G enthält keine Individuenkonstanten wesentlich, d. h. G ist ein *reiner* Allsatz.

　　(b) Wenn G alle Bedingungen für ein potentielles Fundamentalgesetz mit Ausnahme von (1) erfüllt, so wird G ein potentiell grundgesetzartiger Satz (oder ein Satz von der Art eines potentiellen Fundamentalgesetzes) genannt.

A_2. Ein Satz G ist ein *potentielles abgeleitetes Gesetz* genau dann, wenn die folgenden Bedingungen erfüllt sind:

　　(1) dieselbe Bedingung wie A_1 (a) (2);

　　(2) G ist nicht L-äquivalent mit einem singulären Satz, d. h. G ist ein *wesentlicher* Allsatz;

(3) in G kommt mindestens eine Individuenkonstante wesentlich vor, d. h. G ist kein reiner Allsatz;

(4) es gibt mindestens eine Klasse K von potentiellen Fundamentalgesetzen, aus denen G logisch folgt.

A_3. G ist ein *potentielles Gesetz* genau dann, wenn G entweder ein potentielles Fundamentalgesetz oder ein potentielles abgeleitetes Gesetz ist.

A_4. Erfüllt ein Satz G die Definitionsbedingungen von A_1(a) (A_2, A_3) und außerdem das Kriterium K. G., so wird G ein *Fundamentalgesetz (abgeleitetes Gesetz, Gesetz)* genannt.

Ein Analogon zu A_1(b) (Abstraktion von der Wahrheit) ist auch bei den übrigen drei Bestimmungen hinzuzudenken. Wir erhalten dann anstelle von A_2 und A_3 Definitionen für Sätze *von der Art* eines potentiellen abgeleiteten Gesetzes bzw. *von der Art* eines potentiellen Gesetzes. Die Bestimmung, welche A_4 ersetzt, liefert die drei Fälle ohne „potentiell", also Sätze von der Art eines Fundamentalgesetzes (von der Art eines abgeleiteten Gesetzes, von der Art eines Gesetzes).

Wie die früheren Diskussionen ergeben haben, kann man von Gesetzen nicht schlechthin verlangen, daß sie keine speziellen Individuen wesentlich benennen dürfen. Denn die genaue Formulierung des Fallgesetzes von Galilei nimmt z. B. Bezug auf unsere Erde, und die Keplerschen Gesetze beziehen sich ausdrücklich auf die Planeten unseres Sonnensystems. Beide sind aus den Gesetzen der Newtonschen Theorie — mit den früher erwähnten Qualifikationen — ableitbar, die von solcher Bezugnahme auf spezielle Individuen frei sind. Diese Gesetze wären daher als Fundamentalgesetze zu bezeichnen, während die ersteren abgeleitete Gesetze sind.

Die Bestimmung A_2(4) könnte allerdings Bedenken hervorrufen, die möglicherweise berechtigt sind. Man kann es nämlich nicht als a priori gesichert ansehen, daß in sämtlichen Wissenschaften, z. B. auch in der Psychologie und in der Soziologie, alle Gesetze, die spezielle Objekte wesentlich erwähnen, aus Fundamentalgesetzen im hier definierten Sinn ableitbar sind. Sollte es sich erweisen, daß es Gesetze gibt, welche die Bedingungen (1) bis (3), aber nicht (4) von A_2 erfüllen, so müßten diese als dritte Kategorie von Gesetzen eingeführt werden.

Einige Leser werden es vielleicht als befremdlich empfinden, daß zwar von den abgeleiteten Gesetzen, nicht aber von den Fundamentalgesetzen verlangt wird, daß sie *wesentlich generell* sind. Der Grund für diese Festsetzung liegt darin, daß dadurch logisch wahre Sätze in die Klasse der Fundamentalgesetze mit einbezogen werden können. Ein L-wahrer Satz ist nämlich niemals wesentlich generell. Denn da alle L-wahren Sätze untereinander L-äquivalent sind, ist insbesondere jeder L-wahre generelle Satz mit einem beliebigen L-wahren singulären Satz logisch äquivalent. Falls man es vorzieht, die logischen Wahrheiten aus der Klasse der Gesetze auszuschließen, so steht dem nichts im Wege. Man hätte dann bloß in A_1 die Bestimmung hinzuzufügen, daß G ein wesentlicher Allsatz ist, wie dies analog in $A_2(2)$ verlangt wurde.

Die Verallgemeinerung des Begriffs des Gesetzes zu dem der *Theorie* erfolgt in der Weise, daß wir neben Allquantoren auch Existenzquantoren in beliebiger Anzahl und Kombination mit Allquantoren zulassen. Die entsprechenden vier Definitionen sollen mit C_1 bis C_4 bezeichnet werden. Wir schreiben sie nicht explizit an, sondern begnügen uns mit einer Andeutung des Verfahrens, wie sie zu gewinnen sind: C_1 entsteht aus A_1 dadurch, daß in der Bestimmung (2) von $A_1(a)$ die Wendung „Präfix von Allquantoren" ersetzt wird durch die allgemeinere Bestimmung „Präfix von Quantoren". Dies liefert den Begriff der *potentiellen Fundamentaltheorie*. Die Definition C_2 von *potentieller abgeleiteter Theorie* lautet wörtlich wie A_2, mit den folgenden beiden Unterschieden: in (1) muß statt $A_1(2)$ die Bedingung $C_1(2)$ verwendet werden und die in (4) erwähnte Prämissenklasse besteht jetzt aus potentiellen Fundamentaltheorien. Die analoge Änderung führt von A_3 zu C_3, wodurch wir den Begriff der *potentiellen Theorie* erhalten.

Das Kriterium K. G. ist so zu denken, daß es nicht nur zwischen Gesetzen und Pseudogesetzen, sondern auch zwischen Theorien und Pseudotheorien zu unterscheiden gestattet. Unter dieser Voraussetzung werden in C_4 in Analogie zu A_4 die drei Begriffe der *Fundamentaltheorie*, der *abgeleiteten Theorie* und der *Theorie* eingeführt. Die Abstraktion von der Wahrheit ergibt wiederum sechs Fälle: Sätze von der Art einer potentiellen Fundamentaltheorie, Sätze von der Art einer potentiellen abgeleiteten Theorie, Sätze von der Art einer potentiellen Theorie bzw. dasselbe ohne „potentiell". Im letzten Fall sprechen wir auch von theorienartigen Sätzen.

Auf Grund der geschilderten Änderung von $A_1(a)(1)$ in $C_1(a)(1)$, auf die ja im wesentlichen alles hinausläuft, sind die Theorienbegriffe so eingeführt worden, daß sie die entsprechenden Gesetzesbegriffe als Spezialfälle einschließen.

1.d Wir gehen jetzt zur Explikation des Erklärungsbegriffs selbst über. Knüpft man unmittelbar an die Adäquatheitsbedingungen B_1 bis B_4 an, so scheint es für die Definition nur darauf anzukommen, das wesentliche Vorkommen eines Gesetzes bzw. einer Theorie im Explanans explizit zu machen[4]. Denn zwei andere Bedingungen sind auf Grund der obigen Bemerkungen als erfüllt anzusehen und die Erfüllung der Bedingung der Gesetzesartigkeit bzw. Theorienartigkeit haben wir auf das „fiktive" Kriterium

---

[4] Dies ist natürlich ein anderer Begriff des wesentlichen Vorkommens als der früher benützte. Gemeint ist jetzt, daß das Explanandum aus der nach Streichung des Gesetzes (bzw. der Theorie) vom Explanans verbleibenden Restklasse nicht mehr gefolgert werden kann. Dieser Gedanke soll sogleich präzisiert werden.

K. G. abgeschoben. Wir dürfen im folgenden von *dem* Gesetz (*der* Theorie) bzw. von *der* singulären Prämisse sprechen, weil wir mehrere derartige Prämissen stets konjunktiv zu einem Satz zusammenfassen können. In einem ersten Schritt ist der Begriff des potentiellen Explanans zu definieren. Dieses soll als ein geordnetes Paar, bestehend aus einer potentiellen Theorie sowie einer singulären Prämisse, konstruiert werden.

Wir versuchen es auf Grund der bisherigen Vorbetrachtungen zunächst mit der folgenden Bestimmung:

Das geordnete Paar $(T; A)$ von Sätzen ist ein *potentielles Explanans* für einen singulären Satz E genau dann, wenn die folgenden Bedingungen erfüllt sind:

(1) T ist eine potentielle Theorie;
(2) T ist nicht L-äquivalent mit einem singulären Satz;
(3) A ist singulär und wahr;
(4) $T, A \Vdash E$ (d. h. E ist eine logische Folgerung aus T und A);
(5) $A \nVdash E$ (d. h. E ist keine logische Folgerung aus A allein)[5].

Die Bedingung (2) mußte einbezogen werden, da wegen des Einschlusses L-wahrer Sätze in die Klasse der Gesetze bzw. der Theorien nicht verlangt worden war, daß Fundamentaltheorien wesentlich generell sein müssen. Schließt man dagegen L-wahre Sätze durch eine solche Zusatzforderung von vornherein aus der Klasse der Theorien aus, so wird (2) überflüssig (vgl. dazu aber auch die Ausführungen am Ende dieses Abschnittes). Will man in der Definition auch noch von der Wahrheit abstrahieren, so muß eine weitere Bestimmung hinzugefügt werden (siehe unten).

Drei der früheren Adäquatheitsbedingungen werden von dieser Definition erfüllt: Daß das Argument logisch gültig ist, wird durch (4) ausgedrückt; daß T unter den Prämissen wesentlich vorkommt (Bedingung $\mathbf{B_4}$), wird durch (4) zusammen mit (5) garantiert; daß das Explanans einen empirischen Gehalt besitzt, folgt aus der allgemeinen Voraussetzung über die Struktur der Sprache als einer empiristischen Sprache. Die Erfüllung des Kriteriums K. G. ist durch die Voranstellung von „potentiell" ausdrücklich ausgeklammert worden.

Trotzdem ist dieser Definitionsvorschlag unakzeptierbar. Er verstößt nämlich gegen eine Bedingung, die wir in I,2 nicht ausdrücklich als eine der Bedingungen $\mathbf{B_i}$ formuliert haben, sondern sie dort nur nebenher erwähnten, da sie sozusagen einen selbstverständlichen Hintergrund für alle Diskussionen über wissenschaftliche Erklärung bildet. Man kann sie so formulieren: *Vorgegebene Ereignisse oder Phänomene können nur durch bestimmte Gesetze oder Theorien erklärt werden, nicht dagegen durch beliebige Gesetze oder Theorien.*

---

[5] Der Leser erinnere sich daran, daß wir in Kap. 0 einen Querstrich als metasprachliches Negationszeichen einführten.

Der Begriff der wissenschaftlichen Erklärung würde völlig entwertet werden, ließe sich alles durch Beliebiges erklären. Die obige Definition hat aber gerade diese unerwünschte Konsequenz.

Der Beweis dafür ist einfach. Es sei T irgendein Gesetz oder potentielles Gesetz. T_s sei eine Allspezialisierung von T, d. h. ein Satz, der aus T dadurch entsteht, daß alle quantifizierten Variablen durch Individuenkonstante ersetzt werden. E sei eine *beliebige* wahre Aussage. Dann erfüllt das folgende Argument die obigen Definitionsbedingungen:

$$
\begin{array}{c}
T \\
T_s \to E \\
\hline
E
\end{array}
$$

(*)

Durch den rein logischen Schritt der Allspezialisierung gelangt man nämlich von T zu T_s und von da unter Verwendung der zweiten Prämisse mittels modus ponens zu E. Auch die übrigen Bedingungen sind alle erfüllt, insbesondere (3) und (5): die zweite Prämisse ist singulär, da T_s und E singulär sind; $T_s \to E$ ist wegen der Wahrheit von E ebenfalls richtig und E ist aus $T_s \to E$ allein nicht zu folgern.

Ein Beispiel möge zur Illustration dienen. E sei der Satz „London ist eine Millionenstadt". Die durch diesen Satz beschriebene Tatsache soll durch das Gesetz T erklärt werden, daß alle Kupferdrähte elektrischen Strom leiten. Dazu bilde ich zunächst in der Weise eine Spezialisierung von T, daß ich mich auf ein Stück Draht in meiner Schublade beziehe, und schiebe sodann als zusätzliche Prämisse den nach obiger Vorschrift gebildeten Satz $T_s \to E$ ein, der alltagssprachlich etwa so wiedergegeben werden könnte: „London ist eine Millionenstadt, falls das Stück Draht in meiner Schublade Elektrizität leitet, sofern es aus Kupfer besteht".

Dieses absurde Gegenbeispiel zeigt, daß die Erfüllung der früher ausdrücklich formulierten Adäquatheitsbedingungen nicht ausreicht, um einen brauchbaren Erklärungsbegriff zu definieren. Wie kann man die Definition so modifizieren, daß derartige Fälle ausgeschlossen werden? Wir gewinnen einen Hinweis für eine mögliche Lösung des Problems, wenn wir bedenken, daß in der Erklärung (*) eine Art von Zirkel vorliegt, der es z. B. unmöglich macht, dieses Schema für Voraussagezwecke zu verwenden. Für ein Voraussageargument ist es ja wesentlich, daß man um die Wahrheit von E erst dadurch weiß, daß man E aus A und T folgert. Dazu aber muß es möglich sein, ein Wissen um die Wahrheit von A unabhängig vom Wissen um die Wahrheit von T und E zu gewinnen; in der Sprache der Verifikation ausgedrückt: es muß unter der Annahme der Wahrheit von T möglich sein, A zu verifizieren, bevor E verifiziert worden ist. Dagegen wird hier verstoßen. Die Antecedensaussage A ist L-äquivalent mit $T_s \to E$. Im Fall der

Richtigkeit von T ist aber auch T_s richtig, so daß die Wahrheit dieser komplexen Aussage nur auf der Wahrheit von E beruhen kann. Also läßt sich erst dadurch ein Wissen um die Wahrheit von A erlangen, daß man zuvor die Richtigkeit von E erkennt.

Diese Überlegungen laufen darauf hinaus, eine weitere Adäquatheitsbedingung für wissenschaftliche Systematisierungen aufzustellen. Sie läßt sich in erster Annäherung so formulieren: *Unter der Annahme der Wahrheit von T darf die Verifikation von A nicht die vorherige Verifikation von E voraussetzen.* Für die Zwecke unserer Explikation ist diese Bedingung noch zu vage. Sie soll nun in den Begriffsapparat unserer Metasprache übersetzt werden, damit wir sie als eigene Bestimmung in unsere Definition von „Explanans" aufnehmen können.

Bei der Suche nach einer solchen Übersetzung muß darauf geachtet werden, daß nicht die beiden folgenden Behauptungen miteinander verwechselt werden, nämlich (a) „unter der Voraussetzung der Wahrheit von T kann A nicht wahr sein, ohne daß E wahr ist" und (b) „unter der Voraussetzung der Wahrheit von T kann A nicht verifiziert werden, ohne daß E verifiziert wurde". Auszuschließen ist (b), nicht jedoch (a); denn da E aus T und A zu folgern ist, impliziert die Wahrheit von T und A die von E.

Wir denken uns zunächst E in eine adjunktive Normalform transformiert. Diese besteht aus einer Adjunktion $\Phi_1 \vee \ldots \vee \Phi_n$, wobei die einzelnen Adjunktionsglieder Φ_i Konjunktionen von Basissätzen darstellen, also die folgende Struktur haben: $(\pm)\Psi_{i_1} \wedge \ldots \wedge (\pm)\Psi_{i_k}$. Hierbei sind die Ψ_{i_j} Atomsätze und durch $(\pm)$ werde angedeutet, daß die fragliche Formel entweder unnegiert oder negiert zu nehmen ist. Eine Verifikation von E muß in der Verifikation eines der Adjunktionsglieder Φ_i, also einer Konjunktion von der obigen Gestalt, bestehen. Diese Verifikation ist nur so möglich, daß man alle Elemente jener Klasse von Basissätzen $(\pm)\Psi_{i_j}$ verifiziert, die in der betreffenden Konjunktion als Glieder vorkommen. Wir erhalten also die folgende Forderung: Unter der Voraussetzung der Wahrheit von T darf nicht jede Klasse von wahren Basissätzen, von welcher A L-impliziert wird, auch E L-implizieren; anders ausgedrückt: *Unter der Voraussetzung der Wahrheit von T existiert mindestens eine Klasse von wahren Basissätzen, welche zwar A logisch impliziert, hingegen E nicht logisch impliziert.* Damit haben wir uns in einem ersten Schritt von den Begriffen der Verifikation und der Verifizierbarkeit befreit.

In einem zweiten Schritt machen wir uns auch noch vom Wahrheitsbegriff frei. Die Wahrheit von T mußte in der letzten Bestimmung nur deshalb ausdrücklich vorausgesetzt werden, um die Fälle solcher Klassen von Basissätzen außer Betracht lassen zu können, welche mit der Theorie T unverträglich sind und diese daher falsifizieren. Derartige Satzklassen sind auszuschließen; denn wenn T falsifiziert wurde, ist T nicht mehr für Erklärungszwecke verwendbar. Unter Benützung des Begriffs der logischen

Verträglichkeit können wir diesen Gedanken so ausdrücken: *Es muß mindestens eine Klasse von Basissätzen existieren, die zugleich mit T verträglich ist und A logisch impliziert, ohne jedoch E logisch zu implizieren.* Der Begriff der logischen Verträglichkeit einer Satzklasse mit einem Satz T ist dabei so definiert, daß aus jener Klasse nicht die Negation von T logisch folgt. Damit ist also die Forderung syntaktisch präzisiert, daß eine Klasse von Basissätzen existiert, die A verifiziert, ohne zugleich E zu verifizieren und T zu falsifizieren.

Wir gelangen so zu der H-O-Definition:

D₁. Das geordnete Paar von Sätzen $(T; A)$ ist ein *potentielles Explanans* für einen singulären Satz E genau dann, wenn die folgenden Bedingungen erfüllt sind:

(1) T ist eine potentielle Theorie;

(2) T ist wesentlich generell, d. h. nicht L-äquivalent mit einem singulären Satz;

(3) A ist singulär und wahr;

(4) $T, A \vdash E$;

(5) es existiert eine Klasse $\Re$ von Basissätzen, aus der zwar A, aber weder E noch $\neg T$ logisch folgt, d. h. es gilt:

    (a) $\Re \vdash A$;

    (b) $\overline{\Re \vdash E}$;

    (c) $\overline{\Re \vdash \neg T}$.

Zu dieser Definition mögen einige Erläuterungen gegeben werden: Die ursprüngliche Bestimmung $\overline{A \vdash E}$ wurde hier weggelassen, da sie überflüssig geworden ist. Wäre nämlich E eine logische Folgerung von A, so würde wegen (5) (a) sowie der Transitivität der logischen Folgebeziehung auch gelten: $\Re \vdash E$, im Widerspruch zu (5) (b). Das wesentliche Vorkommen der Theorie in den Prämissen ist also nach wie vor garantiert. Die Bedingung (2) wurde aufgenommen, um sicher zu sein, daß keine wahren „Theorien", die mit singulären Sätzen L-äquivalent sind, verwendet werden. Hätten wir gemäß der früher angedeuteten Möglichkeit von allen Theorien verlangt, daß sie wesentlich generell zu sein haben, so wäre die Aufnahme der Bedingung (2) von vornherein überflüssig. Tatsächlich ist diese Bestimmung auch ohne die definitorische Änderung im Theorienbegriff unnötig, wie D. KAPLAN gezeigt hat (vgl. D. KAPLAN, [Revisited], S. 429 f.). Wir fügen eine kurze Skizze des nichttrivialen Beweises ein, müssen dazu allerdings **L.1** und **L.3** von Abschnitt 3 vorwegnehmen[6]:

---

[6] Der an diesem technischen Detail nicht interessierte Leser kann den folgenden Beweis überspringen.

Falls T eine abgeleitete Theorie ist, so ist nichts zu beweisen, da die Behauptung dann aus der Definition unmittelbar folgt (vgl. z. B. $\mathbf{A_2}(2)$). Wir können somit die folgende Voraussetzung machen:

(6) T ist eine Fundamentaltheorie.

Der Beweis erfolge indirekt: Angenommen, M sei ein singulärer Satz (Molekularsatz), der mit T L-äquivalent ist, so daß also gilt:

(7) $\vdash T \leftrightarrow M$

M* sei eine Formel, die aus M dadurch entsteht, daß man sämtliche in M vorkommenden verschiedenen Individuenkonstanten durch verschiedene neue Individuenvariable ersetzt. $\wedge M^*$ sei die Allschließung dieser Formel. Aus (7) folgt insbesondere die Abschwächung mit dem Konditionalpfeil von links nach rechts und daher nach **L.3** auch: $\vdash \wedge (T \to M^*)$, wobei sich das Symbol „$\wedge$" auf die in M^* vorkommenden Individuenvariablen erstreckt. Die letzte Aussage aber ist gleichwertig mit:

(8) $\vdash T \to \wedge M^*$

Unter Benützung der in (7) enthaltenen Konditionalbehauptung mit dem Pfeil von rechts nach links ergibt sich daraus:

(9) $\vdash M \to \wedge M^*$

(9) erfüllt die Voraussetzung von **L.1** aus Abschn. 3. Es muß also gelten:

(10) entweder $\vdash \neg M$ oder $\vdash \wedge M^*$

Die erste Alternative kommt hier nicht in Frage, da wegen (7) dann auch $\vdash \neg T$ gelten müßte, was im Widerspruch zur Wahrheit von T stünde. Wir können also (10) verschärfen zu:

(11) $\vdash \wedge M^*$

Nun gilt aber trivialerweise:

(12) $\vdash \wedge M^* \to M$

Denn das Hinterglied dieser Formel wird aus dem Vorderglied durch Allspezialisierung gewonnen. Aus (11) und (12) kann man mittels modus ponens zunächst auf die L-Gültigkeit von M schließen und von da wegen (7) auf:

(13) $\vdash T$

Dies würde es gestatten, die Bedingung (4) von $\mathbf{D_1}$ zu $A \vdash E$ zu verschärfen, was im Widerspruch zur Bedingung (5) von $\mathbf{D_1}$ stünde, wie wir eben unmittelbar im Anschluß an diese Definition feststellten. Die Voraussetzung war also falsch und es kann keinen die Bedingung (7) erfüllenden singulären Satz geben. Die Bestimmung (2) von D_1 kann somit weggelassen werden.

Wir überlegen uns noch kurz, welche weiteren Begriffe im Anschluß an D_1 definiert werden könnten. Während in den intuitiven Betrachtungen stets von Erklärungen die Rede war, ist bisher nur der technische Begriff des Explanans eingeführt worden. Von da gelangt man jedoch ohne Mühe sowohl zum Begriff der Erklärbarkeit wie dem der Erklärung.

D_2. Ein singulärer Satz E ist *potentiell erklärbar mittels einer potentiellen Theorie T* genau dann, wenn es einen singulären Satz A gibt, so daß $(T; A)$ ein potentielles Explanans für E bildet.

Hier betrifft die Existenzquantifikation nur den singulären Satz. Mittels eines zweiten Existenzquantors kann man sich im Definiendum von der ausdrücklichen Relativierung auf eine Theorie befreien.

D_3. Ein singulärer Satz E ist *potentiell erklärbar* genau dann, wenn es eine potentielle Theorie T sowie einen singulären Satz A gibt, so daß $(T; A)$ ein potentielles Explanans für E bildet.

Analog kann man unter einer *potentiellen Erklärung* ein geordnetes Tripel $(T; A; E)$ verstehen, sodaß $(T; A)$ ein potentielles Explanans für E ist.

Den Begriff des potentiellen Explanans von D_1 kann man identifizieren mit dem des potentiellen Theorien-Explanans und davon den des potentiellen Gesetzes-Explanans unterscheiden, bei dem T ein potentielles Gesetz ist. Dieselbe Unterscheidung kann man beim Begriff der Erklärbarkeit vornehmen. Ebenso läßt sich natürlich auch die feinere Unterscheidung zwischen Fundamentaltheorien und abgeleiteten Theorien, Fundamentalgesetzen und abgeleiteten Gesetzen in den Begriffen des Explanans, der Erklärbarkeit und der Erklärung widerspiegeln.

Wenn wir annehmen, daß das Kriterium K. G. erfüllt sei, so lassen sich alle diese Begriffe unter Weglassung von „potentiell" zu dem des Explanans, der Erklärbarkeit etc. verschärfen. Fall das Kriterium, wie z. B. das von N. GOODMAN vorgeschlagene, ein *pragmatisches Kriterium* ist, so werden damit alle diese Begriffe ebenfalls zu pragmatischen Begriffen.

Auf der anderen Seite kann man auch von der Wahrheit von T und von A abstrahieren. In D_1 sind dann zwei entsprechende Änderungen vorzunehmen: (3) reduziert sich zu der Forderung, daß A singulär ist, und (1) ist durch die Aussage zu ersetzen, daß T ein Satz *von der Art* einer potentiellen Theorie ist. Den so eingeführten Begriff nennen wir *potentielles Explanans-Schema*. Für die anderen Begriffe der Erklärbarkeit etc. führen wir im „Schema-Fall" keine eigene Terminologie ein. Wir haben diese Begriffe, die wir im folgenden nicht benötigen werden, nur der Vollständigkeit halber erwähnt.

Da die beiden Modifikationen unseres Begriffes des potentiellen Explanans: die im vorletzten Absatz erwähnte Verschärfung und die im vorigen Absatz angeführte Abschwächung, voneinander unabhängig sind, können sie auch gleichzeitig erfolgen. Ist das Kriterium K. G. erfüllt, während von der Wahrheit der Prämissen abstrahiert wird, so nennen wir $(T; A)$ ein *Explanans-Schema* für E.

Bei den späteren Verbesserungsvorschlägen von D_1 werden wir nur mehr mit dem Begriff des (potentiellen) Explanans operieren. Die übrigen Begriffe lassen sich dann unter Benützung der an die Stelle von D_1 tretenden Definition vollkommen analog zu den hier gemachten Andeutungen einführen.

Bevor die Adäquatheit von D_1 genauer untersucht wird, soll eine kurze Schilderung der Hempel-Oppenheimschen Erörterung des Problems der Selbsterklärung eingeschoben werden. Wegen seines notwendig technischen Charakters konnten wir dieses Problem nicht im ersten Kapitel anschneiden, obwohl es von großer philosophischer Relevanz ist.

2. Das Problem der Elimination zirkulärer Erklärungen

2. a Das Problem der Selbsterklärungen oder zirkelhaften Erklärungen wird in dem Augenblick aktuell, wo wir nach der *Erklärung von Gesetzen* fragen. Nichts scheint auf den ersten Blick einfacher zu sein, als diesen Begriff zu explizieren, etwa in der folgenden Weise: „Ein Gesetz G wird dadurch erklärt, daß man es aus allgemeineren Gesetzen oder aus einer allgemeineren Theorie deduziert". Worin aber soll die hier verlangte größere Allgemeinheit der Prämissen bestehen? Wenn diese nicht durch eine eigene Definition, welche zugleich ungewünschte Fälle ausschließt, scharf umrissen wird, so ist *jede wahre Aussage, die stärker ist als G,* als Prämisse einer solchen Ableitung geeignet. Dies führt sofort zu absurden Konsequenzen. Es wäre ja jedes Gesetz G durch Deduktion aus einer Konjunktion von der Gestalt $G \wedge A$ mit wahrem, aus G nicht ableitbarem Konjunktionsglied A zu erklären. Wenn G die (konjunktive Zusammenfassung der) Gasgesetze und K die Keplerschen Gesetze der Planetenbewegung darstellen, so könnten wir z. B. G mittels $G \wedge K$ erklären. Natürlich werden wir eine derartige Ableitung nicht eine adäquate Erklärung nennen wollen. Obwohl eine Deduktion aus einer stärkeren Aussage vorliegt, handelt es sich um einen typischen Fall von trivialer Selbsterklärung. Demgegenüber wird man die Ableitung der Gasgesetze aus der kinetischen Gastheorie oder der Keplerschen

Gesetze aus der Newtonschen Mechanik eine *echte* Gesetzeserklärung nennen können, die nicht zirkulär ist. Während man mit der erwähnten Inadäquatheit durch geeignete Zusatzbestimmungen ad hoc fertig werden könnte — etwa dadurch, daß man fordert, das zu erklärende Gesetz dürfe kein Konjunktionsglied der für die Erklärung verwendeten Prämisse bilden —, müßte für den allgemeinen Fall ein Kriterium dafür entwickelt werden, welche Arten von Sätzen als Prämissen für Gesetzeserklärungen zulässig sind und welche nicht. Solange wir über kein solches Kriterium verfügen, sind wir auf eine mehr oder weniger vage Intuition angewiesen.

2. b Da wir uns hier nicht mit dem Problem der Erklärung von Gesetzen beschäftigen, brauchen wir ein Kriterium der verlangten Art nicht zu formulieren. Leider aber tritt das analoge Problem auch bei der Erklärung von Fakten auf. Um dies einzusehen, knüpfen wir an die H-O-Definition an. Eine *vollständige* Selbsterklärung wird durch diese zwar ausgeschlossen, da danach Antecedens und Explanandum nicht identisch sein können. Dagegen werden *partielle Selbsterklärungen* nicht eliminiert, wie das folgende Beispiel zeigt:

Theorie T:	$\bigwedge x\,(Px \rightarrow Qx)$
Antecedensbedingung A:	$Pa \wedge Rab \wedge Sc$
Explanandum E:	$Qa \wedge Rab$

Die Bedingungen der H-O-Definition sind hier alle erfüllt, wie leicht nachzuprüfen ist. Bezüglich des zweiten Konjunktionsgliedes *Rab* des Explanandums liegt aber zweifellos eine Selbsterklärung vor, da diese Aussage bereits als Konjunktionsglied in A vorkommt. Kann man derartige Fälle durch geeignete Zusatzbestimmungen ausschalten?

Um diese Frage zu beantworten, muß in einem ersten Schritt zunächst der Begriff des partiell gemeinsamen Gehaltes präzisiert werden. Erklärungen von der eben geschilderten Struktur werden ja deshalb als inadäquat empfunden, weil A und E einen teilweise gleichen Gehalt besitzen. In diesem speziellen Fall besteht der gemeinsame Gehalt in einem identischen Konjunktionsglied. Für den allgemeinen Fall müßten wir diesen Begriff so erklären: Zwei verschiedene Sätze A und E haben einen *partiell gemeinsamen Gehalt*, wenn es einen nicht logisch wahren Satz S gibt, der sowohl aus A wie aus E logisch folgt. Eine *partielle Selbsterklärung* läge dann dort vor, wo A und E zwar nicht logisch äquivalent sind, aber einen partiell gemeinsamen Gehalt besitzen. Das *Verbot der partiellen Selbsterklärung* könnte dann als Zusatzbestimmung in die frühere Definition von „Explanans" einbezogen werden. Es müßte also dort ausdrücklich verlangt werden, daß es keinen nicht L-wahren Satz S gibt, so daß sowohl $A \Vdash S$ wie $E \Vdash S$.

Dies hätte jedoch eine sehr merkwürdige Konsequenz, wie das folgende Theorem zeigt:

Th₁. *In einer DN-Erklärung, welche die Bedingungen von* **D₁** *und außerdem das Verbot der partiellen Selbsterklärung erfüllt, ist die singuläre Prämisse überflüssig.*

Beweis: $(T;A)$ sei ein Explanans für E, welches dieses Verbot erfüllt. Wir bilden den Satz $A \lor E$. Da $A \Vdash A \lor E$ sowie $E \Vdash A \lor E$, aber kein nicht L-wahrer Satz zugleich Folgerung von A wie von E sein darf, muß $A \lor E$ L-wahr sein. Nun gilt nach Voraussetzung:

(a) $T, A \Vdash E$

Andererseits haben wir die triviale metatheoretische Aussage:

(b) $T, E \Vdash E$

Aus (a) und (b) folgt:

(c) $T, A \lor E \Vdash E$

und daraus:

(d) $T \Vdash E;$

denn die Aussage $A \lor E$ wird wegen ihrer logischen Wahrheit nicht als eigene Prämisse benötigt. Die Prämisse A erweist sich also tatsächlich für die Ableitung von E als überflüssig.

Wir nennen eine Erklärung von der in **Th₁** beschriebenen Art eine *rein theoretische Erklärung*, weil darin als Prämisse nur eine Theorie erforderlich ist. Für die nicht rein theoretischen Erklärungen, in denen also die singuläre Prämisse *nicht* überflüssig ist, stellt dieses Theorem somit ein negatives Resultat in bezug auf die Frage der partiellen Selbsterklärung dar. Dies wird explizit gemacht in der folgenden Umformulierung des Theorems:

Th₁′. *In einer DN-Erklärung, welche die Bedingung von* **D₁** *erfüllt und deren singuläre Prämisse nicht überflüssig ist (die also keine rein theoretische Erklärung darstellt), wird das Verbot der partiellen Selbsterklärung verletzt.*

2. c Durch eine einfache aussagenlogische Umformung kann man stets erreichen, daß ebenso wie im obigen Beispiel der gemeinsame Gehalt von Antecedensbedingung und Explanandum als identisches gemeinsames Konjunktionsglied auftritt. Dies sei an dem folgenden einfachen Beispiel erläutert:

$T:$ $\land x\,(Px \to Qx)$
$A:$ $\underline{\quad\quad Pa \quad\quad}$
$E:$ Qa

Zwei Fälle sind zu unterscheiden: *1. Fall*. Das Verbot der partiellen Selbsterklärung ist erfüllt. Dann ist Pa für die Deduktion überflüssig. Dies kann man auch ohne Berufung auf **Th₁** unmittelbar einsehen: $Pa \lor Qa$ ist eine logische Folgerung von A wie von E. Wäre daher $Pa \lor Qa$ nicht L-wahr, so hätten A und E nach Definition einen partiell gemeinsamen Gehalt. Das Verbot der partiellen Selbsterklärung wäre somit nicht erfüllt, im Widerspruch zur Voraussetzung. $Pa \lor Qa$ muß also L-wahr bzw. analytisch wahr sein. Durch Spezialisierung von T erhält man: $Pa \to Qa$. Zusammen mit der tautologischen Aussage $Qa \to Qa$ liefert dies: $Pa \lor Qa \to Qa$. Da sich soeben ergeben hat, daß das Vorderglied dieses Satzes L-wahr ist, kann man den modus ponens anwenden und erhält Qa, ohne die Prämisse Pa benützt zu haben.

2. Fall. $Pa \lor Qa$ ist nicht L-wahr. Dann beinhaltet diese Aussage (als Folgerung von A wie von E) einen partiell gemeinsamen Gehalt von A und E. Um diesen Gehalt als gemeinsames Konjunktionsglied ausdrücken zu können, adjungieren wir zu A die kontradiktorische Aussage $Qa \land \neg Qa$ und zu E die kontradiktorische Aussage $Pa \land \neg Pa$. Jetzt bilden wir zwei einfache Ketten logischer Äquivalenzen, nämlich:

(α) $\qquad \Vdash Pa \leftrightarrow Pa \lor (Qa \land \neg Qa) \leftrightarrow (Pa \lor Qa) \land (Pa \lor \neg Qa)$

und:

(β) $\qquad \Vdash Qa \leftrightarrow Qa \lor (Pa \land \neg Pa) \leftrightarrow (Pa \lor Qa) \land (\neg Pa \lor Qa)$

Wie der Vergleich der rechten Seiten von (α) und (β) lehrt, tritt $Pa \lor Qa$ als gemeinsames Konjunktionsglied von A und E auf.

Diese Tatsache ermöglicht es, wie HEMPEL und OPPENHEIM gezeigt haben, **Th₁** in bestimmter Weise zu verschärfen. Als Vorbereitung dazu formulieren wir ein Theorem, welches das soeben an einem Beispiel Illustrierte allgemein ausdrückt.

Th₂. *Es sei $(T; A)$ ein potentielles Explanans für den Molekularsatz E. Dann gibt es drei Sätze E_1, E_2 und A_1, so daß gilt*:

(a) $\quad \Vdash E \leftrightarrow E_1 \land E_2$

(b) $\quad \Vdash A \leftrightarrow E_1 \land A_1$

(c) $\quad T \Vdash E_2$

Beweis: Wir definieren E_1 als $E \lor A$, E_2 als $E \lor \neg A$ und A_1 als $\neg E \lor A$.

Es gilt: (a) $\Vdash E \leftrightarrow E \lor (A \land \neg A) \leftrightarrow (E \lor A) \land (E \lor \neg A)$, d.h. $\Vdash E \leftrightarrow E_1 \land E_2$;

(b) $\Vdash A \leftrightarrow A \lor (E \land \neg E) \leftrightarrow (A \lor E) \land (A \lor \neg E)$, d.h. $\Vdash A \leftrightarrow E_1 \land A_1$;

(c) $T, A \Vdash E$ nach Voraussetzung; also auf Grund des Deduktionstheorems $T \Vdash A \to E$, d. h. $T \Vdash \neg A \lor E$. Dies ist dasselbe wie $T \Vdash E_2$.

Th₃. *Jede Erklärung, deren Explanandum ein singulärer Satz ist, kann in eine rein theoretische Erklärung und in eine vollständige Selbsterklärung zerlegt werden.*

Dabei wird eine Erklärung wieder rein theoretisch genannt, wenn das Explanans aus einer Theorie allein besteht. Unter einer vollständigen Selbsterklärung verstehen wir eine solche, in der Prämisse und Conclusio identisch sind. Den Ausdruck „Erklärung" in „vollständiger Selbsterklärung" verwenden wir nur der größeren Anschaulichkeit halber. Er wird hier natürlich nur in einem vagen Sinn verwendet, da dieser Begriff die früheren Adäquatheitsbedingungen nicht erfüllt. Strenggenommen dürfte also nur von einer Deduktion mit identischer Prämisse und Conclusio gesprochen werden.

Beweis: Der Satz wird trivial, wenn T allein bereits ein Explanans für E liefert. Die zweite Teilbehauptung fällt dann fort. Es sei somit $(T;A)$ ein Explanans für E. Wir wenden **Th₂** an und ersetzen A durch $E_1 \wedge A_1$ und E durch $E_1 \wedge E_2$. A_1 ist für die Ableitung überflüssig; denn einerseits gilt trivial:

(1) $T,E_1 \Vdash E_1$;

andererseits haben wir nach **Th₂** (c) $T \Vdash E_2$ und daher a fortiori:

(2) $T,E_1 \Vdash E_2$.

Aus (1) und (2) ergibt sich:

(3) $T,E_1 \Vdash E_1 \wedge E_2$

Das ursprüngliche Explanans $(T;A)$ kann daher durch $(T;E_1)$ ersetzt werden.

Wir betrachten jetzt zwei Folgerungen, von denen die zweite trivial ist, während die erste nach **Th₂**(c) gilt:

(4) $T \Vdash E_2$

(5) $E_1 \Vdash E_1$

Da (4) und (5) unter der allgemeinen Voraussetzung des Theorems gelten, folgen sie insbesondere aus (3)[7]. Andererseits folgt (3) aus (4) und (5), so daß tatsächlich das Paar (4);(5) einerseits, (3) andererseits logisch gleichwertig sind. In (4) aber liegt eine rein theoretische Erklärung vor und in (5) eine vollständige Selbsterklärung.

Durch die vorangehenden Betrachtungen ist somit gezeigt worden, daß es als aussichtslos erscheinen muß, *alle* Arten von partiellen Selbsterklärungen zu eliminieren. Tatsächlich wurde gegen die H-O-Explikation u. a. der

---

[7] Die numerierten Aussagen sind ausnahmslos metatheoretische Sätze. Die im Text erwähnte Folgebeziehung wäre demnach eine in der Metametatheorie zu formulierende Relation.

Vorwurf erhoben, daß dadurch nicht genügend viele partielle Selbsterklärungen beseitigt würden. Gedanken über die Vermeidung möglichst vieler partieller Selbsterklärungen dienten neben anderen Erwägungen als heuristische Methoden zur Auffindung neuer und besserer Explikate (vgl. dazu Abschn. 5).

3**. Einwendungen gegen die H-O-Explikation: Die Trivialisierungstheoreme von Eberle, Kaplan und Montague[8]

3.a Die drei hier genannten Autoren haben die H-O-Definition (D_1 aus Abschn. 1) einer eingehenden Kritik unterzogen. Obwohl sie nicht mit der Methode der Gegenbeispiele arbeiten, sondern *prinzipielle* theoretische Argumente gegen diese Explikation vorbringen, leiten sie ihre Untersuchungen mit einem intuitiven Gegenbeispiel ein. Es soll zunächst ein Beispiel von dieser Art gegeben werden und unmittelbar darauf ein weiteres, weniger paradox anmutendes Beispiel (oder besser Beispielschema), das von J. Kim stammt.

Beispiel (a): „x ist ein Kentaur" werde durch „Kx" und „x ist ein guter Elektrizitätsleiter" durch „Lx" wiedergegeben; die Individuenkonstante s sei der Name eines nichtisolierten Stahlgerüstes beim Bau eines Großbahnhofes. Die wahre Explanandumaussage E sei Ls. Als Gesetz G werde der Satz $\wedge x\,(Kx \to Lx)$ gewählt. Die Behauptung lautet, daß E im Sinn von D_2 aus Abschn. 1 mittels G potentiell erklärbar ist; d. h. also: die Tatsache, daß das fragliche Stahlgerüst ein guter Elektrizitätsleiter ist, kann gemäß dieser Definition mit Hilfe des Gesetzes erklärt werden, daß alle Kentauren gute Elektrizitätsleiter sind. Da E und G bereits angegeben wurden, ist nur noch A sowie die in $D_1(5)$ angeführte Klasse $\Re$ zu bestimmen. A sei die folgende Aussage: $\neg Ks \to Ls$ („wenn das Stahlgerüst kein Kentaur ist, dann ist es ein guter Elektrizitätsleiter"). $\Re$ enthalte als einziges Element den Satz Ks („das Stahlgerüst ist ein Kentaur"). Man erkennt unmittelbar, daß die ersten drei Bedingungen von D_1 erfüllt sind; die Wahrheit von A ergibt sich dabei aus der Wahrheit des Hintergliedes Ls, das mit dem Explanandum identisch ist. Für die Erfüllung von (4) ist zu zeigen, daß die folgende Beziehung gilt:

$$\wedge x\,(Kx \to Lx),\ \neg Ks \to Ls \ \vdash\!\!\!- Ls\ [9]$$

---

[8] Vgl. dazu R. Eberle, D. Kaplan, R. Montague, [Hempel and Oppenheim].

[9] Wir erinnern daran, daß wir es zulassen, daß vor dem Zeichen „$\vdash\!\!\!-$" statt des Namens einer Prämissenklasse die Namen der zu dieser Klasse gehörenden Sätze stehen.

Da wir die klassische Logik als gültig voraussetzen, ist dies trivial. Denn aus G erhält man durch Spezialisierung: $Ks \rightarrow Ls$. Zusammen mit A liefert dies – unter Benützung des L-wahren Satzes $Ks \vee \neg Ks$ – durch einen aussagenlogischen Schluß die Conclusio. Es sind also nur noch die drei Bedingungen von $\mathbf{D}_1(5)$ zu verifizieren. Da aus einer kontradiktorischen Prämissenklasse jede beliebige Aussage folgt, erhält man insbesondere: $Ks, \neg Ks \Vdash Ls$. Durch Anwendung des Deduktionstheorems gewinnt man den Satz: $Ks \Vdash \neg Ks \rightarrow Ls$, womit die Bedingung (a) von $\mathbf{D}_1(5)$ erfüllt ist. Die Bedingungen (b) und (c) ergeben sich unmittelbar: es gilt sowohl $\overline{Ks \Vdash Ls}$ als auch $\overline{Ks \Vdash \neg G}$. Damit ist gezeigt, daß die behauptete Erklärbarkeit im Sinn der H-O-Definition vorliegt. Natürlich aber sollten wir derartige absurde „Erklärungen" nicht zulassen.

Aus dem Beispiel kann leicht ein allgemeines Verfahren zur Konstruktion beliebiger Mengen inadäquater Erklärungen abstrahiert werden. Es läßt sich so beschreiben: Wenn Ha das vorgegebene Explanandum ist, so wähle ein fiktives (d. h. entweder logisch unerfüllbares oder de facto unerfülltes) Prädikat F und bilde die wahre Gesetzesaussage $\wedge x (Fx \rightarrow Hx)$. Für die Bildung der singulären Prämisse nimm in einem ersten Schritt Fa. Da diese wegen der leeren Extension von F nicht wahr sein kann, füge in einem zweiten Schritt, um sie zu einer richtigen Aussage zu ergänzen, das Explanandum adjunktiv hinzu, d. h. bilde $Fa \vee Ha$ (dies ist L-äquivalent mit $\neg Fa \rightarrow Ha$). Für $\mathfrak{K}$ wähle schließlich die Klasse, welche Fa als einziges Element enthält. Trotz der Erfüllung sämtlicher Bedingungen von $\mathbf{D}_1$ wird man in *allen* solchen Fällen von einer Pseudoerklärung sprechen, da die Wahrheit des herangezogenen Gesetzes nur auf dessen Leere beruht: es gibt ja nichts, was das Vorderglied (Antecedens) des Gesetzes erfüllt.

Diese letzte Bemerkung könnte zur Grundlage eines Lösungsvorschlages gemacht werden, in welchem derartige „leere Gesetze" entweder generell oder zumindest für Erklärungen verboten werden. Der Begriff des leeren Gesetzes ist keineswegs unproblematisch, wie aus der Tatsache ersichtlich wird, daß man stets alle mit ihm L-äquivalenten Gesetze berücksichtigen muß. Wir brauchen im gegenwärtigen Kontext aber darauf keine weiteren Gedanken zu verwenden, da analoge Einwendungen gegen die H-O-Definition auch dann vorgebracht werden können, wenn die Gesetze nicht leer sind, wie das folgende Beispiel zeigt.

Beispiel (b) : Größerer Kürze halber verwenden wir diesmal nur ein formales Beispiel und überlassen es dem Leser, es durch eine inhaltliche Illustration auszufüllen. Das Explanandum sei Mc. Wir behaupten: Falls es möglich ist, ein von M verschiedenes Prädikat P zu finden, so daß $\wedge x (Px \rightarrow Mx)$ ein Gesetz (und damit eine Theorie) ist, so können wir auch eine korrekte Erklärung des Explanandums im H-O-Sinn finden. Zum

Beweis verwenden wir als Gesetz G die Aussage $\wedge x\,(Px \vee Mx \to Mx)$[10] und als singuläre Prämisse A den Satz $Pc \vee Mc$. Die Deduktion lautet also:

$$\frac{\begin{array}{c} \wedge x\,(Px \vee Mx \to Mx) \\ Pc \vee Mc \end{array}}{Mc}$$

G ist ein Gesetz, da gilt:

$$\Vdash \wedge x\,(Px \vee Mx \to Mx) \leftrightarrow (\wedge x\,(Px \to Mx) \wedge \wedge x\,(Mx \to Mx)),$$

wobei das zweite Konjunktionsglied der rechten Formel L-wahr ist und das erste nach Voraussetzung ein Gesetz darstellt. Als Klasse $\Re$ wählen wir schließlich: $\{Pc\}$. Man stellt ohne Mühe fest, daß wieder alle Bedingungen von $\mathbf{D}_1$ erfüllt sind. Die Konstruktion dieses Beispiels unterscheidet sich von der in Beispiel (a) verwendeten nur dadurch, daß statt des dortigen Prädikates K mit leerer Extension und statt der Bildung eines Gesetzes mit diesem Prädikat im Vorderglied jetzt ein Prädikat P verwendet wird, dessen Extension nicht als leer vorausgesetzt zu werden braucht, sondern nur die Bedingung zu erfüllen hat, daß $\wedge x\,(Px \to Mx)$ ein Gesetz ist.

Ohne Zweifel liefern auch die im Beispiel (b) angeführten Fälle bloße Pseudoerklärungen. Dies kann man intuitiv so einsehen: Für die Korrektheit des obigen Argumentes und die Erfüllung der weiteren Bedingungen von $\mathbf{D}_1$ spielt es keine Rolle, ob Pc richtig ist oder nicht; es genügt, daß $\wedge x(Px \to Mx)$ ein Gesetz ist. Wenn also eine Tatsache verschiedene „mögliche Ursachen" hat, d. h. verschiedene Klassen von Antecedensbedingungen, die im Realisierungsfall die fragliche Tatsache als gesetzmäßige Folge hätten, dann wäre es für eine Erklärung dieser Tatsache im Sinn von $\mathbf{D}_1$ hinreichend, *eine beliebige* dieser möglichen Ursachen anzuführen, gleichgültig, ob sie in der gegebenen Situation auch die wahre Ursache ist oder nicht. Man braucht nämlich die Behauptung, *daß* es sich um die wahre Ursache handelt, nur zum Explanandum zu adjungieren (also durch ein „oder" damit zu verbinden). Für eine korrekte Erklärung eines Ereignisses gemäß der H-O-Explikation ist es also nicht notwendig, die wirkliche Ursache dieses Ereignisses aufzuzeigen; es genügt, eine der möglichen Ursachen anzugeben.

3.b Wir wenden uns jetzt dem systematischen Teil zu. Die Ergebnisse der drei genannten Autoren liefern sehr starke prinzipielle Einwendungen gegen die Definition $\mathbf{D}_1$ und alles, was auf ihr basiert. Es wird darin gezeigt, *daß die Relation der Erklärbarkeit gemäß* $\mathbf{D}_1$ *(bzw.* $\mathbf{D}_2$, $\mathbf{D}_3$*) zwischen beinahe jeder Theorie und beinahe jedem wahren singulären Satz gilt.*

---

[10] Man überlegt sich leicht, daß auch im Beispiel (a) eine solche Konstruktion hätte verwendet werden können.

Die Sprache, welche allen folgenden Betrachtungen zugrunde gelegt wird, ist wieder eine interpretierte Sprache der ersten Ordnung. Wir setzen aber nun voraus, daß die Prädikatenlogik als Kalkül aufgebaut ist, da einige der im folgenden zitierten Resultate in einem geeigneten syntaktischen Formalismus gewonnen worden sind. Wir verwenden daher von nun an die syntaktische Notation „$\vdash$" für die (kalkülmäßige) Ableitungsbeziehung statt der semantischen „$\Vdash$" für die logische Folgerelation. Der Prädikatenkalkül werde durch PK abgekürzt.

Wir formulieren zunächst vier Lemmas, die für den Beweis der folgenden Theoreme benötigt werden.

L.1. Es sei C ein singulärer Satz (Molekularsatz); T sei ein reiner Allsatz in pränexer Normalform. Es gilt: Wenn $\vdash C \to T$, dann $\vdash \neg C$ oder $\vdash T$ (d. h. aus der Beweisbarkeit der Konditionalaussage $C \to T$ folgt die Beweisbarkeit von $\neg C$ oder von T oder beides).

L.2. Wenn T_1 und T_2 Sätze ohne gemeinsame Prädikate sind, so gilt: Wenn $\vdash T_1 \vee T_2$, dann $\vdash T_1$ oder $\vdash T_2$.

L.3. $T(b_1, \ldots, b_n)$ sei ein Satz – also eine Formel ohne freie Variable –, der aus der Formel $T(x_1, \ldots, x_n)$ dadurch hervorgegangen ist, daß alle freien Vorkommnisse der Variablen $x_1, \ldots, x_n$ durch die Individuenkonstanten $b_1, \ldots, b_n$ ersetzt wurden, wobei $b_i = b_j$ genau dann wenn $x_i = x_j$. Dann gilt: Wenn $\vdash T(b_1, \ldots, b_n)$, dann auch $\vdash \wedge x_1 \ldots \wedge x_n T(x_1, \ldots, x_n)$.

L.4. Es seien C_1 und C_2 singuläre Sätze, die keine Atomsätze gemeinsam haben. Dann gilt: Wenn $\vdash C_1 \vee C_2$, dann $\vdash C_1$ oder $\vdash C_2$.

L.2 folgt aus einem Theorem von W. CRAIG, das wir hier nicht beweisen können. Zum Beweis von **L.3** wählen wir neue Individuenvariable $y_1, \ldots, y_n$, d. h. solche Individuenvariable, die im ganzen Beweis von $T(b_1, \ldots, b_n)$ nicht vorkommen, wobei $y_i = y_j$ genau dann, wenn $b_i = b_j$. Wenn wir in jedem Beweisschritt etwaige Vorkommnisse der Individuenkonstanten b_i durch Vorkommnisse der entsprechenden Variablen y_i ersetzen, so erhalten wir aus dem Beweis von $T(b_1, \ldots, b_n)$ einen isomorphen Beweis von $T(y_1, \ldots, y_n)$. Durch n-malige Anwendung der Regel der Allgeneralisierung gewinnen wir die gewünschte Formel $\wedge x_1 \ldots \wedge x_n T(x_1, \ldots, x_n)$.

L.4 läßt sich am einfachsten indirekt beweisen. Es sei weder $\vdash C_1$ noch $\vdash C_2$. Wegen der aussagenlogischen Vollständigkeit von PK gibt es dann eine Wahrheitswertverteilung auf die Atomsätze von C_1, bei der C_1 falsch wird, und analog eine Wahrheitswertverteilung auf die Atomsätze von C_2, welche C_2 falsch macht. Da C_1 und C_2 keine gemeinsamen Atomsätze enthalten, können beide Wahrheitswertverteilungen zu einer einzigen kombiniert werden, so daß $C_1 \vee C_2$ falsch gemacht wird. Wegen der aussagenlogischen Korrektheit von PK kann daher *nicht* gelten: $\vdash C_1 \vee C_2$.

Es ist also nur noch **L.1** zu beweisen. Dies geschehe wieder indirekt. Es möge also weder $\vdash \neg C$ noch $\vdash T$ gelten. Wegen der aussagenlogischen Vollständigkeit von PK existiert eine Wahrheitswertverteilung, auf Grund derer $\neg C$ falsch, d. h. C wahr wird. Es kann somit ein endlicher Individuenbereich U_1 und eine Interpretation J_1 über U_1 gewählt werden, die C wahr macht, d. h. das Paar $M_1 = (U_1; J_1)$ ist ein Modell von C. Wegen des Gödelschen Vollständigkeitstheorems existiert ein (möglicherweise unendlicher) Individuenbereich U_2 und eine Interpretation J_2 über U_2, so daß $\neg T$ bei dieser Interpretation in U_2 wahr wird; anders ausgedrückt: $M_2 = (U_2; J_2)$ ist ein Modell von $\neg T$. U_1 und U_2 können so gewählt werden, daß sie voneinander getrennt sind. Wir konstruieren eine mögliche Realisierung $M = (U; J)$ mit den folgenden Eigenschaften: (1) Der *Bereich U* ist die Vereinigung der beiden eben eingeführten Bereiche: $U = U_1 \cup U_2$; (2) die *Interpretation J* sei so gewählt, daß die *Extension jedes Prädikates* die Vereinigung der Extensionen ist, die diesem Prädikat durch J_1 und J_2 zugeordnet werden, d. h. also die Vereinigung der Extensionen in den Modellen M_1 und M_2; (3) die *Individuenkonstanten* unserer Sprache bezeichnen in M (d. h. also auf Grund von J) genau dasselbe, was sie in M_1 bezeichnen (man beachte, daß T keine Individuenkonstanten enthält). Dann ist C wahr in M, weil es wahr in M_1 ist; und $\neg T$ ist wahr in M, weil es wahr in M_2 ist. Mit M ist also ein Modell gefunden, welches die Negation von $C \rightarrow T$ wahr macht. Auf Grund der Korrektheit von PK steht dies im Widerspruch dazu, daß gelten soll: $\vdash C \rightarrow T$.

Es werden nun einige Theoreme bewiesen. „Erklärbar" bedeutet hier stets die Erklärbarkeit im Sinn von $\mathbf{D_2}$ aus Abschn. 1. Die zugrunde liegende Sprache werde generell mit S bezeichnet.

Th$_4$. *Es seien die folgenden sechs Bedingungen erfüllt:*

(a) T ist ein (potentielles) Fundamentalgesetz;

(b) E ist ein singulärer und wahrer Satz;

(c) weder T noch E ist logisch beweisbar;

(d) T und E haben keine gemeinsamen Prädikate;

(e) die Sprache S enthält alle Individuenkonstanten aus E und außerdem so viele weitere (neue) Konstanten, als es verschiedene Variable in T gibt;

(f) die Sprache S enthält außer den in E und T vorkommenden Prädikaten mindestens so viele einstellige Prädikate, als in E Individuenkonstante vorkommen.

Dann gibt es ein (potentielles) Fundamentalgesetz T', welches logisch ableitbar ist aus T und welches die Bedingung erfüllt, daß E mittels T' erklärbar ist.

Beweis: Da die Frage der Erfüllung des Kriteriums K. G. für das Folgende keine Rolle spielt, lassen wir von nun an (auch in den folgenden Theoremen) den Ausdruck „potentiell" stets fort. T sei von der Gestalt

$\wedge y_1 \ldots \wedge y_n T_0(y_1, \ldots, y_n)$, wobei der Formelteil $T_0(y_1, \ldots, y_n)$ weder Quantoren noch Individuenkonstanten enthält. E sei von der Gestalt $E_0(a_1, \ldots, a_p)$. Dabei seien die a_i sämtliche in E vorkommenden Individuenkonstanten; außerdem soll für $i \neq j$ gelten $a_i \neq a_j$.

Gemäß Bedingung (f) können wir in $S\,p$ neue einstellige Prädikate wählen. $F_1, \ldots, F_p$ seien solche Prädikate. Wir bilden einen neuen Satz T^*, der mit der folgenden Formel identisch sei:

$$T \vee \wedge x_1 \ldots \wedge x_p \left[F_1 x_1 \wedge \ldots \wedge F_p x_p \to E_0(x_1, \ldots, x_p) \right].$$

Hierbei seien die x_i Individuenvariable, die voneinander und von allen y_i verschieden sind. Die Formel $E_0(x_1, \ldots, x_n)$ ist so zu verstehen, daß sie aus E durch Ersetzung der einzelnen a_i durch x_i mit gleichen Indizes hervorgeht. Es gilt: $T \vdash T^*$. T^* ist ferner L-äquivalent mit dem folgenden Satz:

$$\wedge y_1 \ldots \wedge y_n \wedge x_1 \ldots \wedge x_p \left[T_0(y_1, \ldots, y_n) \vee (F_1 x_1 \wedge \ldots \wedge F_p x_p \to E_0(x_1, \ldots, x_p)) \right]$$

Diese Formel wählen wir als T'. T' ist offenbar bloß eine pränexe Normalform von T^*. Unser Theorem ist bewiesen, wenn gezeigt wird, *daß E mittels T' erklärbar ist*.

Zu diesem Zweck muß zunächst noch die singuläre Prämisse A gewählt werden. Es seien $b_1, \ldots, b_n$ neue Individuenkonstante, wobei $b_i = b_j$ genau dann, wenn $y_i = y_j$. Auf Grund der Bedingung (e) können solche Individuenkonstanten stets gewählt werden. Die gesuchte Prämisse A sei die folgende Formel:

$$\left[T_0(b_1, \ldots, b_n) \vee \neg F_1 a_1 \vee \neg F_2 a_2 \vee \ldots \vee \neg F_p a_p \right] \to E_0(a_1, \ldots, a_p)$$

Für den Nachweis, daß $(T; A')$ ein Explanans für E ist, müssen die fünf Bedingungen von $\mathbf{D}_1$ verifiziert werden:

(1) Wegen der Ableitbarkeit von T' aus T ist T' wahr. T' ist somit ein Fundamentalgesetz, also auch eine Fundamentaltheorie und daher eine Theorie.

(2) Es wäre zu zeigen, daß T' nicht mit einem singulären Satz L-äquivalent ist. Bereits in Abschn. 1 wurde aber bewiesen, daß (2) überflüssig ist, wenn die anderen Bedingungen erfüllt sind.

(3) A ist offenbar singulär und auch wahr, da das Hinterglied (Konsequens) von A wahr ist.

(4) E ist aus den beiden Prämissen T' und A ableitbar. Aus T' erhält man nämlich durch Allspezialisierung:

$$(\alpha) \qquad T_0(b_1, \ldots, b_n) \vee \left[F_1 a_1 \wedge \ldots \wedge F_p a_p \to E_0(a_1, \ldots, a_p) \right]$$

Nach dem tertium non datur (TND) gilt: $\vdash T_0(b_1, \ldots, b_n) \vee \neg T_0(b_1, \ldots, b_n)$. Wir können also eine zweifache Fallunterscheidung vornehmen. Aus $T_0(b_1, \ldots, b_n)$ folgt das Antecedens von A und damit das Konsequens, also $E_0(a_1, \ldots, a_p)$. Aus $\neg T_0(b_1, \ldots, b_n)$ und (α) folgt:

(β) $F_1 a_1 \wedge \ldots \wedge F_p a_p \to E_0(a_1, \ldots, a_p)$ (nach der Regel: $X \vee Y, \neg X \vdash Y$)

Wir wenden nochmals TND an, diesmal auf die Konjunktion

$$(F_1 a_1 \wedge \ldots \wedge F_p a_p).$$

Aus dieser Konjunktion und (β) gewinnen wir abermals $E_0(a_1, \ldots, a_p)$. Ebenso erhalten wir diese Conclusio aber auch aus der Negation $\neg (F_1 a_1 \wedge \ldots \wedge F_p a_p)$. Denn diese letztere Formel ist L-äquivalent mit $\neg F_1 a_1 \vee \neg F_2 a_2 \vee \ldots \vee \neg F_p a_p$, aus der durch $\vee$-Abschwächung das Antecedens von A ableitbar ist, so daß Anwendung des modus ponens $E_0(a_1, \ldots, a_p)$ ergibt. Dieser Satz ist also in jedem Fall aus T' und A ableitbar.

(5) Nach Voraussetzung (c) ist T nicht beweisbar. Also kann wegen **L.3** auch $T_0(b_1, \ldots, b_n)$ nicht beweisbar sein. $T_0(b_1, \ldots, b_n)$ ist somit nicht L-wahr, d. h. nicht aussagenlogisch gültig. Es existiert daher eine mögliche Realisierung M — also ein endlicher Bereich U und eine Interpretation J über U, so daß $M = (U; J)$ —, welche $\neg T_0(b_1, \ldots, b_n)$ wahr macht (d. h. M ist ein Modell dieser Formel). $\Re_1$ sei die endliche Klasse aller Basissätze, die erstens ebenfalls in M gelten und die zweitens keine Prädikate und Individuenkonstanten enthalten außer jenen, die auch in $T_0(b_1, \ldots, b_n)$ vorkommen (man beachte, daß in dieser letzteren Formel nur die Individuenkonstanten $b_1, \ldots, b_n$ vorkommen). Wir behaupten: Wenn C ein singulärer Satz ist, der nur solche Individuenkonstanten und Prädikate enthält, die auch in $T_0(b_1, \ldots, b_n)$ vorkommen, so gilt:

(γ) $\qquad \Re_1 \vdash C$ genau dann wenn M ein Modell von C ist.

Die Implikation von links nach rechts folgt unmittelbar aus der Korrektheit von PK und der Voraussetzung, daß M ein Modell aller Elemente von $\Re_1$ ist. Die Implikation von rechts nach links ist durch Induktion nach der Länge von C beweisbar: Wenn C ein Atomsatz ist, so kommt C nach Definition von $\Re_1$ in dieser Klasse vor. Wenn C die Gestalt $C_1 \wedge C_2$ hat, so ist M Modell von C_1 wie von C_2 und es gilt nach I.V.[11] $\Re_1 \vdash C_1$ sowie $\Re_1 \vdash C_2$, also auch $\Re_1 \vdash C_1 \wedge C_2$. Falls C die Gestalt $\neg C_1$ hat, so überführen wir C_1 in eine adjunktive Normalform: $\vdash C_1 \leftrightarrow \Phi_1 \vee \ldots \vee \Phi_k$. M ist kein Modell von C_1; also macht M auch alle Formeln Φ_i ($i=1, \ldots, k$) falsch. Nach I.V. gilt

---

[11] Dies ist eine Abkürzung für „Induktionsvoraussetzung".

daher: $\overline{\Re_1 \vdash \Phi_i}$ (für $i = 1, \ldots, k$). Auf Grund der Konstruktion von $\Re_1$ kommen alle atomaren Komponenten von Φ_i auch in $\Re_1$ (sei es negiert, sei es unnegiert) vor. Wegen der eben gewonnenen Unableitbarkeitsaussagen muß jedes Φ_i mindestens einen Basissatz als Konjunktionsglied enthalten, der darin ein anderes Vorzeichen hat als in $\Re_1$. Damit aber ist die Negation aller Φ_i aus $\Re_1$ ableitbar: $\Re_1 \vdash \neg \Phi_i (i = 1, \ldots, k)$. Daraus folgt: $\Re_1 \vdash C_1$, was zu zeigen war. Da alle Verknüpfungszeichen mit Hilfe der Konjunktion und Negation ausdrückbar sind, ist (γ) bewiesen.

Wegen der Wahl von M folgt nach (γ) insbesondere:

(δ) $\qquad\qquad\qquad \Re_1 \vdash \neg T_0(b_1, \ldots, b_n)$

Jetzt bilden wir die endliche Satzklasse $\Re_2$, welche die Elemente von $\Re_1$ und ferner alle Sätze $F_i a_i$ enthält: $\Re_2 =_{Df} \Re_1 \cup \{F_1 a_1, \ldots, F_p a_p\}$. Wir behaupten: *Die Klasse $\Re_2$ erfüllt die für die Klasse $\Re$ in* $\mathbf{D}_1$(5) *geforderten Bedingungen.* Wir beweisen sukzessive die drei Teilbehauptungen:

(a) $\Re_2 \vdash A$

A ist nämlich L-äquivalent mit:

$$[\neg T_0(b_1, \ldots, b_n) \wedge F_1 a_1 \wedge \ldots \wedge F_p a_p] \vee E_0(a_1, \ldots, a_p).$$

Wegen (δ) sowie der Konstruktion von $\Re_2$ folgt das erste Adjunktionsglied dieser Formel und damit A selbst aus $\Re_2$.

(b) $\overline{\Re_2 \vdash E}$

Wir beweisen dies indirekt: Angenommen, es gelte $\Re_2 \vdash E$. Da $\Re_1$ eine endliche Klasse ist, kann sie durch einen deduktionsgleichen Satz K_1 ersetzt werden, der aus der Konjunktion der Elemente von $\Re_1$ besteht. Entsprechend läßt sich auch $\Re_2$ durch eine Konjunktion ersetzen, so daß wir unsere Voraussetzung so ausdrücken können: $K_1 \wedge F_1 a_1 \wedge \ldots \wedge F_p a_p \vdash E$. Mittels Deduktionstheorem und einfacher Umformung gewinnt man daraus:

(ε) $\quad \vdash \neg K_1 \vee \neg F_1 a_1 \vee \ldots \vee \neg F_p a_p \vee E.$

Da in K_1 nur die Individuenkonstanten $b_1, \ldots, b_n$ vorkommen, in E dagegen nur die Invididuenkonstanten $a_1, \ldots, a_p$, haben $\neg K_1$ und E keine gemeinsamen atomaren Komponenten. Da ferner die Prädikate F_i untereinander verschieden sind und weder in K_1 noch in E vorkommen – sie waren ja als *neue* Prädikate gewählt worden –, enthalten die $p+2$ Adjunktionsglieder von (ε) verschiedene atomare Komponenten. Wir können somit **L.4** mehrmals anwenden und erhalten:

$\vdash \neg K_1$ oder $\vdash \neg F_1 a_1$ oder $\ldots$ oder $\vdash \neg F_p a_p$ oder $\vdash E$.

Alle diese Alternativen sind jedoch ausgeschlossen: Da ein Basissatz nicht logisch beweisbar ist, kann keiner der Fälle $\vdash \neg F_i a_i$ gelten. Die Nichtbeweisbarkeit von E folgt aus der Voraussetzung (c) des Theorems. Und die logische Nichtgültigkeit und damit Unbeweisbarkeit von $\neg K_1$ ergibt sich daraus, daß M ein Modell von K_1 ist. Die Annahme, daß E aus $\Re_2$ ableitbar ist, war also unrichtig, d. h. (b) trifft zu.

(c) $\Re_2 \vdash \neg T'$

K_1 sei derselbe Satz wie im Beweis von (b). Wir bilden die Klasse $\Re_3$ von singulären Sätzen, welche genau die folgenden Elemente enthält:

(1) K_1;

(2) die p Sätze $F_i a_i$ für $1 \leq i \leq p$;

(3) alle Sätze $\neg F_i a_j$ für $1 \leq i \leq p$, $1 \leq j \leq p$, $i \neq j$;

(4) alle Sätze $\neg F_i b_j$ für $1 \leq i \leq p$, $1 \leq j \leq n$;

(5) $E_0(a_1, \ldots, a_p)$, d. h. E.

Wenn man wieder bedenkt, daß in K_1 andere Individuenkonstante vorkommen als in E — die b_i waren so gewählt worden, daß sie von allen a_j verschieden sind —, ferner daß die Prädikate F_i weder in K_1 noch in E vorkommen, und schließlich, daß die in (2) bis (4) angeführten Sätze aussagenlogisch verträglich sind, so ergibt sich: $\Re_3$ ist erfüllbar. Es existiert also eine mögliche Realisierung N, die Modell von $\Re_3$ ist. Der Bereich von N kann als aus $p+n$ Objekten bestehend angenommen werden, nämlich den Designata der Individuenkonstanten a_i und b_j. Als Modell von $\Re_3$ ist N erst recht ein Modell von $\Re_2$; denn die Modelle von $\Re_1$ sind genau die von K_1. Ferner ist N ein Modell von T^*, da das zweite Adjunktionsglied von T^* in N gilt: Entweder wird nämlich in N das Antecedens dieses Adjunktionsgliedes falsch oder das Konsequens wird wahr. Da T' L-äquivalent ist mit T^*, bildet N daher auch ein Modell von T'. $\neg T'$ kann somit nicht aus $\Re_2$ ableitbar sein.

Damit ist der Beweis von **Th₄** abgeschlossen. Es ist klar, *in welchem Sinn dieses Theorem eine „Trivialisierung" der H-O-Definition beinhaltet:* T ist ein *beliebiges* Fundamentalgesetz, E ein *beliebiger*, als Explanandum verwendbarer singulärer Satz, der kein Prädikat mit T gemeinsam hat. Trotzdem kann unter den leicht erfüllbaren Bedingungen (e) und (f) stets ein aus T ableitbares Fundamentalgesetz T' gefunden werden, das sich für die Erklärung von E eignet.

Dieses Ergebnis kann auf solche Fundamentaltheorien verallgemeinert werden, die sich überhaupt für die Erklärung von Tatsachen eignen. Für den Nachweis dieser Behauptung wird ein weiteres Lemma benötigt.

L.5. Es sei T ein beliebiger Satz und C ein singulärer Satz, so daß die beiden Bedingungen erfüllt sind: (a) $T \vdash C$; (b) $\overline{\vdash C}$; d. h. C ist aus T ableitbar, aber nicht logisch gültig. Dann existiert ein singulärer Satz C', der ebenfalls die beiden Bedingungen (a') $T \vdash C'$ und (b') $\overline{\vdash C'}$ erfüllt, der jedoch keine Prädikate außer solchen enthält, die auch in T vorkommen.

Beweis: Falls $\vdash \neg T$, also T logisch widerlegbar ist, kann man als C' eine beliebige, logisch nicht beweisbare singuläre Aussage wählen, die mit T keine gemeinsamen Prädikate hat; denn dann ist ja aus T *jeder Satz* ableitbar. Wir brauchen also nur den Fall zu betrachten, daß $\overline{\vdash \neg T}$. C sei ein singulärer Satz, der (a) und (b) erfüllt. C_1 sei eine konjunktive Normalform von C. Es muß dann mindestens ein logisch nicht beweisbares Konjunktionsglied C_2 von C_1 geben (ansonsten wäre auch C logisch beweisbar). C_2 hat die Gestalt $\Psi_1 \vee \ldots \vee \Psi_n$, wobei jedes Ψ_i ein Basissatz ist. Keiner dieser Basissätze Ψ_i ist die Negation eines anderen in C_2 vorkommenden, da C_2 nicht logisch beweisbar sein soll. Außerdem hat C_2 mit T mindestens ein Prädikat gemeinsam. Sonst würde nämlich wegen $T \vdash C$ und damit $T \vdash C_2$ auch $\vdash \neg T \vee C_2$ gelten, also nach **L.2**: entweder $\vdash \neg T$ oder $\vdash C_2$, welche Möglichkeiten beide ausgeschlossen wurden. Wenn man also aus C_2 in der Weise einen Satz C_3 bildet, daß man in C_2 einfach jene Basissätze Ψ_i fortläßt (d. h. zusammen mit einem dazugehörigen Symbol „$\vee$" wegstreicht), die in T nicht vorkommende Prädikate enthalten, so wird dadurch nicht alles weggestrichen, so daß C_3 mindestens ein Glied enthält. (Man beachte: in einem Basissatz kommt stets genau ein Prädikat vor).

Wir formen nun C_2 in eine Adjunktion $\Psi_1^* \vee \ldots \vee \Psi_n^*$ um, wobei die Ψ_i^* folgendermaßen definiert sind: Falls das Prädikat von Ψ_i in T vorkommt, sei Ψ_i^* mit Ψ_i identisch; falls das Prädikat von Ψ_i nicht in T vorkommt, ersetzen wir den Atomsatz von Ψ_i durch eine Kontradiktion oder durch eine Tautologie, je nachdem, ob Ψ_i mit diesem Atomsatz identisch ist oder dessen Negation darstellt. Da die adjunktive Hinzufügung kontradiktorischer Glieder am Wahrheitswert eines singulären Satzes nichts ändert, gilt: $\vdash \Psi_1^* \vee \ldots \vee \Psi_n^* \leftrightarrow C_3$. Andererseits kann man aus $\vdash T \rightarrow \Psi_1 \vee \ldots \vee \Psi_n$ durch Substitution erhalten: $\vdash T \rightarrow \Psi_1^* \vee \ldots \vee \Psi_n^*$, und damit auch: $T \vdash C_3$. Da C_2 als logisch nicht beweisbar vorausgesetzt wurde, kann C_3 erst recht nicht logisch beweisbar sein. C_3 erfüllt somit alle Bedingungen des Satzes C' von **L.5**.

Th₅. *Es seien die folgenden sieben Bedingungen erfüllt:*

    (a) T ist eine Fundamentaltheorie;

    (b) E ist singulär und wahr;

    (c) weder T noch E ist logisch beweisbar;

    (d) T und E haben keine gemeinsamen Prädikate;

> *(e) die Sprache S enthält unendlich viele Individuenkonstante;*
>
> *(f) die Sprache S enthält außer den in E und T vorkommenden Prädikaten mindestens so viele einstellige Prädikate, als in E Individuenkonstante vorkommen;*
>
> *(g) es gibt einen singulären Satz, der mittels T erklärbar ist.*
>
> *Dann existiert ein Fundamentalgesetz T', das aus T logisch abgeleitet werden kann, so daß E mittels T' erklärbar ist.*

(Man beachte, daß abgesehen von der schärferen Bedingung (e) die Voraussetzungen (b) bis (f) dieselben sind wie die von **Th₄**; (g) beinhaltet die erwähnte Zusatzbedingung und in (a) ist der Begriff des Fundamentalgesetzes durch den allgemeineren Begriff der Fundamentaltheorie ersetzt worden.)

Beweis: E' sei der nach Voraussetzung existierende singuläre Satz, welcher mittels T erklärbar ist. Da die Bedingungen von **D₁** und **D₂** aus Abschnitt 1 erfüllt sein müssen, gibt es erstens einen singulären Satz A, so daß $(T;A)$ ein Explanans für E' ist, und weiter eine Klasse $\Re$ von Basissätzen, so daß $\Re \vdash A$ und $\overline{\Re} \vdash E'$. Damit gilt auch: $T \vdash A \to E'$ sowie: $\vdash \overline{A \to E'}$. Mit $A \to E'$ haben wir also einen singulären Satz gewonnen, der die Bedingungen des Satzes C von **L.5** erfüllt. Es existiert somit ein singulärer Satz $C(c_1, \ldots, c_k)$, der dieselben Bedingungen erfüllt (Nichtbeweisbarkeit, Ableitbarkeit aus T) und der keine Prädikate außer den in T vorkommenden enthält; $c_1, \ldots, c_k$ seien *alle* in diesem Satz vorkommenden voneinander verschiedenen Individuenkonstanten. Wir wählen k verschiedene Individuenvariable $y_1, \ldots, y_k$ und bilden den Satz $\wedge y_1 \ldots \wedge y_k C(y_1, \ldots, y_k)$, den wir mit T^* abkürzen. Da T als Fundamentaltheorie keine Individuenkonstanten enthält, kann man durch Anwendung des Deduktionstheorems zunächst $\vdash T \to C(c_1, \ldots, c_k)$ und daraus mittels **L.3** sowie einer einfachen quantorenlogischen Umformung $\vdash T \to T^*$, also auch $T \vdash T^*$ erhalten. Wegen der Ableitbarkeit aus T ist T^* ebenfalls wahr und somit ein Fundamentalgesetz. Wegen der Unbeweisbarkeit von $C(c_1, \ldots, c_k)$ kann auch T^* nicht logisch beweisbar sein. Weiter enthält T^* nur solche Prädikate, die auch in T vorkommen. Da nach Voraussetzung (d) E und T keine gemeinsamen Prädikate besitzen, haben daher E und T^* ebenfalls keine gemeinsamen Prädikate.

Damit aber erfüllen T^* und E sämtliche Bedingungen von **Th₄**, so daß auch die dortige Schlußfolgerung gilt: Es gibt ein Fundamentalgesetz T', so daß E mittels T' erklärbar ist und $T^* \vdash T'$. Wegen $T \vdash T^*$ und der Transitivität der Ableitbarkeitsbeziehung erfüllt dieses T' die Behauptung von **Th₅**, womit dieses Theorem vollständig bewiesen ist.

Mit diesen beiden Theoremen ist bereits das Wesentliche geleistet, nämlich der Nachweis, daß man zwischen beliebig vorgegebene (Fundamentalgesetze oder Fundamentaltheorien) T und (singuläre Sätze) E stets aus T
ableitbare Gesetze T' „einschieben" kann, durch welche die Erklärung von
E ermöglicht wird. Die folgenden beiden Theoreme zeigen bloß, daß einige
der Voraussetzungen von $\mathbf{Th_4}$ und $\mathbf{Th_5}$ fallen gelassen werden können,
wenn man sich für die fragliche „Einschiebung" mit einem abgeleiteten
Gesetz begnügt.

$\mathbf{Th_6}$. *Es seien die Bedingungen (a), (b), (c) und (e) von* $\mathbf{Th_4}$ *erfüllt. Dann ist
entweder E mittels T erklärbar oder es gibt ein abgeleitetes Gesetz T',
welches aus T deduziert werden kann, so daß E mittels T' erklärbar ist.*

Beweis: Es werden zwei Fälle unterschieden. *1. Fall:* $\vdash T \to E$. Wenn A
irgend ein tautologischer singulärer Satz ist, so bildet $(T;A)$ ein Explanans
für E. Um dies einzusehen, braucht man als Klasse $\mathfrak{R}$ von $\mathbf{D_1}$ nur die leere
Klasse zu wählen. Insbesondere ist dann auch die Bedingung (5) von $\mathbf{D_1}$
erfüllt; denn es gilt: $\vdash A$, $\overline{\vdash E}$ und wegen der Wahrheit von $T: \vdash \neg T$.
2. Fall: $\overline{\vdash T \to E}$. Wir gehen vom Satz $T \lor E$ aus und führen diesen in eine
pränexe Normalform über, die wir T' nennen. T' besteht also aus einem
Quantorenpräfix, gefolgt von einem Ausdruck ohne Quantoren, in welchem
alle Individuenkonstanten von E vorkommen. Wegen

(1) $\vdash T' \leftrightarrow T \lor E$

gilt:

(2) $\vdash T \to T'$

Um zu zeigen, daß T' ein abgeleitetes Gesetz ist, genügt es, nachzuweisen,
daß T' mit keinem singulären Satz L-äquivalent ist. Falls C ein derartiger
Satz wäre, so würde gelten:

(3) $\vdash C \leftrightarrow T \lor E$

Daraus würde folgen: $\vdash (C \land \neg E) \to T$, woraus sich wegen der Voraus-
setzung $\overline{\vdash T}$ nach $\mathbf{L.1}$ ergäbe: $\vdash \neg (C \land \neg E)$ und damit: $\vdash C \to E$. Wegen
(3) erhielte man: $\vdash T \to E$, was der Voraussetzung des zweiten Falles wider-
spräche. *T' ist also ein abgeleitetes Gesetz.*

$T_0(d_1, \ldots, d_n)$ sei jener Satz, der dadurch entsteht, daß man in dem
quantorenfreien Teilstück von T[12] alle Individuenvariablen durch die voneinander verschiedenen Individuenkonstanten d_i ersetzt, welche in E nicht
vorkommen. Es gilt:

(4) $\{T'; T_0(d_1, \ldots, d_n) \to E\} \vdash E$;

---

[12] Nach unserer allgemeinen Voraussetzung ist auch T in pränexer Normalform angeschrieben.

denn nach (1) ist T' L-äquivalent mit $T \vee E$. Aus der Annahme E ist E trivial ableitbar. Aus der Annahme T folgt durch Allspezialisierung $T_0(d_1, \ldots, d_n)$ und daraus sowie unter Benützung der zweiten Prämisse von (4) mittels modus ponens ebenfalls wieder E.

(5) $\quad T_0(d_1, \ldots, d_n) \to E$ ist singulär und wahr (vgl. die Voraussetzung (b))

Da $\vdash T$, so auch $\vdash T_0(d_1, \ldots, d_n)$ (vgl. **L.3**). Auf Grund eines Argumentes, das der Begründung von (δ) im Beweis von **Th₄** vollkommen analog ist, gewinnen wir die Behauptung, daß es eine endliche konsistente Klasse $\Re$ von Basissätzen gibt, so daß gilt:

(6) $\quad \Re \vdash \neg\, T_0(d_1, \ldots, d_n),$

wobei $\Re$ keine Prädikate oder Individuenkonstanten enthält, die nicht auch in $T_0(d_1, \ldots, d_n)$ vorkommen. Aus (6) folgt:

(7) $\quad \Re \vdash T_0(d_1, \ldots, d_n) \to E$

Angenommen, es würde gelten: $\Re \vdash E$. Da $\Re$ endlich ist, kann diese Klasse ersetzt werden durch die Konjunktion Φ der in ihr vorkommenden Sätze. Es würde also auch gelten: $\Phi \vdash E$ oder: $\vdash \neg \Phi \vee E$. Da E und $\neg \Phi$ keine gemeinsamen Individuenkonstanten enthalten, sind auch die atomaren Komponenten verschieden. Also wäre **L.4** anwendbar, so daß sich ergäbe: $\vdash \neg \Phi$ oder $\vdash E$. Das letztere widerspricht der Voraussetzung (c) des Theorems, das erstere der Tatsache, daß $\Re$ eine konsistente Klasse bildet. Im Widerspruch zur Annahme gilt also:

(8) $\quad \overline{\Re \vdash E}$

Aus einem analogen Grunde gilt auch: $\overline{\Re \vdash \neg E}$; denn der Fall $\vdash \neg E$ ist wegen der Wahrheit von E ausgeschlossen. Wäre $\neg T'$ aus $\Re$ ableitbar, so müßte wegen (1) sowohl $\neg T$ wie $\neg E$ daraus ableitbar sein. Wie wir soeben feststellten, ist das letztere nicht der Fall. Wir erhalten somit:

(9) $\quad \overline{\Re \vdash \neg T'}$

(10) $\quad (T'; T_0(d_1, \ldots, d_n) \to E)$ ist ein Explanans für E.

(10) folgt aus (4), (7), (8), (9) sowie den beiden Aussagen, daß T' ein abgeleitetes Gesetz ist und $T_0(d_1, \ldots, d_n) \to E$ singulär und wahr ist. Damit ist alles bewiesen.

Th₇. *Es seien die folgenden fünf Bedingungen erfüllt:*

    (a) T ist eine Fundamentaltheorie;

    (b) E ist singulär und wahr;

    (c) E ist nicht logisch beweisbar;

(d) die Sprache S enthält unendlich viele Individuenkonstante;

(e) es existiert ein singulärer Satz, der mittels T erklärbar ist.

Dann gibt es ein aus T deduzierbares abgeleitetes Gesetz T', so daß E mittels T' erklärbar ist.

Beweis: E' sei der in (e) erwähnte singuläre Satz. Für einen geeigneten Molekularsatz A bildet dann $(T; A)$ ein Explanans für E'. Aus $\mathbf{D_1}$ ergibt sich:

(1) $T \vdash A \to E'$

(2) $\overline{\vdash A \to E'}$

Wir bilden die Allgeneralisierung T^* von $A \to E'$ bezüglich aller in der letzteren Aussage vorkommenden Individuenkonstanten. T^* ist dann ein Fundamentalgesetz, das wegen (2) nicht logisch beweisbar, jedoch wegen (1) aus T ableitbar ist. T^* und E erfüllen die Voraussetzung von $\mathbf{Th_6}$. Es gilt also auch die Schlußfolgerung dieses Theorems für ein geeignetes abgeleitetes Gesetz T'. Wegen $T \vdash T^*$ und $T^* \vdash T'$ ist damit $\mathbf{Th_7}$ bewiesen.

Während nach $\mathbf{Th_6}$ und $\mathbf{Th_7}$ zwischen ein vorgegebenes Gesetz bzw. eine vorgegebene Theorie einerseits, einen singulären Satz andererseits geeignete, für Erklärungszwecke verwendbare Gesetze bzw. Theorien „eingeschoben" werden können, wird im nächsten Theorem gezeigt, daß sich zwischen eine vorgegebene Fundamentaltheorie und einen vorgegebenen singulären Satz E ein anderer mittels jener Theorie erklärbarer singulärer Satz einschieben läßt, aus dem E logisch folgt.

$\mathbf{Th_8}$. *Es seien dieselben fünf Bedingungen erfüllt wie in* $\mathbf{Th_7}$. *Dann existiert ein mittels T erklärbarer singulärer Satz, aus dem E logisch ableitbar ist.*

Beweis: Wir bilden $A \to E'$ in analoger Weise wie im Beweis von $\mathbf{Th_7}$, so daß $(T; A)$ ein Explanans für E' ist. Da T keine Individuenkonstanten enthält, können A und E' so gewählt werden, daß die darin vorkommenden Individuenkonstanten verschieden sind von den in E vorkommenden. Für $A \to E'$ schreiben wir abkürzend V. Wegen der Voraussetzungen (b) und (c) muß es ein wahres, aber logisch nicht beweisbares Adjunktionsglied C der adjunktiven Normalform von E geben. Wegen $\vdash C \to E$ gilt a fortiori: $\vdash (V \land C) \to E$.

$V \land C$ ist der im Theorem erwähnte, mittels T erklärbare singuläre Satz. Um diese Behauptung zu beweisen, genügt es, zu zeigen, daß $(T; C)$ ein Explanans für diesen Satz bildet. Die Bedingungen (1) und (3) von $\mathbf{D_1}$ sind erfüllt, ebenso die Bedingung (4); denn da $T \vdash V$ (vgl. (1) im Beweis von $\mathbf{Th_4}$), gilt auch: $\{T, C\} \vdash V \land C$. Es ist daher – da die Bedingung (2) von

D_1 überflüssig ist – nur noch der Nachweis für die Erfüllung der Bedingung (5) von D_1 zu erbringen. Als Elemente der Klasse $\Re$ wählen wir einfach genau diejenigen Basissätze, die als Bestandteile von C vorkommen. Es gilt dann trivial: $\Re \vdash C$. Ferner gilt $\overline{\Re \vdash \ \neg T}$; denn wegen der Wahrheit von C sind alle Elemente aus $\Re$ richtig, während $\neg T$ falsch ist; $\neg T$ kann daher infolge der Korrektheit von PK nicht aus $\Re$ ableitbar sein. Würde $\Re \vdash V \wedge C$ gelten, so erst recht: $\Re \vdash V$. Da $\Re$ in dieser Deduktion durch C ersetzbar ist, würde man nach einfacher Umformung erhalten: $\vdash \neg C \vee V$. V ist so gewählt worden, daß es keine gemeinsamen Individuenkonstanten mit E und daher mit C besitzt. Also enthalten $\neg C$ und V keine gemeinsamen atomaren Komponenten. Wir könnten daher L.4 anwenden und erhielten: $\vdash \neg C$ oder $\vdash V$. V ist jedoch nicht logisch beweisbar (vgl. (2) im Beweis von Th_4) und $\neg C$ kann wegen der Wahrheit von C ebenfalls nicht logisch beweisbar sein. Es muß also gelten: $\Re \vdash V \wedge C$. Damit ist der Beweis beendet.

Die drei Autoren beweisen noch zwei weitere Theoreme, in denen gezeigt wird, daß die Erklärbarkeit mittels Theorien ersetzt werden kann durch die Erklärbarkeit mit Hilfe von Gesetzen. Da diese beiden Resultate für die hier diskutierte Frage der Adäquatheit der H-O-Explikation ohne Relevanz sind, verzichten wir auf die Wiedergabe ihrer Beweise. (Der daran interessierte Leser findet sie in der zitierten Arbeit auf S. 426-428.)

4.* Der Explikationsversuch von D. Kaplan [13]

4.a Für seine Explikation geht KAPLAN methodisch so vor, daß er in Ergänzung zu den Adäquatheitsbedingungen von HEMPEL und OPPENHEIM einige weitere Bedingungen anführt, denen jede adäquate Relation der Erklärbarkeit genügen muß. Diese Bedingungen lauten:

B_5. Wenn ein singulärer Satz mittels einer Theorie T erklärbar ist, so ist er auch auf Grund von jeder stärkeren Theorie erklärbar, d. h. mittels jeder Theorie, aus der T logisch ableitbar ist.

B_6. Jeder singuläre Satz, der aus einem mittels einer Theorie T erklärbaren singulären Satz E abgeleitet werden kann, ist selbst mittels T erklärbar.

B_7. Es gibt eine interpretierte Sprache S, die eine Fundamentaltheorie T und zwei wahre, aber logisch nicht beweisbare singuläre Sätze E und E' enthält, so daß E mittels T erklärbar ist, E' jedoch nicht.

---

[13] Vgl. D. KAPLAN [Revisited]. Die im folgenden gegebene Schilderung der Kaplanschen Gedankengänge weicht von der in diesem Aufsatz gegebenen Darstellung etwas ab.

In den beiden ersten Bedingungen wird gefordert, daß die Erklärbarkeits-relation in bezug auf die dort angegebenen logischen Ableitungen *abge-schlossen* sein soll. Die Gültigkeit von B_5 und B_6 wird für *jede* interpretierte Sprache gefordert. In B_7 wird dagegen nur die als vernünftig erscheinende Zusatzforderung aufgestellt, daß es *mindestens eine* Fundamentaltheorien ent-haltende interpretierte Sprache gibt, in der gewisse singuläre Sätze erklärbar sind, andere hingegen nicht.

KAPLANS eigentliches Motiv für die Aufstellung der Bedingungen B_5 bis B_7 dürfte darin zu erblicken sein, daß er eine Barriere gegen die im vori-gen Abschnitt wiedergegebenen Trivialisierungstheoreme zu errichten sucht und zwar die noch vorzuschlagende neue Begriffsexplikation insbe-sondere gegen die Konsequenzen von Th_7 und Th_8 zu immunisieren trach-tet.

Wenn nämlich E und T die Bedingungen (a) bis (e) von Th_7 erfüllen und T' die Conclusio von Th_7 erfüllt, so ist im Fall der Gültigkeit von B_5 E bereits durch T erklärbar. Und wenn E und T die Bedingungen (a) bis (e) von Th_8 erfüllen und E' die Conclusio von Th_8 erfüllt, so ist im Falle der Gültigkeit von B_6 ebenfalls E bereits mittels T erklärbar. Würden die Theoreme Th_7 und Th_8 weiterhin gelten, so hätte dies allerdings zur Folge, daß alle wahren und nicht logisch beweisbaren singulären Sätze mittels beliebiger Theorien erklärbar wären. Dies wird jedoch ausgeschlossen, so-fern der Erklärbarkeitsbegriff in einer Sprache expliziert ist, welche die Bedingung B_7 erfüllt. Die simultane Erfüllung der drei Bedingungen B_5 bis B_7 zusammen verhindert somit die Wirksamkeit der beiden Trivialisie-rungstheoreme Th_7 und Th_8. Diese inhaltliche Überlegung kann in schärfe-rer Form für die Begründung des folgenden Lemmas verwendet werden:

L.6. S sei eine Sprache mit unendlich vielen Individuenkonstanten. Wenn die H-O-Explikation in bezug auf S die hinter dem Existenzquantor von B_7 stehende Bedingung erfüllt, so erfüllt sie in bezug auf diese Sprache S weder die Bedingung B_5 noch die Bedingung B_6.

Beweis: Es seien T, E und E' drei Sätze von der Art, wie sie in B_7 ver-langt werden. (a) Wir wenden Th_7 auf T und E' an (d. h. wir wählen E' für das dortige E) und benützen das jetzige E zur Verifikation der Bedingung (e) von Th_7. Es muß dann ein aus T logisch ableitbares Gesetz T' geben, so daß E' erklärbar ist mittels T'. Würde B_5 gelten, so wäre E' auch mittels T erklärbar, im Widerspruch zur Voraussetzung. B_5 kann also nicht gelten. (b) Wir wenden Th_8 auf T und E' an und benützen E analog wie in (a), nämlich zur Verifikation von Th_8(e). Dann gibt es nach Th_8 ein mittels T erklärbares singuläres E^*, aus dem E' ableitbar ist. Würde B_6 gelten, so wäre auch E' mittels T erklärbar, im Widerspruch zur Voraussetzung. B_6 kann also nicht gelten.

Die konditionale Fassung von **L.6** kann jetzt in eine kategorische Aussage überführt werden:

Th$_9$. *Die H-O-Explikation der Erklärbarkeit erfüllt weder* **B$_5$** *noch* **B$_6$**.

Beweis: Die Bedingungen **B$_5$** und **B$_6$** sollen für *jede* interpretierte Sprache gelten. Es genügt daher, zu zeigen, daß es mindestens eine Sprache gibt, für welche **B$_5$** nicht erfüllt ist, und mindestens eine Sprache, in der **B$_6$** nicht gilt. Wegen **L.6** genügt es wiederum, zu zeigen, daß eine Sprache existiert, in der **B$_7$** gilt; denn in dieser Sprache sind dann weder **B$_5$** noch **B$_6$** erfüllt.

Es sei also S eine Sprache, welche unendlich viele Individuenkonstante, darunter insbesondere die Konstante a, enthält sowie die beiden einstelligen Prädikate F und G. Ferner sollen $\wedge x \neg Fx$ sowie Ga in S wahr sein. $\wedge x \neg Fx$ ist gemäß Definition eine Fundamentaltheorie. Ga sowie $\neg Fa$ sind nicht logisch beweisbare wahre singuläre Sätze. $\neg Fa$ ist H-O-erklärbar mittels $\wedge x \neg Fx$ (für den Nachweis wähle man in **D$_1$** einfach für A eine singuläre Tautologie und für $\Re$ die leere Satzklasse). Andererseits ist Ga nicht H-O-erklärbar mittels $\wedge x \neg Fx$. Ansonsten gäbe es nämlich einen singulären Satz A und eine Klasse $\Re$ von Basissätzen, so daß die folgenden Bedingungen erfüllt wären:

(1) $\{A, \wedge x \neg Fx\} \vdash Ga$

(2) $\Re \vdash A$

(3) $\overline{\Re \vdash Ga}$

(4) $\overline{\Re \vdash \neg \wedge x \neg Fx}$

Wir zeigen, daß dies ausgeschlossen ist. Aus (1) und (2) ergibt sich: $\Re \cup \{\wedge x \neg Fx\} \vdash Ga$, also nach leichter Umformung:

(5) $\Re \cup \{\neg Ga\} \vdash \vee x Fx$

Wegen eines Theorems der mathematischen Logik[14] folgt aus (5), daß eine endliche Anzahl von Individuenkonstanten $c_1, \ldots, c_n$ existiert, so daß gilt:

(6) $\Re \cup \{\neg Ga\} \vdash Fc_1 \vee \ldots \vee Fc_n$

Wäre keiner der n Sätze Fc_i ein Element aus $\Re$, so würde die folgende Klasse von Basissätzen:

$$\Re \cup \{\neg Ga\} \cup \{\neg Fc_1, \ldots, \neg Fc_n\}$$

konsistent sein, da sie für keinen Atomsatz diesen selbst sowie seine Negation enthielte (daß auch Ga nicht in $\Re$ vorkommt, folgt aus (3)). Dies ist

---

[14] HILBERTs Erweiterung des ersten ε-Theorems. Vgl. dazu HILBERT-BERNAYS, [Grundlagen II], S. 32.

jedoch ausgeschlossen. Denn aus dieser Klasse ist auch die Konjunktion $\neg Fc_1 \wedge \ldots \wedge \neg Fc_n$ ableitbar, während nach (6) daraus die mit der Negation dieses Satzes L-äquivalente Conclusio von (6) ableitbar ist. Wir erhalten somit:

(7) Es gibt ein i $(1 \leq i \leq n)$, so daß Fc_i ein Element von $\Re$ ist.

Dieses Resultat (7) steht aber im Widerspruch zu (4); denn $\neg \wedge x \neg Fx$ ist ja L-äquivalent mit $\vee x Fx$ und diese letztere Aussage ist aus jedem Satz von der Gestalt Fc_i logisch ableitbar.

Mit $\neg Fa$ und Ga haben wir also einen erklärbaren wie einen nicht erklärbaren singulären Satz von der verlangten Art gefunden. B_7 ist also erfüllt und damit ist alles bewiesen.

Für den oben übersprungenen Beweis, der den Übergang von (5) zu (6) ermöglicht, soll jetzt die Skizze eines modelltheoretischen Beweises nachgetragen werden. Wir gehen von der Feststellung aus, daß die Prämissenklasse in (5) auf Grund der Definition der Ableitbarkeitsbeziehung ohne Einschränkung der Annahme als endlich vorausgesetzt werden kann. Wegen der Korrektheit des Prädikatenkalküls kann in (5) die Ableitbarkeitsbeziehung durch die Folgebeziehung ersetzt werden, so daß gilt:

(α) $\Re \cup \{\neg Ga\} \Vdash \vee x Fx$

Als $c_1, \ldots, c_n$ wählen wir nun sämtliche Individuenkonstanten, die in der Prämissenklasse von (α) vorkommen (wir beachten dabei zugleich, daß in der Conclusio keine Individuenkonstante vorkommt). Wir behaupten, daß die folgende Aussage zutrifft:

(β) $\Re \cup \{\neg Ga\} \Vdash Fc_1 \vee \ldots \vee Fc_n$

Den Beweis erbringen wir indirekt. Angenommen also, (β) gelte nicht. Dann existiert ein Individuenbereich U und eine Interpretation J über diesem Bereich, bei der alle Sätze der Prämissenklasse von (β) wahr werden, während die Conclusio falsch wird; d. h. das Paar $(U; J)$ ist ein Modell der Prämissenklasse, jedoch kein Modell der Conclusio. Wir wählen einen neuen Bereich U_1, der ein Teilbereich von U ist und aus den Individuen besteht, die den c_i durch J zugeordnet werden, d. h. $U_1 = \{J(c_1), \ldots, J(c_n)\}$. Als J_1 wählen wir die auf U_1 beschränkte Interpretation J. Dies bedeutet insbesondere, daß J_1 jedem in der Prämissenklasse von (β) vorkommenden Prädikata, ausdruck P das auf U_1 beschränkte Attribut $J(P)$ zuordnet. Offenbar ist auf Grund unserer Voraussetzung $(U_1; J_1)$ ein Modell von $\Re \cup \{\neg Ga\}$, d. h. jeder Satz dieser Klasse wird bei der Interpretation J_1 über U_1 wahr. In der Tat sind ja U_1 und J_1 so gewählt worden, daß sich dies aus unserer Voraussetzung ergibt, wonach $(U; J)$ ein Modell jener Klasse bildet. Da den Individuenkonstanten c_i durch J_1 dieselben Individuen zugeordnet werden wie durch

J, ist die Conclusio von (β) auch bei J_1 falsch. Also sind sämtliche n Sätze $Fc_1, \ldots, Fc_n$ bei J_1 falsch. Da der ganze Bereich U_1 nur aus den n Individuen $J(c_i)$ (für i=1, ..., n) besteht, ist somit auch der Satz $\vee x Fx$ bei J_1 über U_1 falsch. Wir haben somit einen Bereich U_1 und eine Interpretation J_1 über diesem Bereich gefunden, bei der alle Sätze aus der (mit der Prämissenklasse von (β) identischen) Prämissenklasse von (α) wahr werden, während diese Interpretation die Conclusio von (α) falsch macht. Dies widerspricht der vorausgesetzten Wahrheit von (α). Wegen des Gödelschen Vollständigkeitssatzes kann in (β) die semantische Folgebeziehung durch die syntaktische Ableitbarkeitsbeziehung ersetzt werden. Damit erhält man den Satz (6) und der Beweis ist beendet.

4.b Auf der Suche nach einer Verbesserung der H-O-Explikation glaubt KAPLAN, die Wurzel für einen Fehler in D_1 entdeckt zu haben. Wie wir uns erinnern, war die endgültige Fassung von D_1 dadurch motiviert worden, daß gewisse Fälle von zirkulären Erklärungen ausgeschlossen werden sollten. Dazu wurde die Forderung aufgestellt, daß es möglich sein müsse, A zu verifizieren, ohne durch diese Verifikation zugleich auch E zu verifizieren und T zu falsifizieren. Dieser Gedanke wurde sodann in die syntaktische Sprechweise übersetzt. Eine mögliche Verifikation eines Satzes B bestand danach in der Auffindung einer Klasse von Basissätzen, aus der B logisch ableitbar ist, und eine mögliche Falsifikation eines Satzes D in der Auffindung einer entsprechenden Klasse, aus der $\neg D$ abgeleitet werden kann. Die Verwertung dieser Deutung ergab gerade die Bedingung (5) von D_1. Nach KAPLAN ist jedoch der darin ausgedrückte Gedanke zu schwach: Es genügt nach ihm nicht, eine *mögliche* Verifikation von A zu finden, welche die weiteren Bedingungen hinsichtlich E und T erfüllt, sondern es muß *eine tatsächlich verifizierende Klasse* $\Re$ gefunden werden. Die Elemente von $\Re$ müssen also wahr sein.

Zur Stützung dieser stärkeren Forderung führt KAPLAN das folgende Theorem an, welches zeigt, daß ohne die Voraussetzung der Wahrheit aller Elemente aus $\Re$ die Forderung der Wahrheit der singulären Prämisse A in einem gewissen Sinne überflüssig ist. Wenn sämtliche Bedingungen von D_1 mit Ausnahme der Wahrheit von A erfüllt sind, so soll von einem *möglichen* H-O-Explanans gesprochen werden; analog verwenden wir den Ausdruck der *möglichen* H-O-Erklärbarkeit. Es zeigt sich, daß man durch einen trivialen Schritt stets von einer möglichen H-O-Erklärbarkeit zu einer tatsächlichen H-O-Erklärbarkeit gemäß D_1 gelangen kann:

Th$_{10}$. *Falls eine mögliche H-O-Erklärbarkeit von E mittels T gegeben ist, so ist E H-O-erklärbar mittels T.*

Beweis: A sei ein singulärer Satz, der so beschaffen ist, daß $(T; A)$ ein Explanans für E bilden würde, sofern A wahr wäre. Wir ersetzen A durch $A \vee E$ und behaupten: $(T; A \vee E)$ bildet ein Explanans für E. (1) von D_1 ist bereits auf Grund unserer Annahme erfüllt. (3) ist erfüllt, da mit E auch $A \lor E$ wahr ist. Da nach Voraussetzung gilt: $T, A \vdash E$ (und $E \vdash E$ trivial gilt), ist auch (4) erfüllt: $T, A \lor E \vdash E$. Für die Erfüllung von (5) wähle man dieselbe Klasse $\Re$ wie in der vorausgesetzten möglichen T-Erklärbarkeit. Wegen $\Re \vdash A$ und $A \vdash A \lor E$ ist (5)(a) erfüllt: $\Re \vdash A \lor E$. Die Bedingungen (5)(b) und (c) sind bereits in der Voraussetzung enthalten, da wir ja nur die singuläre Prämisse A geändert haben.

Eine durch Anwendung von $\mathbf{Th}_{10}$ zu gewinnende Erklärung mit wahrem Explanandum ist dann problematisch, wenn die ursprüngliche singuläre Prämisse A falsch ist. Denn in einem solchen Fall können wir uns über diese Falschheit „hinwegschwindeln", indem wir statt A die sicherlich wahre Prämisse $A \lor E$ wählen. *Würde man jedoch zusätzlich die Wahrheit von $\Re$ verlangen, so wäre dieser Übergang nicht mehr möglich.* Das ursprüngliche (und beim Übergang beibehaltene) $\Re$ müßte ja wegen der Voraussetzung: $\Re \vdash A$ im Fall der Falschheit von A mindestens ein falsches Element enthalten.

Im folgenden werden drei äquivalente Formulierungen für die Neufassung von $\mathbf{D}_1$, welche die Wahrheitsforderung für $\Re$ mit einschließt, gegeben. Die dritte hat eine besonders einfache Gestalt und ist daher für die Definition gut verwendbar.

$\mathbf{Th}_{11}$. *Es sei T eine Theorie und E ein wahrer singulärer Satz. Dann sind die folgenden drei Aussagen miteinander logisch äquivalent:*

(a) *Es gibt einen singulären Satz A_2, so daß gilt: $\{T, A_2\} \vdash E$; und es existiert eine Klasse $\Re$ von wahren Basissätzen, so daß $\Re \vdash A_2$, aber $\overline{\Re \vdash E}$ und $\overline{\Re \vdash \neg T}$. (Dies ist die erwähnte Verschärfung von Definition $\mathbf{D}_1$.)*

(b) *Es existiert ein singulärer Satz A_1 in adjunktiver Normalform, so daß $(T; A_1)$ ein H-O-Explanans für E ist, wobei jedoch E aus keinem Adjunktionsglied von A_1 ableitbar ist.*

(c) *Es existiert eine Konjunktion A von wahren Basissätzen, so daß $\{T, A\} \vdash E$ gilt, hingegen: $\overline{A \vdash E}$.*

Beweis: Es genügt, drei logische Implikationen zu zeigen, nämlich daß (c) aus (a), (b) aus (c) und (a) aus (b) folgt.

(1) (c) folgt aus (a). Wir setzen die Gültigkeit von (a) voraus. Die Klasse $\Re$ werde durch die mit $\Re$ deduktionsgleiche Konjunktion K^* der Basissätze aus $\Re$ ersetzt. Es gilt somit einerseits $\overline{K^* \vdash E}$, andererseits $K^* \vdash A_2$ und daher wegen $\{T, A_2\} \vdash E$ auch $\{T, K^*\} \vdash E$. Damit ist die Behauptung bereits bewiesen. Die Klasse $\Re$ aus (a) wurde einfach durch die Konjunktion der in ihr vorkommenden Sätze ersetzt und diese Konjunktion wurde als A von (c) gewählt.

(2) (b) folgt aus (c). Es gelte (c). Zunächst beachte man, daß A selbst bereits ein Satz in adjunktiver Normalform ist und zwar ein Grenzfall, in welchem die Adjunktion aus einem einzigen Glied besteht. Nach Voraussetzung ist E nicht aus A, also auch nicht aus einem Adjunktionsglied von A, ableitbar. Wir wählen unser vorgegebenes A als das A_1 von (b). Es ist noch zu zeigen, daß $(T; A)$ ein H-O-Explanans für E ist. $\Re'$ sei die Klasse, welche genau die Basissätze enthält, die als Konjunktionsglieder in A vorkommen. Es gilt dann trivial: $\Re' \vdash A$, dagegen wegen $\overline{A \vdash E}$ auch $\overline{\Re' \vdash E}$. Schließlich muß $\Re' \vdash \neg T$ gelten, da die Elemente von $\Re'$ alle richtig sind, während $\neg T$ falsch ist. Damit sind alle Bedingungen in der Definition von H-O-Explanans erfüllt. Denn die dortige Bedingung (4), nämlich $\{T, A\} \vdash E$, war bereits in unserer Voraussetzung enthalten. Der Übergang von (c) zu (b) vollzog sich somit wieder in denkbar einfachster Weise: Wir identifizieten A_1 mit A und wählten für die in (b) implizit benötigte Klasse $\Re$ die Klasse der Konjunktionsglieder aus A.

(3) (a) folgt aus (b). (b) sei richtig. Aus der Definition des H-O-Explanans folgt, daß A_1 wahr ist. A_1 muß also mindestens ein wahres Adjunktionsglied A^+ enthalten. $\Re^+$ sei genau die Klasse der Basissätze, die in A^+ als Konjunktionsglieder vorkommen. Wir behaupten, daß (a) erfüllt ist, wenn wir für A_2 die Aussage A^+ und für $\Re$ die Klasse $\Re^+$ wählen. Es gilt: $A^+ \vdash A_1$. Da wir $\{T, A_1\} \vdash E$ voraussetzten, gilt daher auch: $\{T, A^+\} \vdash E$. Die Bedingung (4) von $\mathbf{D}_1$ ist damit erfüllt. Es gilt trivial: $\Re^+ \vdash A^+$, ferner wegen der Voraussetzung $\overline{A^+ \vdash E}$ auch: $\overline{\Re^+ \vdash E}$. Schließlich muß $\overline{\Re^+ \vdash \neg T}$ gelten, da $\neg T$ falsch, sämtliche Glieder von $\Re^+$ hingegen wahr sind. Da die Bedingungen (1) und (3) von $\mathbf{D}_1$ nach Voraussetzung gelten, ist der Nachweis beendet.

Die vorangehenden Überlegungen sowie die Äquivalenz von (a) und (c) in $\mathbf{Th}_{11}$ legen es nahe, die H-O-Definition durch die beiden Voraussetzungen von $\mathbf{Th}_{11}$ sowie die Bedingungen von (c) dieses Theorems zu ersetzen. Danach wäre also (T, A) ein Explanans für E genau dann, wenn T eine Theorie, E ein wahrer singulärer Satz, A eine Konjunktion von Basissätzen wäre und wenn außerdem $\{T, A\} \vdash E$ und $\overline{A \vdash E}$ gelten würde. Diese Formulierung hätte neben der größeren Einfachheit vor allem den Vorteil, daß man aus ihr unmittelbar die Erfüllung der Adäquatheitsbedingung $\mathbf{B}_5$, welche in der H-O-Explikation verletzt wurde ($\mathbf{Th}_9$), entnehmen könnte. Denn T käme hier nur an einer Stelle und zwar als eine Prämisse einer logischen Ableitung vor, könnte also stets durch eine deduktionsstärkere Aussage ersetzt werden.

$\mathbf{B}_6$ hingegen wäre noch nicht erfüllt, wie das Beispiel des Satzes $A \vee E$ zeigt, der aus E, aber ebenso aus A allein ableitbar ist. Um allgemein die Erfüllung von $\mathbf{B}_6$ sicherzustellen, schlägt KAPLAN vor, den Erklärungsbegriff in zwei Schritten zu definieren. In einem ersten Schritt wird nur eine spezielle Klasse singulärer Sätze betrachtet, die mittels einer Theorie *direkt erklärbar* sind. In einem zweiten Schritt werden alle jene singulären Sätze als mittels der Theorie *erklärbar* bezeichnet, die logische Folgerungen von Klassen direkt erklärbarer Sätze sind.

Um die engere Klasse der direkt erklärbaren Sätze zu gewinnen, bedient sich KAPLAN einer zusätzlichen heuristischen Überlegung, durch die weitere Fälle von partiellen Selbsterklärungen ausgeschlossen werden sollen, welche durch die H-O-Explikation noch nicht eliminiert wurden. Angenommen nämlich, E sei in konjunktiver Normalform angeschrieben. Wenn beim Versuch, eine direkte Erklärung von E zu finden, eine solche singuläre Prämisse gewählt würde, aus der allein bereits ein Konjunktionsglied von E logisch ableitbar wäre, so würden wir dies zweifellos als eine partielle Selbsterklärung betrachten. Das Eintreten dieses Falles kann ausdrücklich verboten werden: Kein Konjunktionsglied des in konjunktiver Normalform angeschriebenen E darf aus A logisch ableitbar sein. Da wie geschildert alle erklärbaren singulären Sätze aus Klassen direkt erklärbarer singulärer Sätze ableitbar sind, genügt es hierfür, die einzelnen Konjunktionsglieder von E getrennt zu betrachten; denn die ganze Aussage E ist ja aus der Klasse ihrer Konjunktionsglieder logisch ableitbar. So gelangen wir zu den folgenden Definitionen. Die neuen Begriffe werden zwecks Abgrenzung von den H-O-Explikaten durch Voranstellung eines „S" gekennzeichnet.

D$'_1$. Das geordnete Paar von Sätzen $(T; A)$ ist ein (potentielles) *unmittelbares S-Explanans* für E genau dann, wenn die folgenden Bedingungen erfüllt sind:

(1) T ist eine Theorie;

(2) A ist eine Konjunktion von wahren Basissätzen;

(3) E ist eine Adjunktion von Basissätzen[15];

(4) $\{T, A\} \vdash E$;

(5) $\overline{A \vdash E}$.

D$'_2$. E ist (potentiell) *unmittelbar S-erklärbar* mittels T genau dann, wenn es einen Satz A gibt, so daß $(T; A)$ ein unmittelbares S-Explanans für E bildet.

D$'_3$. E ist (potentiell) *S-erklärbar* mittels T genau dann, wenn E ein singulärer Satz ist, der logisch ableitbar ist aus der Klasse jener Sätze, die unmittelbar S-erklärbar mittels T sind.

In **D$'_3$** wird der Erklärbarkeitsbegriff direkt eingeführt. Denn da hier auf eine unbestimmte Klasse von unmittelbar erklärbaren Sätzen Bezug genommen wird, kann ein allgemeiner Begriff des S-Explanans nicht definiert

---

[15] E hat also gerade die Struktur eines Konjunktionsgliedes eines in konjunktiver Normalform angeschriebenen Satzes.

werden. Mittels einer Theorie T S-erklärbare, aber nicht unmittelbar S-erklärbare Sätze können *indirekt S-erklärbar* genannt werden.

Th$_{12}$. *Der Begriff der S-Erklärbarkeit erfüllt die Bedingungen* **B$_5$** *und* **B$_6$**. *Außerdem existiert eine Sprache mit unendlich vielen Individuenkonstanten, so daß die S-Erklärbarkeit in bezug auf diese Sprache die Existenzbedingung* **B$_7$** *erfüllt.*

Der Grund für die Erfüllung von **B$_5$** wurde bereits angegeben. Ebenso ist wegen der Transitivität der Ableitbarkeitsbeziehung unmittelbar ersichtlich, daß **B$_6$** erfüllt ist. Der Nachweis für die Erfüllung von **B$_7$** wird vollkommen analog zu dem entsprechenden Teilstück im Beweis von **Th$_9$** erbracht.

Auf Grund der früher im Anschluß an die drei Bedingungen **B$_5$** bis **B$_7$** angestellten Betrachtungen (vgl. die Diskussion vor **L.**6) ergibt sich unmittelbar, daß die früheren Trivialisierungstheoreme, insbesondere **Th$_7$** und **Th$_8$**, für die S-Erklärbarkeit nicht gelten können, so daß der in diesen Theoremen implizit enthaltene Einwand gegen die H-O-Explikation hinwegfällt.

Wie KAPLAN zeigt, kann auch bei Zugrundelegung seiner Explikation die Erklärbarkeit mittels Gesetzen die Erklärbarkeit mittels Theorien ersetzen[16].

5. Der Explikationsversuch von J. Kim[17]

5.a Gegen KAPLANs Begriff der S-Erklärbarkeit äußerte J. KIM verschiedene überzeugende Bedenken. Ein recht problematischer Aspekt dieses Begriffs ist die Erfüllung von **B$_6$**. Wir hatten oben als Grund dafür, daß die Aussage (c) von **Th$_{11}$** nicht als Definiens für den neuen Begriff des Explanans verwendet werden könnte, auf die Tatsache hingewiesen, daß **B$_6$** dann nicht erfüllt wäre. Ein Gegenbeispiel bildete der singuläre Satz $A \lor E$, der aus E ableitbar ist, also wegen **B$_6$** ebenfalls mittels T erklärbar sein müßte. Die Bedingung (c) von **Th$_{11}$** gewährleistet jedoch nicht diese Erklärbarkeit, da trotz $\overline{A \vdash E}$ sicherlich nicht gelten kann: $\overline{A \vdash A \lor E}$. Dies war das Motiv für die Aufsplitterung des Begriffs der S-Erklärbarkeit in die zwei Begriffe der unmittelbaren und der indirekten S-Erklärbarkeit.

Jetzt aber müssen wir umgekehrt die Frage stellen, ob eine derartige Einbeziehung überhaupt wünschenswert ist. $A \lor E$ ist ja bereits aus A allein ableitbar und sollte gerade deshalb nicht als mittels T erklärbar charakterisiert werden! Wir illustrieren den Sachverhalt nochmals an einem einfachen

---

[16] Vgl. a. a. O. Theorem 9, S. 435f.
[17] Vgl. J. KIM, [Conditions].

Beispiel. Der singuläre Satz Ga ist mittels des Gesetzes $\wedge x(Fx\rightarrow Gx)$ unmittelbar S-erklärbar, da das geordnete Paar $(\wedge x(Fx\rightarrow Gx); Fa)$ ein unmittelbares S-Explanans für Ga darstellt. Nach D_3' ist dann die Adjunktion $Fa\vee Ga$ indirekt S-erklärbar mittels $\wedge x(Fx\rightarrow Gx)$ und zwar wegen der Ableitbarkeit dieser Adjunktion $Fa\vee Ga$ aus dem unmittelbar S-erklärbaren Satz Ga. $Fa\vee Ga$ ist aber bereits eine einfache Folgerung aus der ursprünglichen singulären Prämisse Fa, so daß dieses Gesetz $\wedge x(Fx\rightarrow Gx)$ überhaupt nicht benötigt wird. Nach der H-O-Explikation wird dieser Fall ausgeschlossen (Erfüllung der Adäquatheitsbedingung B_2). Man könnte daher sagen, daß *in diesem Sinn* die H-O-Explikation der Erklärbarkeit dem Begriff der S-Erklärbarkeit überlegen ist. Gleichzeitig erkennen wir jetzt, daß der Begriff der S-Erklärbarkeit mit der Erfüllung der drei neuen Adäquatheitsbedingungen nicht auch automatisch sämtlichen früheren Adäquatheitsbedingungen genügt.

Die Forderung nach Erfüllung von B_6 erscheint somit als höchst problematisch. Wenn immer B_6 gilt, muß die Adjunktion $A\vee E$ als erklärbar mittels T bezeichnet werden, sofern $(T; A)$ ein Explanans für E bildet, ungeachtet der Tatsache, daß bereits gilt: $A\vdash A\vee E$. Dieses Bedenken gegen B_6 läßt sich so ausdrücken: Die Erfüllung von B_6 führt zu einem Erklärbarkeitsbegriff, der *offenkundig zu weit* ist, d. h. zu viele Fälle einbezieht.

Bereits Kaplan hatte diesen Punkt als problematisch empfunden, sich aber dann trotzdem für die Annahme von B_6 entschlossen, da er derartige Überlegungen als unklar empfand[18]. Es ist aber nicht einzusehen, was hier unklar sein soll. Vielmehr muß sich der Verdacht regen, daß Kaplans methodisches Vorgehen problematisch ist. Dieses methodische Vorgehen bestand ja darin, neue Bedingungen B_5 bis B_7 zu formulieren, deren Erfüllung automatisch eine Barriere gegen die Trivialisierungstheoreme von Abschn. 3 darstellen würde, und dann nach einer möglichst einfachen und zugleich möglichst plausiblen Verstärkung der H-O-Explikation zu suchen, welche diese „Barrierenbedingungen" simultan erfüllt. Wie sich gezeigt hat, erhält man auf diese Weise einen zu weiten Begriff, da nicht zugleich auch alle früheren Adäquatheitsbedingungen B_1 bis B_4 erfüllt sind, nämlich nicht die wichtige Bedingung B_2.

Für einen weiteren Einwand betrachten wir ein Argument von der folgenden Art:

$$(*)\quad \begin{array}{ll} T: & \wedge x\,(Fx\vee Gx\rightarrow Hx) \\ A: & \underline{\quad\quad Fa\vee Ga\quad\quad} \\ E: & Ha \end{array}$$

Angenommen, A und T seien wahr. $Fa\vee Ga$ kann nur wahr sein, wenn entweder Fa wahr ist oder Ga wahr ist. Wie durch einen Blick auf D_1' sofort

---

[18] Siehe D. Kaplan, a. a. O., S. 434, 2. Absatz.

verifiziert werden kann, ist daher Ha mittels unseres Gesetzes T unmittelbar S-erklärbar. Wir wollen nun zusätzlich annehmen, daß die Adjunktion $Fa \lor Ga$ verifiziert worden ist, ohne daß man eines der Adjunktionsglieder verifiziert hätte. Eine derartige Verifikation ist natürlich nur auf einem indirekten Wege denkbar, etwa unter Zuhilfenahme anderer Gesetze oder Theorien und gewisser Tatsacheninformationen. In diesem Fall wissen wir zwar, daß Fa oder Ga richtig ist, und daher auch, daß Ha mittels $\land x(Fx \lor Gx \to Hx)$ unmittelbar S-erklärbar ist. *Trotz dieses Wissens sind wir aber nicht imstande, eine unmittelbare S-Erklärung von Ha zu konstruieren.* Denn einerseits liefert das Argument (∗) keine solche unmittelbare S-Erklärung, da die singuläre Prämisse gegen die Bedingung (2) von $\mathbf{D}_1'$ verstößt: $Fa \lor Ga$ ist ja keine Konjunktion von Basissätzen. Auf der anderen Seite können wir (∗) nicht durch ein anderes Argument mit der singulären Prämisse Fa oder mit der singulären Prämisse Ga ersetzen, da nach $\mathbf{D}_1'(2)$ die singuläre Prämisse wahr sein muß, wir aber nicht wissen, welcher dieser beiden Sätze der richtige ist.

Wir erhalten somit bezüglich des Argumentes (∗) zwei unplausible Resultate: Erstens ersehen wir daraus, daß wir Fälle von unmittelbarer S-Erklärbarkeit konstruieren können, ohne daß wir imstande wären, das dazugehörige unmittelbare S-Explanans explizit anzugeben. Zweitens liefert das Argument (∗) unter den angegebenen Bedingungen keine zulässige S-Erklärung. Vom inhaltlich-intuitiven Standpunkt aus scheint jedoch diese Ableitung eine vollkommen adäquate und darüber hinaus recht einfache Erklärung der Conclusio mittels der beiden Prämissen zu liefern, zumal wir ja nach Voraussetzung um die Wahrheit der gesetzesartigen *wie der singulären* Prämisse wissen. Es ist nicht anzunehmen, daß ein inhaltliches Argument zugunsten des Ausschlusses einer Ableitung von der Art (∗) für Erklärungszwecke vorgebracht werden könnte.

5.b Im Gegensatz zu KAPLAN knüpft KIM nicht an die Trivialisierungstheoreme an, sondern an die Analyse einzelner Beispiele, an denen die Inadäquatheit der H-O-Explikation deutlich wird. Eines dieser formalen Beispiele hatten wir bereits in Abschn. 3 vorweggenommen (vgl. 3.a, Beispiel (b) mit Diskussion). Ein anderes Beispiel ist das folgende:

$$
(∗∗) \quad
\begin{array}{rl}
T: & \land x\,(Fx \to Gx) \\
A: & \underline{\quad Fb \land Hb \quad} \\
E: & Gb \land Hb
\end{array}
$$

Wenn man für $\Re$ die Klasse $\{Fb, Hb\}$ wählt, so sieht man, daß (∗∗) die Bedingungen der H-O-Explikation erfüllt. Wenn es auf Grund der Überlegungen von Abschn. 2 auch nicht möglich ist, alle Fälle von partieller Selbsterklärung auszuschließen, so würde man doch von einer adäquaten Explikation des Erklärungsbegriffs erwarten, daß sie Fälle von der Art des

Argumentes (**) nicht zuläßt. Denn hier haben wir es mit einem verhältnismäßig *trivialen* Fall von partieller Selbsterklärung zu tun: *Hb* kommt gleichermaßen als Konjunktionsglied in der singulären Prämisse wie im Explanandum vor, so daß *bezüglich dieses Konjunktionsgliedes* sogar eine vollständige Selbsterklärung vorliegt.

In der Explikation von Kaplan wird allerdings der Fall (**) nicht mehr zugelassen[19]. Doch hat diese Explikation, wie wir eben feststellten, andere Nachteile. Es tritt daher die Frage auf, ob es nicht möglich sei, eine Explikation zu finden, welche sowohl die Nachteile der H-O-Explikation der Erklärbarkeit wie die Nachteile des Begriffs der S-Erklärbarkeit vermeidet und außerdem zusätzliche Fälle von verhältnismäßig trivialen Selbsterklärungen, etwa von der Art (**), ausschließt.

5.c Es ist eine bekannte Tatsache, daß bei der Errichtung einer neuen Theorie bisweilen ein sehr einfacher Gedanke vorherrscht, der sich gegenüber einem komplizierteren Räsonnement als überlegen erweist. Statt von den komplizierten Überlegungen, die zu den Trivialisierungstheoremen führten, und der Suche nach neuen Adäquatheitsbedingungen auszugehen, deren Erfüllung die Unanwendbarkeit dieser Trivialisierungstheoreme garantiert, benützt Kim eine im Grunde höchst einfache Beobachtung. Beide Beispiele (a) und (b) von 3.a erfüllen nämlich eine Relation, die man *die umgekehrte Ableitungsbeziehung* nennen könnte: Die singuläre Prämisse kann darin jeweils aus dem Explanandum angeleitet werden.

Kims Grundgedanke besteht darin, *die ursprüngliche Definition von Hempel und Oppenheim dadurch zu verstärken, daß zusätzlich das Bestehen einer solchen umgekehrten Ableitungsbeziehung verboten wird.* Die Frage ist, wie dieser Gedanke präzisiert werden kann. Wie sich zeigen wird, muß hierfür ein technisches Problem gelöst werden. Wenn wir für den Augenblick an die nichtformale Charakterisierung des Hempel-Oppenheimschen Erklärungsschemas anknüpfen, so scheinen sich dafür zwei Möglichkeiten anzubieten, nämlich:

(α) *Die Konjunktion der singulären Prämissen ist keine logische Folgerung des Explanandums*

oder die stärkere Bedingung:

(β) *Keine singuläre Prämisse folgt logisch aus dem Explanandum.*

---

[19] Dies kann man leicht einsehen. Eine unmittelbare S-Erklärbarkeit liegt nicht vor, da die Bedingung (3) von D_1' verletzt ist; $Gb \land Hb$ ist ja keine Adjunktion von Basissätzen. Eine indirekte S-Erklärbarkeit liegt aber auch nicht vor. Dazu müßte $Gb \land Hb$ aus mittels T unmittelbar S-erklärbaren Sätzen ableitbar sein. Die Prämissenklasse dieser Ableitung müßte Gb und Hb enthalten. Hb ist aber nicht unmittelbar S-erklärbar mittels T, da man für die Ableitung die ganze singuläre Prämisse von (**) benötigen würde, welche Hb selbst als Konjunktionsglied enthält, so daß gegen die Bedingung (5) von D_1' verstoßen würde.

Zunächst kann man sich leicht klar machen, daß beide Bedingungen nur als Ergänzungen zur H-O-Explikation zu denken wären und keinen Bestandteil der Definition D_1 zu ersetzen vermöchten. Die einzige Vereinfachung, die in Frage käme, wäre die Weglassung von Bedingung (5) in D_1. Daß dies nicht geht, ist gezeigt, sobald man *eine inhaltlich nicht akzeptierbare* Erklärung konstruiert hat, die auch tatsächlich durch die Bedingung (5) von D_1 eliminiert wird, die jedoch weder mit (α) noch mit (β) unverträglich ist. Es ist dabei wesentlich, daß die fragliche Erklärung aus intuitiven Gründen unannehmbar ist. Der bloße Nachweis, daß die Bedingung (5) von D_1 mehr Fälle ausschließt als (α) oder (β) ausschließen, würde nicht genügen. Es könnte sich dabei ja um einen unerwünschten Ausschluß handeln, dessen Rückgängigmachung zu begrüßen wäre.

KIM bringt das folgende Beispiel:

$$T: \qquad \wedge x \,(Fx \to Gx)$$
$$A: \quad (Ha \vee Fa) \wedge (Ha \vee \neg\, Ga)$$
$$E: \qquad\qquad Ha \vee Ja$$

Es gilt: $\{T, A\} \vdash E$. Um dies zu zeigen, gehen wir von der beweisbaren Adjunktion $Fa \vee \neg\, Fa$ aus. Aus der Annahme Fa erhielten wir mittels T: Ga. Wegen der Wahrheit des zweiten Konjunktionsgliedes von A müßte daher gelten: Ha. Daraus folgt E durch Abschwächung. Aus der Annahme $\neg\, Fa$ würden wir unmittelbar unter Verwendung des ersten Konjunktionsgliedes von A die Aussage Ha und damit wiederum durch Abschwächung E gewinnen. E folgt also in jedem Fall. Wir können nun die folgenden drei Feststellungen treffen:

(a) Keine der Bedingungen (α) oder (β) schließt diese Deduktion als unzulässig aus; denn kein Konjunktionsglied von A ist aus E logisch ableitbar, und daher kann natürlich auch A selbst nicht aus E abgeleitet werden.

(b) Die Bedingung (5) von D_1 schließt diese Deduktion aus. A ist nämlich logisch äquivalent mit $Ha \vee (Fa \wedge \neg\, Ga)$. Dieser Satz kann aus einer Klasse $\Re$ von Basissätzen nur dann abgeleitet werden, wenn Ha oder $Fa \wedge \neg\, Ga$ daraus ableitbar ist. Im ersten Fall aber wäre auch das Explanandum E aus $\Re$ ableitbar, im Widerspruch zur Bedingung (5) (b) von D_1. Im zweiten Fall hätten wir einen die Theorie T falsifizierenden singulären Satz aus $\Re$ abgeleitet, da gilt: $\Re \vdash \neg\, T$, und würden damit gegen die Bedingung (5) (c) von D_1 verstoßen. $(T; A)$ bildet also im Sinn der H-O-Definition kein zulässiges Explanans von E.

(c) Die obige Deduktion würde eine Pseudoerklärung liefern. Um dies einzusehen, gehen wir von der inhaltlichen Überlegung aus, daß eine Adjunktion von zwei Atomsätzen nicht als durch eine Prämissenmenge erklärt betrachtet werden kann, wenn keiner der beiden Atomsätze durch diese

Prämissen erklärt wird. Um als Erklärung akzeptierbar zu sein, müßten die beiden Prämissen also entweder eine Erklärung für Ha oder eine Erklärung für Ja liefern. Das letztere ist sicherlich nicht der Fall; denn das Prädikat J kommt in den Prämissen überhaupt nicht vor. Die Nichterklärbarkeit von Ha zeigen wir indirekt: Falls man Ha als durch diese beiden Prämissen erklärt ansehen könnte, so würden wir das absurde Resultat erhalten, daß *jeder beliebige Atomsatz Ma mittels jedes beliebigen einfachen Gesetzes* von der Gestalt $\wedge x\,(Lx{\rightarrow}Kx)$ erklärbar wäre. Wir hätten dazu nichts anderes zu tun, als einen mit Hilfe der Individuenkonstante a gebildeten möglichen Falsifikationsfall des Gesetzes, also $La \wedge \neg\, Ka$, anzugeben, diesen zu Ma zu adjungieren, also $Ma \vee (La \wedge \neg\, Ka)$ zu bilden, und diesen Satz als singuläre Prämisse zu nehmen.

Damit ist gezeigt, daß (α) bzw. (β) nicht dazu verwendet werden können, um die ursprüngliche Bedingung (5) von $\mathbf{D_1}$ *zu ersetzen*. Wenn man überhaupt an die H-O-Definition anknüpfen will, so kann es sich daher nur darum handeln, diese Definition durch Hinzufügung von (α) oder (β) *zu ergänzen*.

In der bisherigen Fassung ist aber weder (α) noch (β) für eine derartige Ergänzung geeignet. (α) ist nämlich nicht hinreichend und (β) ist unklar.

(α) *ist unzulänglich.* Wir zeigen dies auf zweierlei Weise:

(1) Zunächst knüpfen wir an die bereits als inadäquat erkannte Deduktion von Beispiel (b) in 3.a an. Diese Deduktion verletzt (α). Man könnte sie aber durch eine triviale Umformung in eine solche Ableitung verwandeln, die durch die Bedingung (α) nicht mehr verboten würde. Dazu hätte man einfach eine überflüssige zusätzliche singuläre Prämisse konjunktiv zu A hinzuzufügen oder als weitere Prämisse zu verwenden, z. B. Na. Die Konjunktion der singulären Prämissen wäre aus E nicht mehr ableitbar. Die Bedingungen der revidierten Definition des Explanans wären somit alle erfüllt. Aber diese Deduktion würde natürlich aus dem in 3.a angegebenen Grund weiterhin eine Pseudoerklärung darstellen.

Wie dieses Beispiel zeigt, ist ein Grund für die Inadäquatheit von (α) darin zu erblicken, daß in der Definition von „Explanans" keine Bestimmung vorkommt, die verlangt, daß jeder Satz des Explanans für die Deduktion tatsächlich benötigt wird. Gerade deshalb aber kann dieser erste Einwand nicht als entscheidend betrachtet werden. Denn man könnte ja durch eine geeignete Zusatzbestimmung den Ausschluß überflüssiger Prämissen aus dem Explanans erreichen. Trotzdem wäre damit noch nichts gewonnen, wie das nächste Argument zeigt.

(2) Die H-O-Definition $\mathbf{D_1}$ mit Hinzufügung von (α) sowie einer weiteren Zusatzbestimmung mit dem Effekt, daß das Explanans keine überflüssigen Prämissen enthalten dürfe, würde die Konstruktion inadäquater Erklärungen nicht ausschließen. Um einen wahren singulären Satz Ha zu

erklären, würde es genügen, zwei Prädikate F und G zu finden, so daß Ga richtig ist und $\wedge x\,(Fx \wedge Gx \rightarrow Hx)$ ein Gesetz darstellt. Die Prämissen der folgenden Ableitung würden dann ein Explanans für Ha bilden:

$$
\begin{array}{ll}
T: & \wedge x\,(Fx \wedge Gx \rightarrow Hx) \\
A: & Fa \vee Ha \\
   & \underline{Ga} \\
E: & Ha
\end{array}
$$

Daß es sich hierbei um eine korrekte Deduktion handelt, sieht man sofort, wenn man von der logisch beweisbaren Alternative $Ha \vee \neg\, Ha$ ausgeht. Auch die Bedingung (5) von $\mathbf{D_1}$ ist erfüllt, da man für $\Re$ die Klasse $\{Fa,\,Ga\}$ wählen kann, aus der beide Glieder von A, aber weder E noch $\neg\, T$ folgen. Schließlich ist (α) erfüllt, da $\overline{Ha} \vdash \overline{Ga}$. Dabei werden die zwei Glieder von A für die Deduktion tatsächlich benötigt.

Daß hier trotzdem eine Pseudoerklärung vorliegt, läßt sich am besten in der Weise verdeutlichen, daß man das Schema durch ein geeignetes konkretes Beispiel ausfüllt, etwa das folgende von Kim angeführte: Es soll eine Erklärung dafür gesucht werden, warum sich ein Stück Eisen a ausdehnt, nachdem es erhitzt worden ist. Fx besage, daß x ein Stück Kupfer ist; Gx sei eine Abkürzung für die Aussage, daß x erhitzt wird; und Hx besage, daß x sich ausdehnt. Das Gesetz lautet also: Alles Kupfer dehnt sich bei Erhitzung aus. Mit diesem Gesetz würden wir im vorliegenden Fall aber nicht erklären, warum sich ein Stück *Kupfer*, sondern warum sich ein Stück *Eisen* ausdehnt. Die beiden singulären Prämissen wären richtig, da a erhitzt wird (Ga) und sich ausdehnt (Ha, also auch: $Fa \vee Ha$). Eine solche Erklärung ist aber natürlich indiskutabel.

(β) *ist in der gegenwärtigen Fassung unbrauchbar.* Denn es verletzt eine nicht ausdrücklich formulierte, aber allgemein stillschweigend vorausgesetzte Adäquatheitsbedingung, nämlich daß ein adäquater Begriff des Explanans nicht von der zufälligen Art seiner Formulierung abhängen darf; genauer: *Der Begriff des Explanans muß neutral sein in bezug auf logisch äquivalente Umformungen seiner Glieder.* Ersetzen wir ein Explanans für einen singulären Satz durch eine Klasse von Sätzen, die mit dem ursprünglichen Explanans logisch äquivalent ist, so muß diese Satzklasse wieder ein Explanans bilden. Nun kann man aber ein allgemeines Verfahren dafür angeben, um ein Explanans, das die Bedingung (β) erfüllt, durch ein logisch äquivalentes zu ersetzen, das dieser Bedingung nicht mehr genügt. Man nehme dazu ein die Bedingung (β) erfüllendes Explanandum E, adjungiere den kontradiktorischen Satz $E \wedge \neg\, E$ zur singulären Prämisse A, wodurch aus dieser der mit ihr L-äquivalente Satz $A \vee (E \wedge \neg\, E)$ bzw. $(A \vee E) \wedge (A \vee \neg\, E)$ entsteht. Diese beiden Konjunktionsglieder fasse man als *getrennte* Prämissen auf. Dann ist die erste davon, nämlich $A \vee E$, aus dem Explanandum ableitbar.

Das ursprüngliche Explanans wurde hier durch ein logisch gleichwertiges ersetzt. So etwa wird aus der Deduktion:

$$
(1) \quad \frac{\begin{array}{c} \wedge x\,(Fx{\to}Gx) \\ Fa \end{array}}{Ga}
$$

eine andere mit L-äquivalenter Prämissenklasse erzeugt:

$$
(2) \quad \frac{\begin{array}{c} \wedge x\,(Fx{\to}Gx) \\ Fa \vee Ga,\ Fa \vee \neg\,Ga \end{array}}{Ga}
$$

in welcher die erste singuläre Prämisse aus dem Explanandum folgt.

Der eben geschilderte Einwand deckt eine Vagheit in der Formulierung (β) auf. Es wird darin verlangt, daß keine einzige singuläre Prämisse aus dem Explanandum ableitbar sein dürfe. Was aber ist *eine* singuläre Prämisse? Die Umformungsmöglichkeit der Deduktion (1) in die Deduktion (2) beruhte darauf, daß die eine singuläre Prämisse von (1) in zwei verschiedene Prämissen aufgesplittert wurde. Umgekehrt können stets verschiedene singuläre Prämissen wegen der Möglichkeit ihrer konjunktiven Zusammenfassung als eine einzige Prämisse gedeutet werden. Von dieser Möglichkeit hatten wir bisher in allen formalen Darstellungen Gebrauch gemacht.

5.d Die Vorschrift (β) hat also vorläufig noch gar keinen klaren Sinn. Wenn Kim trotzdem an (β) und nicht an (α) anknüpft, so beruht dies darauf, daß (α) nach den vorangehenden Betrachtungen auf alle Fälle unbrauchbar ist, während (β) sich so präzisieren läßt, daß die eben aufgeworfene Frage eindeutig beantwortet wird. Es kommt darauf an, ein genaues Kriterium für den Begriff der singulären Prämisse zu formulieren. Dazu werden einige Hilfsbegriffe benötigt[20].

Wir sagen, daß ein Satz B *unwesentlich* in einem Satz A *vorkommt*, wenn B wohlgeformter Satzteil von A ist und wenn A L-äquivalent ist mit einem Satz A', so daß B kein wohlgeformter Satzteil von A' ist. Das unwesentliche Vorkommen von B in A bedeutet inhaltlich, daß B ein logisch überflüssiges Glied von A darstellt und daher durch Transformation von A in einen logisch äquivalenten Satz „herausgeworfen" werden kann.

Für eine vorgeschlagene Erklärung bilden wir in einem ersten Schritt die konjunktive Verknüpfung A aller singulären Prämissen. Aus diesem Satz A eliminieren wir in einem zweiten Schritt durch die geschilderte Transformation von A in einen Satz A' alle atomaren Satzkomponenten, die darin unwesentlich vorkommen. Von diesem Satz A' bilden wir in

---

[20] J. Kim deutet die fraglichen Begriffe nur an und schildert kurz das Verfahren, wie D_1 zu ändern ist. Es kann aber angenommen werden, daß die unten gegebene Definition D_1^* seine Auffassung explizit wiedergibt.

einem dritten Schritt *die ausgezeichnete konjunktive Normalform*[21]. Der Leser sei daran erinnert, daß dies eine Konjunktion von Adjunktionen ist, wobei in jedem einzelnen Adjunktionsglied sämtliche in A' überhaupt enthaltenen Atomsätze entweder unnegiert oder negiert vorkommen. Den entstehenden Ausdruck nennen wir *die wesentlich reduzierte und ausgezeichnete konjunktive Normalform NF*(A) von A.* Die kleinsten Konjunktionsglieder von $NF^*(A)$ — also jene, die selbst keine Konjunktionsglieder mehr enthalten — nennen wir *die elementaren Glieder* dieser Normalform. In einem vierten Schritt beschließen wir, die elementaren Glieder von $NF^*(A)$ als die singulären Prämissen unseres Argumentes zu wählen. Unter Benützung des so präzisierten Begriffs der singulären Prämisse können wir die Vorschrift (β) anwenden, deren Vagheit jetzt beseitigt ist.

Die endgültige Definition soll es außerdem gestatten, weitere inadäquate Erklärungsfälle von der Art der partiellen Selbsterklärungen auszuschließen. Die Elimination des oben geschilderten Falles (**) (S. 748) einer partiellen Selbsterklärung, die $\mathbf{D}_1$ noch nicht leistete, würde zwar durch die neue Definition bereits bewerkstelligt werden; denn der in der singulären Prämisse wesentlich vorkommende Atomsatz Hb folgt logisch aus dem Explanandum und daher folgen aus dem letzteren auch gewisse elementare Glieder der wesentlich reduzierten und ausgezeichneten konjunktiven Normalform dieser singulären Prämisse. Dagegen wird ein vom inhaltlichen Standpunkt aus nicht weniger trivialer Fall wie der folgende noch nicht beseitigt:

$$
\begin{array}{ll}
T: & \wedge x(Fx \rightarrow Gx) \\
(\text{***}) \qquad A: & \underline{Fb \wedge Hb} \\
E: & Gb \wedge (Hb \vee Kb)
\end{array}
$$

Da das zweite Konjunktionsglied von E aus A allein folgt, liegt auch hier ein verhältnismäßig einfacher Fall einer partiellen Selbsterklärung vor. (***) wird durch die neue Fassung von (β) noch nicht eliminiert, da keines der beiden Konjunktionsglieder von A und ebenso auch kein elementares Glied von $NF^*(A)$ aus E logisch ableitbar ist.

Den gewünschten Ausschluß kann man so erzielen, daß man die Bedingung (5)(b) von $\mathbf{D}_1$ verschärft. Dazu bilden wir auch vom Explanandum die wesentlich reduzierte und ausgezeichnete konjunktive Normalform $NF^*(E)$ und verlangen nicht nur, daß E nicht aus der Satzklasse $\Re$ ableitbar sein dürfe, sondern daß dies nicht einmal von den elementaren Gliedern von $NF^*(E)$ gelten dürfe. Diese verschärfte Bedingung wird offenbar von (***) verletzt. Die Satzklasse $\Re$ muß ja mindestens die beiden Atomsätze Fb und

---

[21] Die Verwendung des bestimmten Artikels läßt sich in der Weise rechtfertigen, daß wir eine lexikographische Anordnung aller ausgezeichneten Normalformen einer gegebenen Formel voraussetzen und daraus die jeweils erste auswählen.

Hb enthalten, so daß daraus auch das zweite Glied von *E*, nämlich *Hb*∨*Kb*, und damit auch gewisse Glieder von *NF*(E)* ableitbar sind.

5.e Wir gelangen somit zu der folgenden endgültigen Begriffsbestimmung. Wir begnügen uns mit der Aufstellung der Definition für „Explanans"; ferner lassen wir aus dem bekannten Grund wieder die Bedingung (2) der ursprünglichen Definition D_1 fort. Zur Unterscheidung nennen wir den neuen Begriff *K-Explanans*.

D_1^*. Das geordnete Paar von Sätzen $(T; A)$ ist ein (potentielles) *K-Explanans* für einen singulären Satz *E* genau dann, wenn gilt:

(1) *T* ist eine (potentielle) Theorie;

(2) *A* ist singulär und wahr;

(3) $T, A \vdash E$;

(4) für jedes elementare Glied Φ von *NF*(A)* gilt: $\overline{E \vdash \Phi}$;

(5) es gibt eine Klasse $\Re$ von Basissätzen, so daß gilt:
  (a) $\Re \vdash A$
  (b, für jedes elementare Glied Ψ von *NF*(E)* gilt: $\overline{\Re \vdash \Psi}$
  (c) $\overline{\Re \vdash \neg T}$.

Im Gegensatz zum methodischen Vorgehen KAPLANs kam diese Definition auf dem Wege über die Analyse von Beispielen und durch inhaltliche Plausibilitätsbetrachtungen zustande. Man hat daher nicht von vornherein die Garantie, daß die in Abschn. 3 bewiesenen Trivialisierungstheoreme nicht auch die gegenwärtige Definition zunichte machen. Wie jedoch ein Blick auf die Beweise der Theoreme $\mathbf{Th_4}$ bis $\mathbf{Th_7}$ lehrt, wurde dort als singuläre Prämisse *A* stets ein Satz von der Gestalt $\Sigma \to E$ mit dem Explanandum *E* als Hinterglied benützt[22]. Die Bedingung (4) von D_1^* ist somit dort überall verletzt. Im Beweis von $\mathbf{Th_8}$ wurde der Nachweis erbracht, daß ein geordnetes Paar $(T; C)$ ein Explanans für einen Satz von der Gestalt $V \wedge C$ bilde. Dieses Konstruktionsverfahren wird durch D_1^* (4) ebenfalls verboten; denn dort kam ja sogar die ganze singuläre Prämisse als Konjunktionsglied des Explanandums vor. Unter Zugrundelegung des Begriffs des K-Explanans können somit diese früheren Beweise alle nicht erbracht werden. Die Trivialisierungstheoreme bilden also keine Gefahr mehr für die neue Definition.

---

[22] Im Beweis von $\mathbf{Th_4}$ war dies z. B. der Satz: $[T_0(b_1, \ldots, b_n) \vee \neg F_1 a_1 \vee \neg F_2 a_2 \vee \ldots \vee \neg F_p a_p] \to E_0(a_1, \ldots, a_p)$, wobei $E_0(a_1, \ldots, a_p)$ das Explanandum bildete. Die analoge Aussage wird auch im Beweis von $\mathbf{Th_5}$ verwendet, da dieser auf den von $\mathbf{Th_4}$ zurückgeführt wird. Im Beweis von $\mathbf{Th_6}$ wird die Formel $T_0(d_1, \ldots, d_n) \to E$ verwendet. Wegen der Reduktion des Beweises von $\mathbf{Th_7}$ auf den von $\mathbf{Th_6}$ gilt dasselbe von $\mathbf{Th_7}$.

Auch die Plausibilitätsbetrachtung, welche KAPLAN zu der Forderung führte, daß die Elemente der Klasse $\Re$ wahr sein müssen (daß also nicht nur eine mögliche, sondern eine tatsächliche Verifikation vorzuliegen habe), ist jetzt nicht mehr durchführbar. Denn in dem Beweis des zur Stützung dieser These benützten Theorems $\mathbf{Th_9}$ wird ebenfalls eine singuläre Prämisse verwendet, die aus dem Explanandum ableitbar ist.

5.f Der Begriff der K-Erklärbarkeit schien bis vor kurzem unter den bisher vorliegenden Vorschlägen zur Explikation des deduktiv-nomologischen Erklärungsbegriffs für eine Modellsprache erster Ordnung der befriedigendste zu sein. Es sollen jetzt noch einige mögliche Einwendungen gegen diesen Definitionsvorschlag erörtert werden (vgl. aber auch 6.b).

Zunächst könnte man darauf hinweisen, daß für den in $\mathbf{D_1^*}(4)$ präzisierten neuen Grundgedanken KIMs, das Verbot der umgekehrten Ableitungsbeziehung, keine *unabhängige* intuitive Motivation gegeben worden ist. Dies verleiht dem Definitionsvorschlag einen gewissen ad-hoc-Charakter: Die Aufnahme der neuen Bedingung stützte sich nicht auf eine direkte Einsicht in ihre Notwendigkeit, sondern allein auf die Tatsache, daß die Erfüllung dieser Verbotsbestimmung alle damals bekannten ungewünschten Fälle, jedoch keine bekannten gewünschten Fälle ausschließt. Es hätte daher bereits bei der Aufstellung dieser Definition als ein Desiderat betrachtet werden sollen, gewisse weitere, unmittelbar zu rechtfertigende Adäquatheitsbedingungen zu formulieren, von denen sich zeigen ließ, daß sie nur durch Einbeziehung dieser Bestimmung (4) erfüllbar sind.

Zweitens sollte noch genauer untersucht werden, wie es mit der *Ausschaltung partieller Selbsterklärungen* steht. Die Diskussion hat ja gezeigt, daß der ursprüngliche Nachweis von HEMPEL und OPPENHEIM über die Unmöglichkeit einer generellen Ausschaltung *sämtlicher* Formen der Selbsterklärung nicht die Elimination partieller Selbsterklärungen ausschließt. Wenn auch $\mathbf{D_1^*}$ der Definition $\mathbf{D_1}$ in dieser Hinsicht nachweislich überlegen ist, so wissen wir doch vorläufig noch nicht, ob mit $\mathbf{D_1^*}$ bereits das Optimum an solcher Ausschaltung erzielt worden ist.

Man könnte drittens die Frage aufwerfen, ob nicht jene dreifache Unterscheidung zwischen Erklärungsbegriffen, die wir auf der intuitiven Ebene machten, auch im formalen Bereich ihren Niederschlag finden solle. Wir hatten dort unterschieden zwischen rationalen *Erklärungen* von Tatsachen, rationalen Erklärungs*versuchen* von Tatsachen und schließlich rationalen Erklärungsversuchen von Tatsachen *oder bloß möglichen Sachverhalten*. Mitberücksichtigung des zweiten und dritten Falles würde die Preisgabe gewisser Wahrheitsannahmen implizieren. So müßte z. B. im dritten Fall ausdrücklich auch eine falsche Aussage E als Explanandum zugelassen werden (was auf Grund der Bedingungen (1) bis (3) von D_1^* nicht möglich ist)[23].

Alle bisher geschilderten Explikationsversuche waren auf solche Fälle beschränkt, in denen sich das Explanans in der Sprache der Prädikatenlogik der ersten Stufe formulieren läßt. Da diese Voraussetzung für moderne wissenschaftliche Theorien und Gesetzmäßigkeiten meist nicht erfüllt ist, weil es sich dabei um Aussagen von komplexerer logischer Struktur handelt, ergibt sich unmittelbar als weiteres Desiderat die Explikation des Begriffs des Explanans bzw. genauer: der im Explanans verwendeten Theorie, für Sprachen von höherer Ordnung.

Von dieser Forderung muß ein fünfter Punkt unterschieden werden, der gelegentlich als Einwand gegen Explikationsversuche von der hier diskutierten Art vorgebracht worden ist: Es wurde als wünschenswert bezeichnet, den Erklärungsbegriff so weit zu fassen, daß er neben der Erklärung von Einzeltatsachen auch die Erklärung von Gesetzen einschließt[24]. Dieser Einwand unterscheidet sich von dem eben angeführten Desiderat dadurch, daß nicht nur die Theorien, sondern auch die Antecedensbedingungen *sowie das Explanandum* erst in Sprachen höherer Ordnung ausdrückbar sein sollen. Die bisher erörterten Explikationsversuche lassen offenbar eine derartige Erweiterung nicht zu. Es erscheint uns jedoch als außerordentlich zweifelhaft, ob ein solcher Einwand wirklich berechtigt ist. Wie wir bereits in I betonten, dürfte es sich bei der Erklärung von akzidentellen Einzeltatsachen auf der einen Seite und der Erklärung von Gesetzen und Theorien auf der anderen um kategorial verschiedene Erklärungstypen handeln.

Im einen Fall geht es dabei um die *Herstellung nomologischer Verknüpfungen zwischen Einzelheiten dieser Welt*, im anderen Fall dagegen um die *Einbettung bekannter Gesetzmäßigkeiten in Theorien, die an Gehalt stärker sind*. Das Ziel einer *simultanen* Explikation dieser beiden Begriffe nach einem einheitlichen Schema ist daher von vornherein fragwürdig und erscheint uns im Gegensatz zur Meinung anderer Autoren gar nicht als erstrebenswert. Läßt man den Gedanken an eine solche Erweiterung des Begriffs der deduktiv-nomologischen Erklärung von Einzeltatsachen fallen, dann steht allerdings nichts mehr im Wege, eine *andere* Forderung in die Definition von „Explanans" mit aufzunehmen, nämlich das *wesentliche* Vorkommen der singulären Prämisse A im Explanans. Daß eine derartige Bestimmung in den geschilderten Explikationsversuchen nicht aufgenommen worden ist, hatte seinen Grund darin, daß man sich die Verallgemeinerungsmöglichkeit auf den Fall der Erklärung von Gesetzen offen halten wollte. Wie aus einer Bemer-

---

[23] Eine ähnliche, allerdings direkt als Einwand vorgebrachte Überlegung findet sich bei R. Ackermann in [Deductive], S. 159.

[24] Dieser Einwand findet sich z. B. ebenfalls bei R. Ackermann, a. a. O., S. 159.

kung von R. Ackermann hervorgeht[25], wäre die Aufnahme der Forderung des wesentlichen Vorkommens der singulären Prämisse im Explanans auch unabhängig von der eben angestellten Überlegung wünschenswert. Ansonsten könnte nämlich jede beliebige Allspezialisierung mit einer gesetzesartigen Prämisse, d. h. der Übergang von $\wedge xFx$ zu Fa, zu einer K-Erklärung ergänzt werden. Man hätte dazu nichts weiter zu tun als irgendeine singuläre Prämisse, etwa Fc, hinzuzufügen. Es erscheint jedoch als wenig sinnvoll, derartige triviale Schlußfolgerungen in den Erklärungsbegriff mit einzubeziehen, zumal für den Individuenbereich, den das Explanandum beschreibt — in unserem Beispiel für den aus a allein bestehenden Bereich —, die Gesetzesprämisse mit dem Explanandum logisch äquivalent ist.

Es muß schließlich ein letzter, abermals von R. Ackermann erhobener Einwand erörtert werden[26]. Es wird dabei eine „dynamische" Betrachtung angestellt, welche jene spezielle Form der wissenschaftlichen Entwicklung berücksichtigt, in der ursprüngliche Basisprädikate auf Grund neuer Erkenntnisse in andere elementarerere Prädikate analysiert und auf die letzteren definitorisch zurückgeführt werden. Es sei z. B. zunächst eine Sprache gegeben, welche die beiden Basisprädikate F und G enthält. Ferner liege eine einfache Erklärung von der Struktur

$$(\alpha) \quad \frac{\wedge x\,(Fx \rightarrow Gx)}{Fa} \\ \overline{Ga}$$

vor. (α) erfüllt die Definition $\mathbf{D}_1^*$, sofern die erste Prämisse gesetzesartig ist. Zu einem späteren wissenschaftlichen Stadium möge es gelingen, die beiden Prädikate — etwa Farb- oder Geruchsprädikate — in weitere Komponenten zu zerlegen, während an der gesetzesartigen Verknüpfung nichts geändert wird. An die Stelle von Fx tritt dann z. B. die komplexere Aussageform $Hx \wedge Mx$ und an die Stelle von Gx die komplexere Aussageform $Mx \wedge Qx$. Das Schema (α) wäre in diesem Stadium zu ersetzen durch:

$$(\beta) \quad \frac{\wedge x\,(Hx \wedge Mx \rightarrow Mx \wedge Qx)}{Ha \wedge Ma} \\ \overline{Ma \wedge Qa}$$

Hierbei handelt es sich jedoch um einen Fall von partieller Selbsterklärung, der durch die Bestimmung (5)(b) von $\mathbf{D}_1^*$ aus der Klasse der zulässigen Erklärungen ausgeschlossen wird, und zwar trotz der Tatsache, *daß es sich hierbei nur um eine Neuformulierung der ursprünglichen zulässigen Erklärung (α) auf Grund späterer wissenschaftlicher Erkenntnisse handelt.* Nach R. Ackermanns

---

[25] a. a. O., S. 163.
[26] a. a. O., S. 158.

Meinung werden daher durch den Begriff der K-Erklärbarkeit zu viele Fälle eliminiert.

Dieser Kritik läßt sich folgendes entgegenhalten: Wenn man die geschilderte dynamische Betrachtung anstellt, so muß man gleichzeitig berücksichtigen, daß sich mit der Verfeinerung der wissenschaftlichen Begriffsapparatur *auch die wissenschaftliche Problemstellung* ändert. Während es sich ursprünglich darum handelt, gesetzmäßige Erklärungen für das Auftreten bestimmter Farben oder Töne zu liefern, geht es zu einer späteren Zeit z. B. darum, das Vorkommen bestimmter Farbtöne oder Geruchskomponenten zu erklären. Das ursprüngliche Erklärungsschema ist dann nicht einfach in die neue Sprache „umzuschreiben", sondern durch *ein andersartiges* zu ersetzen, in welchem ausdrücklich auf diese Komponenten Bezug genommen wird. Im obigen schematischen Beispiel wäre etwa Qa als Explanandum zu wählen und dafür eine Erklärung anzubieten, deren erste Prämisse ein aus dem in (β) verwendeten Gesetz deduzierbares einfacheres Gesetz zu bilden hätte. An die Stelle von (β) würde also die folgende Ableitung treten:

$$(\beta^*) \quad \frac{\bigwedge x\,(Hx \wedge Mx \to Qx)}{Qa}$$

Dieses Schema genügt wieder den Bedingungen von $\mathbf{D_1^*}$. Ein Bedürfnis zur Erklärung von Ma besteht nun nicht mehr, da dieser Satz bereits als Konjunktionsglied der singulären Prämisse vorkommt.

Auf der Basis des oben als fünfter Punkt angeführten Einwandes hat R. Ackermann ein Modell entworfen, das den Fall der Erklärung von Gesetzen und von Theorien einschließen soll. Er versuchte dazu, gewisse Prinzipien, die Hempel-Oppenheim sowie spätere Autoren zwecks Ausschluß bestimmter inadäquater Erklärungsfälle benützten, stark zu verallgemeinern (vgl. dazu das Trivialisierungsprinzip, a. a. O., S. 162, sowie das Überflüssigkeitsprinzip, a. a. O., S. 163). Das so gewonnene Modell erwies sich jedoch als inadäquat, da dadurch verschiedene, vom intuitiven Standpunkt gültige Erklärungsfälle eliminiert werden[27]. Ackermann und Stenner haben daraufhin – allerdings vergeblich (vgl. 6.b) – versucht, diese noch bestehenden Mängel zu beheben, ohne dabei die ursprünglichen Intentionen von Ackermann wesentlich zu modifizieren (vgl. [Corrected Model], S. 169-170). Die dabei angestellten Betrachtungen sind jedoch weder intuitiv durchsichtig[28] noch hinreichend formal präzise, da der Rahmen

---

[27] Vgl. R. Ackermann und A. Stenner, [Corrected Model], S. 168.
[28] Dies gilt z. B. von dem in [Deductive], S. 164, letzter Absatz, sowie von dem in [Corrected Model], S. 170, (5), formulierten Prinzip.

der zugelassenen formalen Sprachen nicht hinlänglich umgrenzt worden ist. Wir verzichten daher auf eine detailliertere Erörterung dieses Explikationsversuches und verweisen den Leser auf diese beiden Arbeiten. Erst die künftigen Diskussionen werden zeigen, ob sich die von uns geäußerte Skepsis gegenüber der These bewahrheiten wird, daß es gelingen könne, einen inhaltlich adäquaten wie formal präzisen Begriff der Erklärung einzuführen, der zwei anscheinend kategorial verschiedene Fälle umfaßt, nämlich *sowohl* die Erklärung von akzidentellen Tatsachen *als auch* die Erklärung von Gesetzen und Theorien.

6. Der Explikationsversuch von M. Käsbauer

6.a Erklärung und Begründung. Wir beginnen mit einer historisch-psychologischen Bemerkung zu den bisherigen Explikationsversuchen des deduktiv-nomologischen Erklärungsbegriffs. HEMPEL und OPPENHEIM waren davon ausgegangen, daß den Beschreibungen die wissenschaftlichen Erklärungen gegenüberzustellen seien, in denen im Gegensatz zu bloßen Was-ist-Fragen tiefer gehende Warum-Fragen beantwortet würden. Der Explikationsversuch der beiden Autoren orientierte sich an dieser intuitiven Konzeption. Dasselbe gilt für die späteren Explikationsversuche. Im Verlauf einer andersartigen Diskussion, nämlich der Erörterung des Verhältnisses von Erklärung und Voraussage, kristallisierte sich die Notwendigkeit heraus, zwei Arten von wissenschaftlichen Warum-Fragen zu unterscheiden: *Erklärung heischende* (Ursachen suchende) und *epistemische* (nach Gründen forschende). Mit dieser Unterscheidung haben wir bereits I,2 eingeleitet. Ihre Wichtigkeit trat vor allem in II hervor. Nun verhält es sich zwar so, daß adäquate Erklärungen auch wissenschaftliche Gründe liefern, aber nicht vice versa Gründe auch Erklärungen. Wir mußten es als ein offenes Problem bezeichnen, ob es gelingen werde, eine scharfe Grenze zu ziehen zwischen solchen Erkenntnisgründen, die zugleich Realgründe bilden, und solchen, für die das nicht gilt.

Nun hat aber diese Erweiterung der Fragestellung in den Explikationsversuchen für präzise Modellsprachen keinen Niederschlag gefunden. Insbesondere ist darin das zuletzt erwähnte Problem überhaupt nicht berührt worden. Trotzdem hat man stets die ursprüngliche Terminologie beibehalten und weiterhin von „Explanans" und „Explanandum" gesprochen. Was zu explizieren versucht wurde, waren gar nicht die wissenschaftlichen *Erklärungen*, sondern die umfassendere Klasse der wissenschaftlichen *Begründungen*, verstanden im Sinn adäquater Antworten auf *epistemische* Warum-Fragen. Es erscheint daher als zweckmäßiger, dem Rat KÄSBAUERs zu folgen und statt von Erklärung (Explanatio) von *Begründung (Ratio)* zu sprechen[29].

Der Sachverhalt läßt sich am einfachsten durch ein möglichst elementares Beispiel illustrieren, welches sowohl nach der Explikation von Hempel-Oppenheim wie nach der von Kim die Form einer korrekten Erklärung darstellt. In einem zweiten Schritt werden dann singuläre Prämisse und Conclusio miteinander vertauscht und jeweils mit dem Negationszeichen versehen. Dadurch müßte wieder eine korrekte Erklärung herauskommen, was jedoch nicht mit dem wissenschaftlichen Sprachgebrauch im Einklang steht.

So bilden sowohl nach $\mathbf{D_1}$ wie nach $\mathbf{D_1^*}$ die beiden Prämissen der Deduktion:

$$\frac{\begin{array}{c} \wedge x\,(Fx \to Gx) \\ Fa \end{array}}{Ga}$$

im Fall ihrer Wahrheit ein Explananans für Ga. Analoges müßte von der Deduktion gelten:

$$\frac{\begin{array}{c} \wedge x\,(Fx \to Gx) \\ \neg\,Ga \end{array}}{\neg\,Fa}$$

Nun wird man zwar sagen, die Tatsache, daß Herrn X. Y. am 22. IV. 1965 ein zwei Tonnen schweres Meteor auf den Kopf gefallen sei, erkläre, warum Herr X. Y. am 22. IV. 1965 gestorben ist. Nicht jedoch wird man sagen wollen, die Tatsache, daß Herr X. Y. nicht am 10. III. 1965 gestorben sei, erkläre, warum (liefere eine Ursache dafür, daß) Herrn X. Y. am 10. III. 1965 kein zwei Tonnen schweres Meteor auf den Kopf gefallen sei! Dagegen ist es durchaus sinnvoll, auch im zweiten Fall davon zu sprechen, das Weiterleben des Herrn X. Y. sei ein naturwissenschaftlicher *„Beweisgrund"* dafür, daß ihm am fraglichen Tag kein Meteor vom angegebenen Gewicht auf den Kopf gefallen sei.

Diese Überlegungen liefern natürlich nicht mehr als eine Rechtfertigung für die *neue Terminologie*. Gegenbeispiele gegen die bisherigen Explikationsversuche retten diese hingegen nicht, wenn man sie statt als Erklärungen als Begründungen deutet. Solche Gegenbeispiele sollen nun gegeben werden, soweit dies nicht bereits in den bisherigen Ausführungen geschehen ist.

---

[29] Daß sich im Rahmen der ursprünglichen Terminologie der Ausdruck „Explanandum" und nicht „Explanatum" eingebürgert hat, beruht darauf, daß man von der in einer Erklärung heischenden Warum-Frage enthaltenen *Problemstellung* und nicht von der vorgeschlagenen *Lösung* des Problems ausging.

6.b Gegenbeispiele gegen die bisherigen Explikationsversuche.[30]
In Abschn. 5 sind verschiedene Bedenken gegen KAPLANs Definition vorgebracht worden. Das folgende Gegenbeispiel von KÄSBAUER erhöht diese Bedenken.

Das Paar $(\wedge x (Fx \leftrightarrow Gx); Ga)$ bildet ein unmittelbares S-Explanans für Fa. Analog ist das Paar $(\wedge x (Fx \leftrightarrow Gx; Fa)$ ein unmittelbares S-Explanans für Ga. Die Konjunktion $Fa \wedge Ga$ ist daher gemäß $\mathbf{D}'_3$ S-erklärbar mittels $\wedge x (Fx \leftrightarrow Gx)$, da die Konjunktion aus der Klasse $\{Fa, Ga\}$ logisch ableitbar ist und die beiden Elemente dieser Klasse gemäß $\mathbf{D}'_2$ unmittelbar S-erklärbar mittels $\wedge x (Fx \leftrightarrow Gx)$ sind. Dieses Resultat ist jedoch vom inhaltlichen Standpunkt aus nicht plausibel. Man müßte danach ja folgendes behaupten: Die Tatsache, daß ein Objekt a die beiden Eigenschaften F und G besitzt, ist dadurch erklärt, daß diese Eigenschaften, wo immer sie auftreten, stets zusammen auftreten. Vielleicht in bestimmt gelagerten Ausnahmefällen, aber sicherlich nicht in den meisten Fällen, wird man ein derartiges Argument *als Erklärung* akzeptieren. KAPLANs *Explikationsversuch ist also inadäquat.*

Auch der am Ende des vorigen Abschnittes vorgebrachte generelle Einwand gegen den Versuch von ACKERMANN und STENNER läßt sich zusätzlich durch ein Gegenbeispiel erhärten. ACKERMANN und STENNER hatten entdeckt, daß der von ACKERMANN in [Deductive] entworfene Vorschlag bereits alle elementaren Erklärungen von der Gestalt:

$$\frac{\wedge x (Fx \to Gx)}{\quad Fa \quad} \\ Ga$$

verbietet. Der neue in [Corrected Model] formulierte Vorschlag sollte diesem Mangel abhelfen. Die beiden Autoren befanden sich darin jedoch im Irrtum. Wie KÄSBAUER zeigen konnte, wird auch durch diesen neuen Explikationsversuch jede Erklärung von der eben geschilderten Struktur ausgeschlossen.

Um dies zeigen zu können, ist es nicht erforderlich, die Definition von ACKERMANN und STENNER in allen Details wiederzugeben. Es genügt dazu, die fünfte unter den von den Autoren angegebenen Bedingungen zu betrachten (vgl. a. a. O., S. 170). Dazu sind einige Termini einzuführen.

---

[30] Um die Kontinuität mit den bisherigen Darstellungen zu wahren, müssen in den folgenden Ausführungen nicht nur Terminologie und Symbolismus gegenüber den Käsbauerschen Formulierungen geändert werden. Wir müssen auch teilweise den Begriffsapparat etwas modifizieren. So z. B. deutet KÄSBAUER alle bisherigen Explikationen als Versuche zur Präzisierung des Begriffs der *kausalen* Erklärung, während wir auf Grund der Überlegungen in VII nur *gewisse* deduktiv-nomologische Erklärungen als kausale deuten.

Es sei S ein Satz einer Sprache L. Eine *Sequenz wahrheitsfunktioneller Komponenten* von S ist eine Folge von Sätzen, die entweder nur S selbst enthält oder Teilsätze von S, aus denen S mit Hilfe der Formregeln von L konstruierbar ist. Hierbei wird vorausgesetzt, daß auf jedes Glied der Folge eine Formregel genau einmal angewendet wird. (Durch diese letzte Bestimmung werden die Teilsätze nicht als Ausdrucksgestalten, sondern als konkrete Vorkommnisse festgelegt. Sollte S z. B. den Teilsatz Hb an drei Stellen enthalten, so müßte dieser auch in der betreffenden Sequenz dreimal vorkommen.)

Eine *Menge von letzten konjunktiven aussagenlogischen Komponenten eines Satzes* S ist eine Menge von Sätzen, deren Konjunktion mit S L-äquivalent ist und welche die Glieder einer möglichst langen Sequenz wahrheitsfunktioneller Komponenten von S bilden.

T sei eine Menge von Sätzen. Die *Menge T_k von letzten konjunktiven aussagenlogischen Komponenten von T* ist die Vereinigungsmenge sämtlicher Mengen von letzten konjunktiven aussagenlogischen Komponenten aller Sätze, die Elemente von T sind.

Die erwähnte fünfte *notwendige* Bedingung dafür, daß eine Klasse T von Sätzen ein Explanans für E darstellt, lautet folgendermaßen:

„Es existiert keine Menge R von Sätzen, für die gilt:

(a) zu jedem Element r von R gibt es ein Element t_k einer Menge T_k von letzten konjunktiven aussagenlogischen Komponenten der Satzmenge T, so daß entweder $\neg t_k \vdash r$ oder $t_k \vdash \neg r$.

(b) $\overline{R \vdash E}$.

(c) Es existiert eine (echte oder unechte) Teilmenge T_k^* von T_k, so daß $T_k^* \cup R$ logisch konsistent ist und E aus $T_k^* \cup R$ aussagenlogisch ableitbar ist."

Die Inadäquatheit des Definitionsvorschlages der beiden Autoren ist gezeigt, sobald sich herausstellt, daß die Satzklasse $\{\wedge x\,(Fx \to Gx),\ Fa\}$ danach kein Explanans für Ga bildet. Da in der eben angeführten fünften Bedingung die *Nichtexistenz* einer Klasse R mit den angegebenen Merkmalen verlangt wird, ist es dafür hinreichend, eine Klasse R zu konstruieren, welche (a), (b) und (c) erfüllt. Es sei $R = \{Fa \to Ga\}$. Das einzige Element r dieser Klasse ist $Fa \to Ga$. T ist nach Voraussetzung die Klasse $\{\wedge x\,(Fx \to Gx),\ Fa\}$. T_k kann als mit T identisch gewählt werden; denn T ist selbst bereits eine Klasse von letzten konjunktiven aussagenlogischen Komponenten von T. Als Element t_k dieser Klasse wählen wir Fa. Es gilt: $\neg Fa \vdash Fa \to Ga$, also: $\neg t_k \vdash r$, so daß die Bedingung (a) erfüllt ist.

Die Bedingung (b) ist trivial erfüllt, da Ga nicht aus $Fa \to Ga$ ableitbar ist.

Auch die Bedingung (c) ist erfüllt. Um dies einzusehen, wählen wir als T_k^* die Teilmenge $\{Fa\}$ von T_k. Die Klasse $\{Fa\} \cup \{Fa \to Ga\}$ ist logisch konsistent und aus ihr ist aussagenlogisch (mittels modus ponens) das Explanandum E ableitbar.

Damit ist der Nachweis der Inadäquatheit des Präzisierungsversuches von ACKER-
MANN *und* STENNER *beendet.*

Ein besonders scharfer Einwand gegen einen Explikationsversuch liegt
vor, wenn man zeigen kann, daß dieser sowohl *offenkundig zu weit* ist, d. h.
daß er Fälle einbezieht, die ausgeschlossen werden sollten, als auch *offenkundig zu eng*, d. h. daß er Fälle ausschließt, die zugelassen werden sollten.
Ein solcher Einwand läßt sich gegen den in Abschn. 5 geschilderten Vorschlag von KIM vorbringen.

Auf Grund von $\mathbf{D}_1^*$ ist das Satzpaar $(\wedge x\,(Fx \to Gx);\ Fa \vee Ga)$ mit zwei
wahren Gliedern ein (potentielles) K-Explanans für $Ga \vee Hb$. Denn erstens
sind sowohl $Fa \vee Ga$ wie $Ga \vee Hb$ bereits wesentlich reduzierte konjunktive
Normalformen. Zweitens kann als Klasse $\mathfrak{K}$ die Einerklasse $\{Fa\}$ gewählt
werden. Diese Klasse ist mit $\wedge x\,(Fx \to Gx)$ logisch verträglich; ferner kann
aus ihr $Fa \vee Ga$, nicht jedoch $Ga \vee Hb$ logisch gefolgert werden. Schließlich
folgt $Fa \vee Ga$ nicht logisch aus $Ga \vee Hb$. (Man beachte: $Fa \vee Ga$ ist das einzige
Glied und damit ein elementares Glied der wesentlich reduzierten und ausgezeichneten konjunktiven Normalform von $Fa \vee Ga$.)

Bei diesem Argument braucht es sich zwar nicht, *kann* es sich jedoch bei
geeigneter Deutung der Atomsätze um eine Pseudoerklärung handeln. Es
möge etwa Ga wahr, Fa und Hb jedoch falsch sein. Die beiden singulären
Sätze A und E sind dann wahr. Die „Erklärung" von $Ga \vee Hb$ würde sich
hier auf eine Theorie stützen, die auf das Objekt a überhaupt nicht anwendbar ist. (Es sei a ein Stück Eisen, welches Elektrizität leitet; das Gesetz
besage, daß alles Kupfer Elektrizität leitet. Man kann nicht behaupten, die
Aussage, daß das Eisenobjekt a Elektrizität leitet oder b eine Eigenschaft
hat (die b tatsächlich nicht zukommt) sei dadurch erklärt, daß alles Kupfer
Elektrizität leitet und daß a entweder aus Kupfer besteht oder Elektrizität
leitet.)

KIMs *Definition ist also offenkundig zu weit.*

Gemäß $\mathbf{D}_1^*$ ist das Satzpaar $(\wedge x\,(Fx \vee Gx \to Hx);\ Fa \wedge (\neg\,Ha \vee Ga))$ mit
zwei wahren Gliedern *kein* (potentielles) K-Explanans für Ha. Eine wesent-
lich reduzierte, ausgezeichnete konjunktive Normalform der singulären
Prämisse enthält nämlich das elementare Konjunktionsglied $Fa \vee Ga \vee Ha$,
welches aus Ha logisch folgt. Die Bedingung (4) von $\mathbf{D}_1^*$ ist damit verletzt.
Eine Erklärung von dieser Struktur ist jedoch keine Pseudoerklärung. Es
sei nämlich Ha richtig. Dann besagt die singuläre Prämisse dasselbe wie
$Fa \wedge Ga$. Daraus und aus dem angenommenen Gesetz sollte aber Ha als
erklärbar angesehen werden. (In der Tat bildet das Paar $(\wedge x\,(Fx \vee Gx \to Hx);$
$Fa \wedge Ga)$ ein (potentielles) K-Explanans für Ha.)

KIMs *Definition ist also offenkundig zu eng.*

6.c Ratio₀ (Begründung). Um das folgende Explikat formulieren zu
können, müssen zunächst einige logische Begriffe definiert werden.

Es sei K eine Konjunktion von n Basissätzen ($n\geq1$). K wird genau dann eine hinreichende Bedingung eines Satzes Φ genannt, wenn $K\Vdash\Phi$. K heißt *gerade noch hinreichende Bedingung* von Φ genau dann, wenn (a) K eine hinreichende Bedingung von Φ ist und $n=1$ oder (b) K eine hinreichende Bedingung von Φ ist und kein Satz, der aus K durch Streichung eines Konjunktionsgliedes entsteht, eine hinreichende Bedingung von Φ darstellt ($n>1$).

Es sei A eine Adjunktion von n Basissätzen ($n\geq1$). A wird genau dann eine notwendige Bedingung eines Satzes Φ genannt, wenn $\Phi\Vdash A$ (oder anders ausgedrückt: wenn die Negation von Φ aus der Negation von A logisch folgt). A heißt *gerade noch notwendige Bedingung* von Φ genau dann, wenn (a) A eine notwendige Bedingung von Φ ist und $n=1$ oder (b) A eine notwendige Bedingung von Φ ist und kein Satz, der aus A durch Streichung eines Adjunktionsgliedes entsteht, eine notwendige Bedingung von Φ ist ($n>1$).

Durch Übergang von A zu $\neg A$ könnte man den Begriff der gerade noch notwendigen Bedingung auf den der gerade noch hinreichenden Bedingung definitorisch zurückführen.

Im Einklang mit unserer früheren Terminologie sagen wir, daß ein Adjunktionsglied A_i von A bzw. ein Konjunktionsglied K_j von K in A bzw. in K *unwesentlich vorkommt*, wenn der aus A durch Streichung von A_i bzw. der aus K durch Streichung von K_j entstehende Satz mit A bzw. mit K L-äquivalent ist.

Eine *irreduzible konjunktive Normalform* eines quantorenfreien Satzes Φ ist eine konjunktive Normalform von Φ, in der erstens keine Konjunktionsglieder unwesentlich vorkommen und zweitens jedes Konjunktionsglied eine gerade noch notwendige Bedingung von Φ ist.

Eine *irreduzible adjunktive Normalform* eines quantorenfreien Satzes Φ ist eine adjunktive Normalform von Φ, in der erstens keine Adjunktionsglieder unwesentlich vorkommen und zweitens jedes Adjunktionsglied eine gerade noch hinreichende Bedingung von Φ ist.

Für die letzten beiden Definitionen möge sich der Leser daran erinnern, daß aus einer Konjunktion jedes Konjunktionsglied durch Konjunktionsabschwächung logisch folgt und daß eine Adjunktion aus jedem Adjunktionsglied durch v-Abschwächung logisch folgt.

Für jeden weder L-wahren noch L-falschen quantorenfreien Satz existiert eine endliche Anzahl von gerade noch hinreichenden und ebenso eine endliche Anzahl von gerade noch notwendigen Bedingungen; und daher auch nur eine endliche Anzahl von irreduziblen adjunktiven und konjunktiven Normalformen. Eine lexikographische Anordnung dieser Normalformen vorausgesetzt, können wir eine alphabetisch erste auswählen und damit jeweils von *der* irreduziblen Normalform des Satzes sprechen. Falls wir eine entsprechende Festsetzung für L-wahre und L-falsche Sätze treffen, so existiert zu jedem quantorenfreien Satz genau eine irreduzible adjunktive sowie genau eine irreduzible konjunktive Normalform.

Φ sei ein quantorenfreier Satz. Die m Adjunktionsglieder der irreduziblen adjunktiven Normalform von Φ sollen $D_1(\Phi)$, $D_2(\Phi)$, . . ., $D_m(\Phi)$ genannt werden. Analog mögen unter $K_1(\Phi)$, $K_2(\Phi)$, . . ., $K_n(\Phi)$ die n Konjunktionsglieder der irreduziblen konjunktiven Normalform von Φ verstanden werden. Für die metasprachliche Negation verwenden wir von nun an größerer Suggestivität halber den lateinischen Ausdruck „non". (Daß z. B. Ψ nicht aus Φ logisch folgt, wird abkürzend so wiedergegeben: non $\Phi \Vdash \Psi$. Man beachte, daß sich das „non" auf die *ganze* folgende metasprachliche Aussage bezieht.) All- bzw. Existenzquantoren von der Art „$\wedge i$", „$\wedge j$", „$\vee i$", „$\vee j$" sollen stets über den Index i bzw. j der m Adjunktionsglieder bzw. der n Konjunktionsglieder von $D_1(\Phi) \vee D_2(\Phi) \vee \ldots \vee D_m(\Phi)$ bzw. $K_1(\Phi) \wedge K_2(\Phi) \wedge \ldots \wedge K_n(\Phi)$ laufen.

Es folgt nun die entscheidende Definition der aussagenlogischen Getrenntheit. Das Satzpaar $(A; E)$ der beiden quantorenfreien Sätze A und E heißt *aussagenlogisch getrennt* genau dann, wenn gilt;

$$\wedge i \wedge j \text{ (non } D_i(A) \Vdash K_j(E))$$

Es ist leicht zu zeigen, daß diese Relation *symmetrisch* ist, d. h. daß gilt: wenn $(A; E)$ aussagenlogisch getrennt ist, so ist $(E; A)$ aussagenlogisch getrennt. Anders ausgedrückt: Aus der ersten Bestimmung folgt auch: $\wedge i \wedge j \text{ (non } D_i(E) \Vdash K_j(A))$.

Für die Definition der aussagenlogischen Unabhängigkeit zweier quantorenfreier Aussagen A und E bieten sich zahlreiche Möglichkeiten an, so z. B.:

(1) non $A \Vdash E$ (1') non $E \Vdash A$

(2) $\wedge i$ (non $A \Vdash K_i(E)$) (2') $\wedge i$ (non $E \Vdash K_i(A)$)

(3) $\wedge i \wedge j$ (non $D_i(A) \Vdash K_j(E)$) (3') $\wedge i \wedge j$ (non $D_i(E) \Vdash K_j(A)$)

usw.

Insgesamt ergeben sich 66 Definitionsmöglichkeiten. Die aussagenlogische Trennung besagt wegen der erwähnten Symmetrie die Konjunktion von (3) und (3'). Aus dieser Konjunktion aber folgen alle 64 übrigen Aussagen über das Nichtbestehen von Folgebeziehungen, von denen wir vier angeschrieben haben. Es handelt sich daher bei dem obigen Definiens der aussagenlogischen Getrenntheit um die *nachweislich stärkste* Aussage unter den 66 Möglichkeiten.

Auf KÄSBAUER geht der Gedanke zurück, zum Unterschied von den früheren Definitionsversuchen die aussagenlogische Getrenntheit von singulärer Prämisse A und Conclusio E zu verlangen. Die Forderung KIMS, welche praktisch auf die Annahme von (2') hinausläuft, war in dieser

Hinsicht *zu wenig scharf*. Dies zeigt sich am deutlichsten an dem in 6.b angeführten Beispiel, welches zum Nachweis dafür benützt wurde, daß $\mathbf{D}_1^*$ zu weit ist. Dieses Beispiel wurde durch Kims Definition gedeckt, würde hingegen jetzt ausgeschlossen, wie der Vergleich der dortigen singulären Prämisse *Fa*∨*Ga* mit der Conclusio *Ga*∨*Hb* zeigt (*Fa*∨*Ga* folgt logisch aus *Ga*, so daß keine aussagenlogische Trennung vorliegt).

Um die endgültige Definition zu erhalten, muß der Begriff der aussagenlogischen Getrenntheit noch *auf die Theorie T relativiert* werden.

Das Satzpaar $(A;E)$ ist *aussagenlogisch getrennt relativ zu T* genau dann, wenn gilt:

$\wedge i \wedge j$ (non $D_i(A) \Vdash K_j(E)$)), wobei der erste Quantor $\wedge i$ nur über diejenigen Glieder von $D_i(A)$ läuft, welche mit $\{A,E,T\}$ logisch verträglich sind.

Nach dieser Vorbereitung gelangt man zu der folgenden Definition [31]:

$\mathbf{D}_1^k$. Das geordnete Paar von Sätzen $(T;A)$ ist eine (potentielle) *Ratio$_0$* für den singulären Satz E genau dann, wenn gilt:

    (1) T ist eine (potentielle) Theorie;

    (2) A ist singulär und wahr;

    (3) $T,A \Vdash E$;

    (4) A und E sind (d. h. genauer: das Paar $(A;E)$ ist) relativ zu T aussagenlogisch getrennt.

Es möge jetzt an einem Beispiel die Relativierung der Trennungsdefinition motiviert werden. Die potentielle Theorie $\wedge x (Fx \to Hx) \wedge \wedge x (Gx \to Kx)$ bildet zusammen mit dem Satz $(Fa \wedge \neg Ha \wedge Ka) \vee Ga$ eine potentielle Ratio$_0$ für Ka. Wegen der Wahrheit von T und damit von $\wedge x (Fx \to Hx)$ kann das erste Adjunktionsglied von A, nämlich $(Fa \wedge \neg Ha \wedge Ka)$, nicht wahr sein, so daß Ga wahr sein muß. Daraus und aus $\wedge x (Gx \to Kx)$ sollte aber tatsächlich Ka begründbar sein. Dagegen sind A und E nicht aussagenlogisch getrennt, so daß dieses Argument eliminiert würde, falls man in $\mathbf{D}_1^k$ die „absolute" aussagenlogische Trennung fordern würde.

Wie nicht anders zu erwarten, kann das eben nochmals zitierte erste Gegenbeispiel gegen Kims Definition jetzt nicht mehr als Einwand vorgebracht werden, da es von $\mathbf{D}_1^k$ ausgeschlossen wird: es liegt, wie bereits oben bemerkt, hier keine aussagenlogische Trennung zwischen A und E vor. (Die Relativierung auf das Gesetz $\wedge x (Fx \to Gx)$ hat in diesem Fall keinen zusätzlichen Effekt.)

---

[31] Käsbauer verwirft diesen Begriff aus den am Ende dieses Abschnittes angegebenen Gründen.

Dagegen liegt es nahe, den folgenden Einwand zu versuchen: Die der Definition D_1^k vorangestellten Überlegungen scheinen doch darauf hinauszulaufen, die Definition D_1^* von KIM zu verschärfen. Wenn die letztere sich als *zu eng* herausstellte, so muß a fortiori die neue Definition zu eng sein. Dies ist jedoch ein *non sequitur*. Von den beiden Definitionen von KIM und von KÄSBAUER schließt keine die andere ein; sie sind unvergleichbar. Dies zeigt sich daran, daß — in Ergänzung zu dem eben erörterten Beispiel, welches von D_1^* zugelassen, von D_1^k verboten wird — das zweite frühere Beispiel gegen KIMs Definition (durch welches nachgewiesen wurde, daß KIMs Definition zu eng ist) jetzt zugelassen wird. Denn die in D_1^k geforderte aussagenlogische Trennung von $Fa \wedge (\neg Ha \vee Ga)$ und Ha liegt tatsächlich vor.

Wie ist dieser auf den ersten Blick überraschende Sachverhalt zu erklären? Die Antwort ist einfach: KIMs Definition ist in der Hinsicht zu scharf, als darin mit der *ausgezeichneten* statt bloß mit der irreduziblen Normalform operiert wird. Das eben erwähnte Beispiel wurde durch (4) von D_1^* ja nur deshalb ausgeschlossen, weil die ausgezeichnete konjunktive Normalform von A das Teilglied $Fa \vee Ga \vee Ha$ enthält, das durch Ha L-impliziert wird. Die irreduzible konjunktive Normalform von A enthält kein derartiges Glied.

Der Leser kann sich leicht davon überzeugen, daß alle bisher gegebenen Beispiele, die vom intuitiven Standpunkt als adäquat anzusehen waren, unter den Ratio$_0$-Begriff von D_1^k subsumiert werden können, während alle bisherigen Beispiele von Pseudoerklärungen auch durch diesen Begriff ausgeschlossen werden.

Summarisch läßt sich die Kritik an der Definition von KIM so zusammenfassen: Diese Definition erwies sich einerseits als zu weit, weil sie nicht den schärfsten Begriff der aussagenlogischen Trennung von A und E verwendete, sondern nur den in (2′) enthaltenen wesentlich schwächeren Begriff. Andererseits erwies sie sich als zu eng, weil sie statt des Begriffs der irreduziblen Normalform den Begriff der ausgezeichneten Normalform benützte.

6.d Pragmatische statt logisch-systematischer Begründungs- und Erklärungsbegriffe?

Die Einführung pragmatischer Explikate läßt sich doppelt motivieren. Erstens kann man versuchen, auf diesem Wege eine Methode zur Beurteilung der Adäquatheit logisch-systematischer Definitionsvorschläge, z. B. des Vorschlages D_1^k, zu gewinnen. Wie dies zu geschehen hat, sollen die folgenden Betrachtungen zeigen. Zweitens kann man dazu geführt werden durch die negative Beantwortung der radikalen Frage, ob eine adäquate Definition mit semantischen und syntaktischen Hilfsmitteln allein überhaupt möglich sei.

Wir wenden uns zunächst dieser Frage zu. Alle früheren Autoren, die sich mit Explikationsversuchen im deduktiv-nomologischen Fall beschäftigten, scheinen etwas übersehen zu haben. Sie gingen stets davon aus, daß ein derartiger Versuch als gescheitert zu betrachten sei, sofern sich ein Gegenbeispiel konstruieren läßt, in welchem gezeigt wird, daß die Definition zu weit ist. Denn dann scheint die Definition auch Pseudoerklärungen einzubeziehen. *Wie verhält es sich aber, wenn es Argumentformen gibt, die bei gewisser Deutung der darin vorkommenden Prädikate intuitiv adäquate Erklärungen liefern, bei anderer Deutung der Prädikate hingegen Pseudoerklärungen?* Läßt man solche Argumentformen zu, so scheint man Pseudoerklärungen zuzulassen. Schließt man sie hingegen aus, so scheint man adäquate Erklärungen auszuschließen. Daß solche Fälle tatsächlich ernsthaft ins Auge zu fassen sind, zeigt das folgende Beispiel[32]. Wir betrachten die logisch gültige Argumentform:

$$\Lambda x \, (Fx \rightarrow \neg \, Gx)$$
$$\frac{Fa \wedge (Ga \vee Ha)}{Ha}$$

Wie man leicht nachprüft, wird ein Argument von dieser Gestalt von sämtlichen diskutierten Explikationsversuchen des Begriffs der wissenschaftlichen Erklärung bzw. der wissenschaftlichen Begründung verboten. Es liegt auch sicherlich eine Pseudoerklärung vor, *wenn* man die drei Prädikate etwa folgendermaßen deutet: „*Fx*" für „*x* ist Metall"; „*Gx*" für „*x* ist Holz"; „*Hx*" für „*x* ist Kupfer". Allgemein: Um zu erklären, warum *a* aus Kupfer besteht, hätte man (bei genereller Annahme dieser Argumentform für Erklärungszwecke) von *a* nur eine beliebige Eigenschaft *F* festzustellen und eine weitere Eigenschaft *G* zu finden, die mit *F* naturgesetzlich unverträglich ist. Nun kann man aber doch sicherlich nicht die Tatsache, daß *a* Kupfer ist, durch Berufung auf das Gesetz erklären, daß kein Metall aus Holz besteht.

Bei anderer Deutung hingegen läßt sich die obige Argumentform, wenn auch vielleicht nicht für eine „Erklärung", so doch für eine korrekte wissenschaftliche Begründung verwerten. Die drei Prädikate mögen so gedeutet werden: „*Fx*" für „*x* hat ein spezifisches Gewicht von mehr als 8,9"; „*Gx*" für „*x* ist Messing"; „*Hx*" für „*x* ist Kupfer".

Wir nehmen erstens an, daß bei dieser Interpretation die Gesetzesaussage wahr sei; zweitens daß man das spezifische Gewicht von *a* unabhängig von seiner Kupfereigenschaft bestimmen kann; drittens daß man durch geeignete chemische Untersuchungen feststellen kann, daß *a* aus Messing *oder* Kupfer besteht, ohne daß diese Untersuchungen den schärferen Schluß zulassen, daß es sich dabei um Kupfer handle. Gegen die durch das obige

---

[32] Dieses Beispiel stammt von Herrn U. Blau, München.

Argument gewonnene Begründung dafür, daß a aus Kupfer besteht, läßt sich dann kaum etwas einwenden.

Akzeptiert man dieses und ähnliche Beispiele und erinnert man sich zugleich an den in 6.a geschilderten Sachverhalt, daß die bisherigen Explikationsversuche gar nicht den *Erklärungs*begriff, sondern einen umfassenderen *Begründungs*begriff zu präzisieren versuchten, so muß man in solchen Beispielen geradezu einen zwingenden Grund dafür erblicken, nach einem *pragmatischen* Explikat zu suchen, welches nicht *nur* semantische und (oder) syntaktische Begriffe verwendet. Verschiedene solcher Begriffe sind von KÄSBAUER vorgeschlagen worden. Sofern man die darin enthaltenen pragmatischen Begriffe als unproblematisch ansieht, sind alle diese Vorschläge relativ einfach.

L sei eine Wissenschaftssprache, von der wir diesmal nicht vorauszusetzen brauchen, daß sie eine Sprache erster Ordnung ist. Sie enthalte eine Beobachtungssprache L_B und eine theoretische Sprache L_T als Teilsprachen. Die Klasse der zur Zeit t akzeptierten Sätze müssen wir jetzt in drei Teilklassen aufsplittern. A_t sei die Menge jener zur Zeit t akzeptierten Sätze von L_B, die beim Stand der Wissenschaft zu t entweder unmittelbare Beobachtungsbefunde beschreiben oder durch solche Befunde als hinreichend gesichert gelten, so daß bezüglich ihrer Richtigkeit „praktisch kein Zweifel aufkommt". Von A_t sollen die drei idealisierenden Annahmen gelten, daß diese Menge scharf abgegrenzt und logisch konsistent ist sowie daß sie in bezug auf logische Folgerungen abgeschlossen ist. Als vierte Annahme möge die folgende gelten: Mit jedem zu A_t gehörenden Satz Φ enthalte A_t auch eine Menge von Basissätzen, aus der Φ logisch folgt. B_t sei eine Teilmenge von A_t; und zwar enthalte sie alle jene Sätze, die zur Zeit t nicht nur akzeptiert wurden, sondern im gegenwärtigen Problemzusammenhang *als keiner Erklärung bedürftig* angesehen werden. Diese letztere Wendung, insbesondere auch der darin enthaltene Begriff der Erklärung, wird in seiner intuitiven Unbestimmtheit gelassen. Die Klasse B_t ändert sich jeweils mit der Problemstellung. In einer Situation z. B., wo es gilt, das Faktum des Regenbogens zu erklären, wird man eine Tatsache wie die, daß die Luft feucht ist, als keiner Erklärung bedürftig ansehen (man „staunt" sozusagen nur über das erste, nicht über das zweite Phänomen). Auch von dieser Menge gelte die Annahme, daß sie zu jedem Satz eine Menge von Basissätzen enthalte, aus welcher dieser Satz logisch folgt.

Schließlich sei S_t ein zu t akzeptiertes axiomatisch aufgebautes naturwissenschaftliches System, von dem wieder die drei idealisierenden Annahmen der scharfen Abgrenzung, der logischen Konsistenz und der Abgeschlossenheit gegenüber logischen Folgerungen gemacht werden. Für die Formulierung der zu S_t gehörenden Sätze kann sowohl das Vokabular von L_T wie das von L_B benützt werden. Schließlich soll die Vereinigung $S_t \cup A_t$ konsistent sein. Wer der Bezugspunkt der Akzeptierbarkeit ist, soll keine

Rolle spielen: eine Gruppe von über die Welt verstreuten Forschern, ein wissenschaftliches Team oder ein einzelner Denker. Meinungsgegensätze zwischen Forschern können durchaus die Form annehmen: „Dein S_t ist nicht mein S_t"; oder sogar: „Dein A_t ist nicht mein A_t". T sei eine in L formulierte potentielle theorienartige Aussage. A und E seien singuläre Sätze von L.

Um keine zu komplizierte Sprechweise einführen zu müssen, werden die folgenden Begründungs- und Erklärungsbegriffe als fünfstellige Relationen eingeführt. Zunächst der allgemeinste Fall[33].

$Ratio_1(T,A,E,A_t,S_t)$ genau dann, wenn gilt:

(1) $S_t \Vdash T$

(2) $A_t \Vdash A$

(3) $T, A \Vdash E$

$Explanatio_1(T, A, E, B_t, S_t)$ genau dann, wenn gilt:

(1) $S_t \Vdash T$

(2) $B_t \Vdash A$

(3) $T, A \Vdash E$

$Ratio_1(T, A, E, A_t, S_t)$ soll besagen, daß zur Zeit t durch eine Theorie T und einen singulären Satz A der durch E beschriebenene Sachverhalt *wissenschaftlich begründet* wird (relativ zur Klasse jener Sätze, die das anerkannte Beobachtungswissen repräsentieren, sowie zur Klasse jener Sätze, die das akzeptierte theoretische Wissen repräsentieren). Auch ein *unsicherer* Sachverhalt kann begründet werden. Beispiel: E sei der Satz: „Am 29. Nov. 1968 wurde Nordvietnam nicht bombardiert." Die bei der *Begründung* dafür verwendete singuläre Aussage laute: „An diesem Tag wurde in Nordvietnam kein zusätzlicher Schaden angerichtet." Offenbar würde so etwas nicht *als Erklärung* zugelassen werden.

Analog besagt $Explanatio_1$, daß durch T und A der durch E beschriebene Sachverhalt *wissenschaftlich erklärt* werde. Die Grenzfälle, daß E aus A_t bzw. aus B_t logisch folgt oder sogar darin als Element vorkommt, werden zugelassen. Die Adäquatheit dieser Definitionen ist wegen ihres pragmatischen Charakters in gewissem Sinn eine Trivialität. $Ratio_1(\wedge x\,(Fx \to Gx)$, $Ga, Ga, A_t, S_t)$ etwa – und analog für $Explanatio_1$ – kann nicht mehr als Gegenbeispiel angeführt werden, wenn Ga auf Grund von (2) bereits akzeptiert ist.

Dem wissenschaftlichen Sprachgebrauch würde man in gewissen Fällen näher kommen, wenn man beide Male eine zusätzliche vierte Bedingung

---

[33] Um Verwechslungen mit dem Fall der Begriffsexplikation zu vermeiden, wird im folgenden der Ausdruck „Explanatio" statt des von Käsbauer verwendeten Wortes „Explicatio" gebraucht.

49*

forderte: non $A_t \Vdash E$ bzw.: non $B_t \Vdash E$. Dadurch gewinnt man die Begriffe *Ratio$_2$* bzw. *Explanatio$_2$*.

Wir haben an früherer Stelle zwischen effektiven Erklärungen und verschiedenen Fällen von Erklärbarkeitsbehauptungen unterschieden. Umgangssprachliche singuläre Kausalsätze sind gewöhnlich Erklärbarkeitsbehauptungen, in denen z. B. keine Theorie explizit angeführt wird. Eine mögliche Annäherung an diesen Sprachgebrauch stellen die folgenden Begriffe dar.

Ratio$_3$ (A, E, A_t, S_t) genau dann, wenn gilt:

(1) $A_t \Vdash A$

(2) non $A_t \Vdash E$

(3) $S_t, A \Vdash E$

Analog für *Explanatio$_3$* mit B_t statt A_t.

Hier handelt es sich also darum, daß nur Anfangs- und Randbedingungen angeführt werden, im übrigen aber bloß auf ein naturwissenschaftliches System verwiesen wird. Werden umgekehrt Anfangs- und Randbedingungen verschwiegen und wird nur die Theorie angegeben, so gewinnt man den Begriff der Erklärbarkeit mittels einer Theorie T.

Ratio$_4$ (T, E, A_t, S_t) genau dann, wenn gilt:

(1) $\{T\} \cup A_t \Vdash E$

(2) non $A_t \Vdash E_t$

Analog für *Explanatio$_4$* mit B_t statt A_t.

Einen noch allgemeineren Erklärbarkeits- bzw. Begründbarkeitsbegriff gewinnt man durch die Bestimmung: *Ratio$_5$*(E, A_t, S_t) genau dann, wenn gilt: $S_t \cup A_t \Vdash E$. Analog für *Explanatio$_5$*(E, B_t, S_t). Man könnte noch an andere Kombinationen denken, z. B. an eine Existenzquantifikation bezüglich S_t: „Es gibt ein naturwissenschaftliches System S, so daß . . .". Dadurch würde man die allgemeinsten Formen von pragmatischen Erklärbarkeitsbehauptungen gewinnen. Es scheint nicht der Mühe wert zu sein, allen Möglichkeiten nachzugehen, da es sich hierbei mehr oder weniger um rein gedankliche Spielereien handelt.

6.e Zur Frage der Adäquatheit von Ratio$_0$. Abstrahiert man von dem Gegenbeispiel in 6.d, welches sich gegen *alle* überhaupt möglichen nichtpragmatischen Explikationsversuche zu richten scheint, so kann man versuchen, die pragmatischen Explikate dazu zu benützen, um den Ratio$_0$-Begriff von $\mathbf{D}_1^k$ auf seine Adäquatheit zu untersuchen. Als geeignetste Ausgangsbasis dafür bietet sich der pragmatische Begriff *Ratio$_2$* an. Um eine

Vergleichbarkeit überhaupt zu ermöglichen, muß dazu dieser Begriff etwas modifiiziert werden.

Ein *exaktes potentielles linguistisches Modell*[34] M für den singulären Satz A sei eine kleinste Menge M von Basissätzen, aus der A logisch folgt (so daß also A aus keiner echten Teilmenge von M logisch folgt). Ein derartiges M enthält also offenbar genau die Konjunktionsglieder eines Adjunktionsgliedes der irreduziblen adjunktiven Normalform von A. Sind sämtliche Elemente von M wahr, so heiße M ein *exaktes linguistisches Modell* für A. Potentielle Modelle bzw. Modelle charakterisieren mögliche bzw. reale Situationen, durch welche die Wahrheit von A festgelegt ist.

Die Definition des modifizierten pragmatischen Begriffs lautet:

$Ratio_2^*(T, A, E, M)$ genau dann, wenn gilt:

    (1) T ist wahr;

    (2) M ist ein exaktes linguistisches Modell für A;

    (3) $T, A \Vdash E$

    (4) $\wedge i$ (non $M \Vdash K_i(E)$).

Was die Bestimmung (4) betrifft, so wird sie durch die Überlegung motiviert, daß nicht nur der Übergang von A_t und A zu E keine triviale Folgebeziehung ausdrücken soll, sondern daß selbst der Übergang zu einem *Teilinhalt* von E nicht trivial zu sein hat. Die Konjunktionsglieder der irreduziblen konjunktiven Normalform von E werden dabei als solche Teilinhalte von E aufgefaßt. In der Bestimmung (1) wird so wie in $\mathbf{D}_1^k$ die Wahrheit von T gefordert, statt nur $S_t \Vdash T$ zu verlangen, wie dies in $Ratio_2$ geschah.

Eine naheliegende Adäquatheitsforderung für den Begriff $Ratio_0$ wäre nun die folgende:

    (a) Es existiert ein M, so daß $Ratio_2^*(T, A, E, M)$.

Angenommen, es *wäre* in $Ratio_0$ noch das Folgende intendiert:

    (b) Für jedes exakte potentielle linguistische Modell X von A, das mit T logisch verträglich ist, gilt: $\wedge i$ (non $X \Vdash K_i(E)$).

Unter diesen *beiden* Annahmen ließe sich die Adäquatheit von $Ratio_0$ sofort nachweisen. Aus (a) ergeben sich die Bedingungen (1), (2) und (3) von $\mathbf{D}_1^k$. Die Forderung (4) von $\mathbf{D}_1^k$ ergibt sich aus (b) (man benütze dafür die in der obigen Definition des exakten potentiellen Modells gegebene Charakterisierung von M). Wenn umgekehrt $(T; A)$ eine $Ratio_0$ für E ist, so sind T und A wahr. Dann ist auch ein mit T logisch verträgliches $D_i(A)$

---

[34] Von *linguistischen* Modellen sprechen wir hier deshalb, um den Unterschied zu den früheren mengentheoretischen Modellen hervorzuheben.

wahr. Also gibt es ein M, nämlich die Klasse der Konjunktionsglieder dieses $D_i(A)$, so daß gilt: $Ratio_2^*(T, A, E, M)$. Die Bestimmung (4) dieses Begriffs folgt dabei aus der Bestimmung (4) von D_1^k. Aus dieser letzteren folgt aber auch (b).

Es besteht also eine Äquivalenz zwischen D_1^k einerseits, (a) und (b) andererseits. *Ist es aber wirklich sinnvoll, (b) zu verlangen?*

Darauf scheint man aus folgendem Grund eine negative Antwort geben zu müssen: Vom intuitiven Standpunkt aus würde man erwarten, daß nur aus dem *wahren* M kein Glied $K_i(E)$ folgen dürfe. Dies wird bereits in (a) gefordert. Jedenfalls würde ein Einzelwissenschaftler *nur* diese Forderung erheben. Wenn man dagegen die zusätzliche Forderung (b) aufstellt, so erhält man keinen wissenschaftlichen Begründungsbegriff *für eine bestimmte Situation*, sondern nur *für eine Klasse möglicher Situationen*. Die Klasse dieser verschiedenen möglichen Situationen entspricht der in (b) angeführten Klasse der potentiellen Modelle von A.

Der Nachweis der Inadäquatheit ist unabhängig von dem in 6.d gebrachten Gegenbeispiel.

Nachtrag

(1) Unter die auf S. 200 angeführten möglichen Wahrheitswerteverteilungen ist als vierter Fall (I) (d) einzubeziehen: das Explanans ist wahr, das Explanandum falsch. Dieser Fall kann natürlich *nur dann* eintreten, wenn das Systematisierungsargument induktiver Natur ist.

(2) Die Nichtsymmetrie von D-Prognose und D-Retrodiktion in deterministischen DS-Systemen, welche auf S. 221 f. bewiesen wurde, läßt sich, wie Herr Dr. W. HOERING bemerkt hat, folgendermaßen zusätzlich veranschaulichen: Wir lassen auch solche DS-Systeme zu, die nach einer endlichen Zeitspanne stehen bleiben (dies ist eine unwesentliche Konvention, die man auch durch andere Konventionen ersetzen könnte). Einem gegebenem DS-System wird als *duales System* jenes zugeordnet, bei welchem die Pfeile im Übergangsdiagramm in der umgekehrten Richtung gehen. Überall dort, wo ursprünglich n Pfeile einmündeten, nehmen jetzt n Pfeile ihren Ausgang (Gabelungsstelle). Es muß daher noch eine Verabredung über die zugehörigen Wahrscheinlichkeitsparameter getroffen werden. *Prognose und Retrodiktion vertauschen im dualen System ihre Rolle.* Je nachdem, welche Wahrscheinlichkeitsparameter gewählt wurden, ist an einer Gabelungsstelle überhaupt keine Prognose (im Sinne RESCHERs) oder nur eine P_{st}- bzw. P_{sch}-Prognose möglich, *auf keinen Fall jedoch eine deterministische Prognose*, obwohl im ursprünglichen System deterministische Voraussagen generell möglich waren.

Anhang

Liste einiger Probleme, die entweder ungelöst sind oder deren Lösung umstritten ist

(1) Wie wir wiederholt feststellen mußten, sind nicht nur die alltäglichen, sondern auch die meisten wissenschaftlichen Erklärungen in der einen oder anderen Hinsicht unvollkommen. Den Grenzfall bilden die *Erklärungsskizzen*. Auch die gröbste Erklärungsskizze darf aber keine *Pseudoerklärung* sein. Gibt es für diese Unterscheidung — und analog für die Abgrenzung zwischen den verschiedenen Arten von unvollkommenen Erklärungen — scharfe Kriterien? Die Analyse dieses Problems führte zu dem scheinbar paradoxen Resultat, daß die Beantwortung der Frage, ob es sich bei einem unvollständigen Erklärungsvorschlag um eine Erklärungsskizze oder um eine Pseudoerklärung handle, davon abhängen kann, was die *künftige* Forschung für Resultate liefern wird.

(2) Eine kurze Analyse in I,9 ergab, daß *Analogiemodelle* in Erklärungskontexten zwar keine systematischen, aber doch immerhin wichtige heuristische Funktionen erfüllen. Wegen dieser Wichtigkeit erschiene es als zweckmäßig, diesen Begriff noch genauer zu untersuchen und nach Möglichkeit mathematisch zu präzisieren. Dasselbe gilt für den dabei zugrunde liegenden Begriff des (totalen oder partiellen) nomologischen Isomorphismus, der sich möglicherweise außer für eine mathematische Präzisierung auch für eine brauchbare Verallgemeinerung, wie z. B. zu der eines nomologischen Homomorphismus, eignen könnte. Nichttriviale Resultate werden sich vermutlich nur durch eingehende kalkül- und modelltheoretische Analysen erzielen lassen.

(3) In verschiedenen Zusammenhängen, insbesondere bei der Diskussion der Frage, ob strukturelle Unterschiede zwischen Erklärungen, Voraussagen und anderen wissenschaftlichen Systematisierungsformen bestehen, stießen wir auf das alte philosophische Problem des Unterschiedes zwischen *Real-* (*Seins-*) und *Erkenntnis-* oder *Vernunftgründen*. Ist dies überhaupt eine sinnvolle Unterscheidung und wenn ja, wie lautet das Unterscheidungskriterium? Scheinbar plausible Lösungsvorschläge erweisen sich rasch als untauglich. Das Bromberger-Beispiel (Bestimmung der Höhe eines Mastes mit Hilfe von Daten und Gesetzen der physikalischen Geometrie), welches

sämtliche Adäquatheitsbedingungen für korrekte Erklärungen zu erfüllen scheint und dennoch offenbar keine Erklärung liefert, führte HEMPEL zu dem Vorschlag, daß bei Erklärungen *kausale* nomologische Prinzipien wesentlich beteiligt sein müssen. Wie sich jedoch in II herausstellte, lassen sich analoge paradoxe Beispiele selbst im Anwendungsbereich deterministischer Sukzessionsgesetze konstruieren. Dem fraglichen Abgrenzungsproblem scheint man also nicht entgehen zu können. Es tritt auch in dem Augenblick wieder auf, wo die Frage erörtert wird, ob Symptomgesetze, Indikatorgesetze und Informationsgesetze echte Gesetzmäßigkeiten darstellen oder nicht. Bei rationalen Voraussagen jedenfalls wird die Bezugnahme auf bloße Symptome bzw. Indikationen oder menschliche Informationen allgemein für zulässig erklärt, bei rationalen Erklärungen hingegen nicht.

(4) Wenn man behauptet, daß ein bestimmtes Argument erklärenden, ein anderes dagegen prognostischen Charakter hat, so macht man damit eine Annahme über den Zeitpunkt des Explanandums. Dies leitet über zu der allgemeineren Frage: *Worüber* spricht (worauf bezieht sich) ein Satz? Nur scheinbar findet diese Frage eine triviale Beantwortung. Die sich zunächst anbietenden Lösungsvorschläge lassen sich durch Gegenbeispiele leicht als untauglich erweisen. Bis heute scheint keine befriedigende Lösung gefunden worden zu sein, die über den Ansatz von N. GOODMAN hinausgeht.

(5) Eine sorgfältige Abwägung aller Gründe für und wider die These von der strukturellen Gleichartigkeit von Erklärung und Prognose ergab, daß die Antwort anders ausfällt, je nachdem, ob bestimmte Konventionen angenommen werden oder nicht. Eine Präzisierungsmöglichkeit des oben unter (3) angeführten Unterschiedes vorausgesetzt, erschien es allerdings als zweckmäßig, *nicht alle wissenschaftlichen Voraussagen bei Änderung der pragmatischen Umstände als wissenschaftliche Erklärungen anzuerkennen.* Denn für eine wissenschaftliche Prognose ist es hinreichend, eine korrekte Antwort auf die Frage zu liefern, warum angenommen werden soll, daß ein bestimmtes künftiges Ereignis stattfindet, d. h. also induktive Vernunftgründe für eine Zukunftsannahme anzuführen (Antwort auf eine *epistemische* Warum-Frage), während für wissenschaftliche Erklärungen die Angabe von Realgründen oder Ursachen erwartet wird (Antwort auf eine *Erklärung heischende* Warum-Frage). Wegen der Verquickung mit dem Problem (3) kann auch diese Antwort als nicht definitiv angesehen werden, da sich herausstellen könnte, daß sich keine scharfe Grenze zwischen Real- und Erkenntnisgründen ziehen läßt. Der Rückgriff auf den Ursachenbegriff würde jedenfalls nichts nützen, da er uns in einen logischen Zirkel hineinführte: Eine Ursache von E wäre der durch die singuläre (nicht gesetzesartige) Prämisse einer adäquaten Erklärung von E beschriebene Sachverhalt, *sofern dieser Realgründe liefert* und nicht bloß Erkenntnisgründe.

(6) Bei der Erörterung der irrealen Konditionalsätze gelangten wir zu dem Zwischenresultat, daß die Suche nach einem Wahrheitskriterium für

solche Aussagen wegen deren *Kontextmehrdeutigkeit* vorläufig fiktiv ist. Eine theoretische Behebung dieser Mehrdeutigkeit würde die Lösung des Problems der Vorzugsordnung zwischen den Modalschichten im rationalen Corpus eines rational Wissenden und Glaubenden voraussetzen.

(7) Die Erklärungen von *Einzeltatsachen* bildeten den Ausgangspunkt aller unserer Untersuchungen. Die Erklärungen von *Gesetzen* (und a fortiori die Erklärungen von Theorien) wurden aus den Betrachtungen ausgeklammert. Das leitende Motiv für diese Ausklammerung bildete nicht etwa der äußerliche Gedanke, das Material nicht allzusehr anwachsen zu lassen. Vielmehr war die Überlegung bestimmend, daß es sich bei der Erklärung von Einzeltatsachen einerseits, der Erklärung von Gesetzen andererseits um *kategorial verschiedene* Themen handelt. Die Einbettung von Gesetzen und Teiltheorien in umfassendere theoretische Zusammenhänge sollte innerhalb einer Untersuchung über *wissenschaftliche Begriffs- und Theorienbildung*, nicht aber in Erörterungen über die Formen wissenschaftlicher Erklärungen den Gegenstand wissenschaftstheoretischer Analysen bilden. Diese hier vorgetragene Auffassung wirkte sich auch in den kritischen Auseinandersetzungen mit den verschiedenen Versuchen der Explikation des Erklärungsbegriffs für präzise Modellsprachen in X aus, vor allem auch in der Gestalt skeptischer Bemerkungen gegenüber jüngsten Vorschlägen. In diesen Projekten wird ja gerade der Grund für die Unzulänglichkeit früherer Explikationsversuche darin erblickt, daß diese sich einseitig am Bild der Erklärung singulärer Tatsachen orientierten, statt einen universaleren Erklärungsbegriff zugrundezulegen, der beides deckt: Einzeltatsachen wie Gesetze. Sollte unsere Auffassung richtig sein, so wäre eine derartige Kritik fehl am Platz und diese neueren Versuche wären zum Scheitern verurteilt. Falls hingegen, was natürlich nicht ausgeschlossen ist, einer dieser Versuche von Erfolg gekrönt sein sollte, müßte unsere These von der kategorialen Verschiedenheit von Tatsachen- und Gesetzeserklärungen revidiert oder vielleicht sogar gänzlich preisgegeben werden.

(8) Ein zentrales Problem, dessen Lösung nicht nur eine Voraussetzung für eine endgültig befriedigende Explikation des Begriffs der wissenschaftlichen Erklärung, sondern auch für eine adäquate Deutung der irrealen Konditionalsätze sowie für die Präzisierung eines von Paradoxien freien Begriffs der Induktion bildet, ist das Problem des Unterschiedes zwischen *nomologischen* und *akzidentellen Aussagen* bzw. zwischen *theorienartigen* und *kontingenten Sätzen*. Vorläufig ist es noch nicht einmal klar, ob ein Abgrenzungskriterium erst auf pragmatischer Ebene zu finden ist, wie dies N. Goodman vorschlägt, oder bereits auf semantischer Ebene formuliert werden kann, wie R. Carnap dies vermutet. Ja es kann nicht einmal als gesichert gelten, daß in der Theorie der wissenschaftlichen Erklärung derselbe Gesetzesbegriff verwendet wird wie in der Theorie der induktiven Bestätigung; d. h. es könnte sich erweisen, daß in den beiden Fällen zwei ver-

schiedene adäquate Explikate zu verwenden sind. Nach der in diesem Buch vertretenen Auffassung bilden die Erklärungen von Einzeltatsachen und die Erklärung von Gesetzen wesensverschiedene Problemkomplexe. Bereits die Abgrenzung dieser beiden Problembereiche sieht sich daher mit der Frage der Gesetzesartigkeit konfrontiert.

(9) Ein möglichst umfassender Begriff der *wissenschaftlichen Systematisierung*, wie ihn HEMPEL einführte, schien zunächst alle Formen der Anwendung von Gesetzen und Theorien einzuschließen. Von N. RESCHER vorgebrachte Beispiele machten dies zweifelhaft. Zwar erwies sich RESCHERs Behauptung, daß es in Systemen, die ausnahmslos von Gesetzen beherrscht sind, Zustände geben könne, welche jenseits der Grenzen der Rationalisierung liegen, als nicht haltbar. Doch trat dort die Frage auf, ob es notwendig sei, einen den Begriff der wissenschaftlichen Systematisierung echt umfassenden Begriff der *wissenschaftlichen Rationalisierung* zu konzipieren. Es ließen sich sowohl Gründe dafür wie dagegen anführen.

(10) In verschiedene Erörterungen ragte das viel diskutierte logisch-semantische Problem des Unterschiedes zwischen *analytischen* und *synthetischen Sätzen* herein. Am deutlichsten wurde dies bei der Diskussion des Problems der historischen und der psychologischen Erklärung. Die Begriffe des Glaubens und des Wollens erwiesen sich dort als theoretische Begriffe, die durch eine Reihe von Aussagen, z. B. durch die von BRANDT und KIM vorgeschlagenen, partiell charakterisierbar sind. Es ließen sich einleuchtende Gründe dagegen vorbringen, solche Aussagen als analytisch zu betrachten, aber ebenso dagegen, sie als synthetische Sätze aufzufassen. Es erwies sich als zweckmäßig, sie als eine dritte Klasse von Aussagen einzuführen, die als Klasse der *quasi-analytischen* oder der *quasi-synthetischen Sätze* bezeichnet werden könnte. Es wäre genauer zu untersuchen, inwieweit CARNAPs Gedanke, den sogenannten Ramsey-Satz einer Theorie für die analytisch-synthetisch-Unterscheidung auf theoretischer Ebene zu verwerten, auch für die hier angestellten Überlegungen von Relevanz ist. (Es sei allerdings zugleich bemerkt, daß der Autor dieses Buches nicht CARNAPs Optimismus hinsichtlich der wissenschaftstheoretischen Leistungsfähigkeit des Ramsey-Satzes teilt; denn der Ramsey-Satz hat den von CARNAP anscheinend übersehenen Nachteil, in gewissen Fällen nichttriviale Theorien zu trivialisieren.)

(11) Auch hinsichtlich der Frage der *Überprüfbarkeit* gaben uns Hypothesen über das Glauben und Wollen unerwartete Rätsel auf. Nicht nur zeigte sich, daß bloß *Simultan*hypothesen über *beide* Begriffe einem empirischen Test unterworfen werden können. Überdies schien jeder derartige Test selbst nur möglich zu sein unter der Annahme der Gültigkeit einer *Apriori-Hypothese* über Rationalität. Die Frage, wie eine derartige Hypothese ihrerseits zu überprüfen sei, führte zu vorläufig nicht ganz zu behebenden Schwierigkeiten.

(12) Der dabei verwendete *Rationalitätsbegriff* erwies sich ebenfalls als problematisch. Historiker wie systematische Geisteswissenschaftler, z. B. Nationalökonomen und Soziologen, ebenso aber auch Theoretiker der historischen Erkenntnis, machen gelegentlich die fehlerhafte Annahme, es existiere in einer Situation bei gegebenen Daten nur *ein* Begriff des rationalen Handelns. Diese Annahme trifft nur zu bei sogenannten Entscheidungen unter Sicherheit. Die Voraussetzungen für diese Entscheidungen sind in den meisten praktischen Lebenssituationen aber nicht gegeben. Handlungen von rational kalkulierenden historischen Persönlichkeiten, wie Politikern und Staatsmännern, aber auch von wirtschaftlichen Unternehmern, beruhen meist auf Entscheidungen unter Risiko oder auf Entscheidungen unter Unsicherheit. Wie die kurze Einführung in die rationale und empirische Entscheidungstheorie zeigte, läßt sich vor allem für den häufigsten letzten Fall nicht nur *ein einziger* Rationalitätsbegriff einführen, sondern *verschiedene* miteinander konkurrierende derartige Begriffe. Was als *rational* anzusehen ist, hängt in einem solchen Fall paradoxerweise in starkem Maße von *irrationalen* Faktoren ab, wie z. B. von der optimistischen oder pessimistischen Einschätzung des Weltablaufs.

(13) Eine Klärung des Gesetzesbegriffs vorausgesetzt, liefert die Unterscheidung in deterministische und statistische Gesetze eine erschöpfende Alternative. Nicht so in bezug auf Systeme. Es ist zwar naheliegend, physikalische Systeme genau dann indeterministisch zu nennen, wenn die sie beherrschenden Gesetze ganz oder teilweise statistischer Natur sind. Doch konnte plausibel gemacht werden, daß es sinnvoll sei, auch gewisse Arten von Systemen als indeterministisch zu bezeichnen, welche zur Gänze von solchen Gesetzen beherrscht werden, die entweder deterministische Zustands- oder deterministische Ablaufgesetze sind. Für die beiden Arten des Determinismus und Indeterminismus wurden in III sowie in VII, 9.k diskrete Modelle beschrieben. Nach unserer These gäbe es somit *zwei kategorial verschiedene Typen des Indeterminismus.* Die Frage ist, ob sich diese These halten läßt. Im bejahenden Falle würde dies neues Licht auf das Problem des deterministischen oder indeterministischen Charakters der modernen Physik werfen.

(14) Von BURKS ist erstmals der Versuch unternommen worden, dem Problem der Gesetzesartigkeit und der irrealen Konditionalsätze auf axiomatischem Wege, über eine *Logik der kausalen Modalitäten,* beizukommen. Wie FØLLESDAL nachweisen konnte, treten bei der Anwendung dieser Theorie Schwierigkeiten auf, die jenen analog sind, welche v. QUINE für die *logischen* Modalitäten aufgezeigt hat. Ob eine Logik der kausalen Modalitäten zu einem auch nur teilweisen Erfolg führen wird, kann heute noch nicht beurteilt werden. Eine Semantik dieser Logik scheint zur Klärung des Gesetzesbegriffs nichts beizutragen, da sie vermutlich ihrerseits bereits von diesem Begriff Gebrauch machen muß.

(15) Echte teleologische Erklärungen erzeugen ein Problem, welches der Ontologieproblematik der wissenschaftlichen Erklärung analog ist. Die Analogie ist jedoch keine vollständige; denn im einen Fall handelt es sich um die Deutung eines *isolierten* metatheoretischen *Satzes* von der Gestalt „*x* erklärt *y*", im anderen hingegen um die Interpretation von *Argumenten*, die Aussagen enthalten, *in denen über Willensziele und Glaubensinhalte quantifiziert wird*. Dies ist auch einer der Gründe, warum eine versuchte Parallelisierung der Lösungsvorschläge zusammenbrechen mußte. Ein anderer Grund liegt darin, daß — platonistisch gesprochen — Glaubensinhalte *schärferen Identitätskriterien* genügen müssen als Sachverhalte. Glauben und Wollen mußten daher gemäß einem Vorschlag von v. QUINE als Relationsbegriffe eingeführt werden. Eine derartige Deutung hat jedoch eine Schwierigkeit im Gefolge (vgl. Satz (15) von VIII,3), die für QUINE den Anlaß dafür bildete, einer anderen Konstruktion den Vorzug zu geben. Diese wiederum ist im vorliegenden Fall untauglich, da bei ihrer Verwendung der Argumentationszusammenhang einer teleologischen Erklärung zerstört wird. Es wäre wünschenswert, eine weitere Lösung zu finden, welche simultan beide Nachteile vermeidet.

(16) Echte teleologische Erklärungen gründen sich auf allgemeine Gesetzmäßigkeiten zielintendierten Verhaltens. Man kann die plausible Annahme machen, daß die gegenwärtig vorliegenden *Makrotheorien menschlichen Verhaltens*, welche solche Gesetze benützen, in ferner Zukunft durch neurophysiologische *Mikrotheorien* unterbaut werden, deren Gesetzmäßigkeiten die Makrogesetze (streng oder approximativ, deterministisch oder statistisch) abzuleiten gestatten. Die Frage, ob dies generell möglich sei, läuft auf die andere Frage hinaus, *ob vielleicht auch alle Fälle von echter materialer Teleologie Fälle von scheinbarer Teleologie sind*.

(17) Das Studium der Logik der Funktionalanalyse führte zu dem Ergebnis, daß vor der Aufstellung eines korrekten funktionalanalytischen Argumentes verschiedene Probleme gelöst werden müssen. Dazu gehört insbesondere die Angabe eines präzisen Normalitätsstandards für das fragliche System, die unabhängige scharfe Bestimmung der äußeren und inneren Bedingungen, unter denen das System arbeitet, und im Fall der prognostischen Verwertung des Argumentes die klare Formulierung einer geeigneten Selbstregulationshypothese. Während es sich hierbei prinzipiell nicht um allgemeine wissenschaftstheoretische Fragen handelt, sondern um einzelwissenschaftliche Spezialprobleme, für die in jedem konkreten Fall eine Lösung zu finden ist, bleibt doch die weitere Frage bestehen, ob nicht auf allgemeinerer Stufe wenigstens gewisse Spezifikationen gegeben werden können. So etwa wäre es nicht undenkbar, *abstrakte Klassifikationen des Begriffs des normalen Funktionierens* oder *eine allgemeine Typologie der Selbstregulationssysteme* zu liefern, welche z. B. ebenso wenig auf einzelwissenschaftlichen Erkenntnissen beruht, wie die Beschreibung und Analyse von DS-Systemen.

(18) Die Anwendung induktiv-statistischer Systematisierungen auf konkrete Wissenssituationen machte es erforderlich, nach einem *induktiven Analogon zum modus ponens* der deduktiven Logik zu suchen. CARNAPs Prinzip des Gesamtdatums scheint zunächst zu einem solchen Analogon zu führen. Denn CARNAPs These, daß es sich hierbei bloß um ein methodologisches Prinzip und nicht um einen Bestandteil der Explikation des Begriffs der induktiven Bestätigung handle, ist nicht überzeugend. Tatsächlich erweist sich jedoch dieses Prinzip in der Praxis nicht nur als äußerst unhandlich und gegenwärtig größtenteils als unanwendbar, sondern in bezug auf Erklärungen sogar als inadäquat. Es blieb uns also keine andere Wahl, als vorläufig HEMPELs Prinzip der maximalen Bestimmtheit (MB) als solches Analogon zu wählen.

(19) Nach HEMPELs Auffassung sind deduktiv-nomologische und induktiv-statistische Systematisierung wegen der *epistemologischen Relativität* der letzteren wesensverschieden voneinander. Mit der Formulierung einer Regel (MB*) wurde der Versuch gemacht, einen Begriff der wahren IS-Erklärung einzuführen, der von dieser epistemologischen Relativität frei ist. Es bleibt eine Aufgabe für die Zukunft, entsprechende Regeln für die komplexeren Formen statistischer Systematisierungen anzugeben.

(20) Die genaue Diskussion von HEMPELs Prinzip der maximalen Bestimmtheit zeigte, daß der Sachverhalt wesentlich komplizierter ist, als ursprünglich anzunehmen war. Die Regel (MB) mußte in gewisser Hinsicht liberalisiert, in anderen Hinsichten verschärft werden, um die endgültige Fassung (MB_1) zu gewinnen. Dabei trat deutlich die Notwendigkeit zutage, auch im statistischen Fall zwischen gesetzesartigen und nichtgesetzesartigen Aussagen zu unterscheiden. Für die ersteren konnten zwei notwendige Bedingungen angeführt werden, die zusammen nachweislich nicht hinreichend sind. Dieser Nachweis gelang HEMPEL mit Hilfe einer statistischen Analogiekonstruktion zu den Goodmanschen Paradoxien. Wir stehen damit vor der Situation, daß wir auch im Bereich der Wahrscheinlichkeitshypothesen vor der zu beantwortenden, aber vorläufig unbeantworteten Frage stehen, auf Grund von welchem Kriterium eine solche Hypothese als *Gesetzes*hypothese ausgezeichnet ist.

(21) Die in (20) erwähnten zusätzlichen Komplikationen traten bereits bei statistischen Systematisierungen von elementarster Form auf. Es bleibt eine Aufgabe für die Zukunft, dem Prinzip (MB_1) entsprechende Regeln für die komplexeren Formen statistischer Systematisierungen zu formulieren.

(22) In dem in IX, 13 zitierten Aufsatz vertritt HEMPEL die Auffassung, daß seine frühere Ansicht, wonach die Regel der maximalen Bestimmtheit nur ein rohes Substitut für CARNAPs Forderung des Gesamtdatums bildete, auf der Vermengung zweier Begriffe beruhte. In Wahrheit handle es sich um zwei völlig heterogene Fragen. Wir konnten HEMPEL bei dieser radikalen Änderung seiner Auffassung in einer Hinsicht nicht folgen. Die scharfe

Unterscheidung ergibt sich nämlich – zwar nicht zur Gänze, jedoch teilweise – daraus, daß HEMPEL auf dem Begriff der statistischen *Erklärung*
insistiert. Demgegenüber wurde zu zeigen versucht, daß man nicht von
induktiv-statistischen Erklärungen, sondern nur von induktiv-statistischen
Begründungen sprechen sollte, da IS-Systematisierungen, so wie *alle* induktiven Argumente, bloße Antworten auf solche epistemischen Warum-Fragen
liefern, die keine Erklärung heischenden Warum-Fragen bilden. Dieses
Resultat deckt sich mit einer ähnlichen Feststellung im deduktiv-nomologischen Fall (vgl. dazu (26) unten).

(23) Die Analysen fast aller Autoren beschränken sich darauf, gewisse
strukturelle Eigenschaften *einzelner* Erklärungen bzw. Begründungen zu
untersuchen, seien dies logische, ontologische oder pragmatische Merkmale.
RESCHER und SKYRMS dagegen gingen vom Vergleich verschiedener Er-
klärungsvorschläge aus und gelangten von da zu zwei verschiedenen Explikationen des Begriffs der Güte einer Erklärung bzw. einer Begründung:
dem Begriff der *komparativen Stärke* und dem Begriff des *Wirkungsgrades*.
Mittels dieser Unterscheidung konnte der positive Gehalt einer mißver-
ständlichen Äußerung von SCRIVEN über adäquate Erklärungen ohne prognostischen Gehalt anscheinend erstmals befriedigend gedeutet werden. Es
liegt nahe, nach weiteren komparativen oder metrischen Begriffen Umschau
zu halten, in denen andere Arten von intuitiven Begriffen der „Güte" von
Begründungen präzisiert werden. Es könnte der Fall eintreten, daß dadurch
ebenfalls neues Licht auf bislang unklare Teile der Diskussion geworfen
wird.

(24) Die ursprünglich von HEMPEL und OPPENHEIM aufgestellten Adäquatheitsbedingungen für wissenschaftliche Erklärungen erwiesen sich als
unvollständig. Dies wurde auf eine merkwürdige Art und Weise festgestellt:
Sowohl konkrete Gegenbeispiele als auch die Trivialisierungstheoreme von
EBERLE, KAPLAN und MONTAGUE ergaben, daß Pseudoerklärungen konstruiert werden können, die zwar unter die H-O-Explikation fallen, jedoch
gegen nicht erwähnte Adäquatheitsbedingungen verstoßen. Deren Nicht-
erwähnung wiederum hatte ihre Wurzel in der vermeintlichen Selbstver-
ständlichkeit dieser Bedingungen. Dazu gehörten Bedingungen wie die, daß
das Explanans keine überflüssigen singulären Prämissen oder Gesetzes-
hypothesen enthalten dürfe, daß es invariant sein müsse gegenüber logisch
äquivalenten Transformationen, daß nicht jede oder fast jede Theorie ein
Explanans für fast jedes singuläre Explanandum abgeben dürfe – das Wort
„fast" in dem in X an der betreffenden Stelle präzisierten Sinn verstanden –
usw. Die erste Frage, welche in diesem Zusammenhang auftritt, ist die, ob
es möglich sei, *eine vollständige Liste von Adäquatheitsbedingungen aufzustellen
und zwar in einem erst noch zu präzisierenden Sinn von „vollständig".* Sollte diese
erste Frage bejahend beantwortet werden, so bleibt noch immer die zweite

Frage, ob *nur ein einziges adäquates Explikat* des wissenschaftlichen Erklärungsbegriffs existiere. Ein Nachweis dafür ist kaum denkbar.

(25) Eine sehr plausible Adäquatheitsbedingung, der jede präzise Explikation des Erklärungsbegriffs genügen sollte, war die folgende: „Zirkuläre Erklärungen oder ‚Selbsterklärungen' sind aus der Klasse der korrekten Erklärungen zu eliminieren". Diese Bedingung mußte preisgegeben werden, da sich herausstellte, daß *jede* Erklärung, welche die singuläre Prämisse wesentlich enthält, eine partielle Selbsterklärung darstellt. Andererseits zeigt es sich, daß nicht nur gewisse Fälle von partiellen zirkulären Erklärungen eliminierbar sind, sondern daß die verbesserten Explikationsversuche *mehr* Fälle von partiell zirkulären Erklärungen ausschließen als die ursprüngliche H-O-Explikation. Es fragt sich, ob es nicht möglich sei, innerhalb der Klasse der partiell zirkulären Erklärungen unter Benützung präziser und allgemeiner Merkmale eine Grenze zu ziehen zwischen jenen, die ausgeschlossen werden sollten, und solchen, für welche diese Ausschlußforderung nicht zu stellen ist. Im bejahenden Fall stünde eine zusätzliche Adäquatheitsbedingung zur Verfügung, durch welche der Kreis zulässiger Explikationsversuche weiter eingeengt würde.

(26) Gegen *sämtliche* Explikationsvorschläge des deduktiv-nomologischen Erklärungsbegriffs in präzisen Modellsprachen ließ sich einwenden, daß diese Definitionen der Intention nach überhaupt nicht den Erklärungsbegriff, sondern einen allgemeineren *Begründungsbegriff* zu präzisieren trachten. Anders ausgedrückt: Was zu explizieren versucht wird, sind nicht bloß korrekte Antworten auf Erklärung heischende Warum-Fragen, sondern allgemeiner *korrekte Antworten auf epistemische Warum-Fragen*. Daher wurde, einem Vorschlag KÄSBAUERs folgend, am Ende von X statt von „Explanans" von „*Ratio*" gesprochen.

(27) Gegen alle früheren Explikationsversuche ließen sich intuitive Gegenbeispiele vorbringen. So ist z. B. auch der Definitionsvorschlag von KIM, der bis vor kurzem als der beste angesehen werden konnte, in einer Hinsicht *zu weit* und in einer anderen Hinsicht *zu eng*. Der Vorschlag von ACKERMANN und STENNER stellte sich als inadäquat heraus, da er, im Gegensatz zur Auffassung dieser Autoren, ebenso wie der ursprüngliche Ackermannsche Vorschlag bereits Erklärungen von der einfachsten Form eliminiert. Als relativ bester logisch-systematischer Begründungsbegriff erwies sich das Explikat *Ratio*$_0$ von KÄSBAUER. Doch konnte er unter Verwendung pragmatischer Hilfsmittel zeigen, daß auch dieser Begriff nicht ganz adäquat ist. Denn dieser Begriff entspricht nicht einem wissenschaftlichen Begründungsbegriff für *eine* bestimmte Situation, sondern einem wissenschaftstheoretisch weniger interessanten Begründungsbegriff *für eine Klasse möglicher Situationen*.

(28) Am Ende der Diskussion der verschiedenen Explikationsversuche des deduktiv-nomologischen Erklärungs- bzw. Begründungsbegriffs mußte

die *radikale Frage* gestellt werden, *ob eine nicht-pragmatische Explikation dieses Begriffs überhaupt möglich sei.* Eine negative Antwort darauf wird nahegelegt durch ein Beispiel von U. BLAU, das eine logisch korrekte Argumentform darstellt, welche *für gewisse Interpretationen* der Prädikatkonstanten in eine inhaltlich adäquate wissenschaftliche Begründung übergeht, *für gewisse andere Interpretationen* dieser Konstanten hingegen unbezweifelbare Fälle von Pseudoerklärungen liefert. Die verhältnismäßig einfachen pragmatischen Explikate von KÄSBAUER erhielten dadurch um so größeres Gewicht.

(29) Allerdings muß bei allen Präzisierungsversuchen eines pragmatischen Begründungsbegriffs von weiteren Begriffen Gebrauch gemacht werden, die nicht ausnahmslos als unproblematisch erscheinen. Dazu gehört insbesondere der bereits in V und IX in anderen Zusammenhängen aufgetretene Begriff der *Klasse der zu einem Zeitpunkt t akzeptierten Sätze.* So z. B. stellte sich die Frage, in bezug auf welche logischen Transformationen diese Klasse als abgeschlossen gelten soll. Nimmt man z. B. an, daß diese Klasse bezüglich der logischen Ableitbarkeitsrelation als abgeschlossen aufzufassen sei, so setzt man sich dem potentiellen Vorwurf aus, daß diese Idealisierung eine *unrealistische Fiktion* beinhalte. Zieht man hingegen irgendwo eine Grenze, so ist der Einwand fällig, daß *jede* Grenzziehung willkürlich sei. In X, 6 wurde diese Problematik zusätzlich dadurch verschärft, daß wir dort gleich von *drei* solchen Klassen Gebrauch machen mußten: von der Klasse A_t der akzeptierten *Beobachtungssätze* und gewisser als gesichert angesehener Verallgemeinerungen daraus; von der Teilklasse B_t davon, welche diejenigen Sätze enthält, die *als keiner Erklärung bedürftig* angesehen werden; schließlich von der Klasse S_t, welche ein für Begründungs- und Erklärungszwecke *akzeptiertes naturwissenschaftliches System* repräsentiert.

(30) Schließlich noch eine generelle Bemerkung. Nicht *alle* offenen Probleme konnten hier angedeutet werden. Dies ergibt sich ganz einfach aus der bereits in der Einleitung betonten Verzahnung der verschiedenen wissenschaftstheoretischen Gebiete miteinander. Ein Beispiel bildet der Induktionsbegriff. An verschiedenen Stellen, insbesondere in den Diskussionen von II und IX, mußte vom Begriff *der induktiven Bestätigung* von Aussagen Gebrauch gemacht werden, ohne daß im Rahmen dieser Kontexte ein Beitrag zur Klärung dieses Begriffs hätte versucht werden können. Es ist durchaus denkbar, daß die weiteren Untersuchungen zum qualitativen, komparativen und quantitativen Bestätigungsbegriff zu Resultaten führen, die gewisse Modifikationen der hier vorgetragenen Auffassungen erzwingen. Das gilt insbesondere für die Ausführungen in IX.

Ein anderes Beispiel würde etwa die Unterscheidung „beobachtbar-theoretisch" bilden. Sie führte bereits in I zu der Unterscheidung in empirische und theoretische Gesetze sowie in empirische und theoretische Erklärungen. Nun sind aber die Akten über die theoretischen Begriffe noch längst nicht geschlossen. Auch hier wird der Ausgang der Diskussion notwendige

Rückwirkungen auf den Gesetzes- und Erklärungsbegriff haben. Ist es z. B. möglich, empirisch signifikante theoretische Begriffe von metaphysischen Begriffen scharf abzugrenzen, wie R. Carnap dies intendiert, oder muß man sich zu der mehr skeptischen Position bekennen, daß diese *scharfe* Abgrenzung, zumindest für isolierte Terme, undurchführbar sei? Sollte das letztere der Fall sein, so ergäbe sich die unvermeidliche Konsequenz, daß sich auch wissenschaftliche *Erklärungen* nicht mehr scharf von metaphysischen Erklärungen abgrenzen lassen. Ferner: Ist Carnaps Vorgehen adäquat, die Wissenschaftssprache in zwei Teilsprachen: die theoretische Sprache und die Beobachtungssprache, aufzusplittern? Unter der hypothetischen Annahme der Adäquatheit dieses Vorgehens ergab sich, daß theoretische Erklärungen *prinzipiell* bloß approximative Erklärungen sein können, da sie den Weg über die Korrespondenzregeln nehmen müssen, welche die theoretischen Terme nur partiell mit einem empirischen Sinn ausstatten. Diese Folgerung könnte nicht mehr gezogen werden, sofern es zwingende Gründe gäbe, die „Zweistufentheorie" der Wissenschaftssprache doch wieder zugunsten einer „Einstufentheorie" zu verwerfen. Auf der anderen Seite haben gewisse Überlegungen in VII,9 zu der Frage geführt, ob nicht umgekehrt die Zweistufentheorie zu einer *Dreistufentheorie* ausgeweitet werden solle. Es liegt auf der Hand, daß eine bejahende Antwort auf diese Frage einer Reihe von theoretischen Erklärungen in noch stärkerem Maße den Charakter indirekter und bloß approximativer Erklärungen verleihen würde.

(31) Zu den Tatsachenkomplexen, deren Erklärung zugleich eine der schwierigsten wie der wichtigsten Aufgaben der Wissenschaft bildet, gehört zweifellos das *Erlernen einer Umgangssprache* durch ein menschliches Wesen. Absichtlich wurde in diesem Buch darauf verzichtet, Beispiele aus diesem Bereich zu wählen, da sich hier so etwas wie eine kleine Revolution anzubahnen scheint. N. Chomsky, einer der führenden Sprachtheoretiker der Gegenwart, hält alle „behavioristischen Spekulationen" darüber, wie das Erlernen einer Sprache auf empirische Weise erklärt werden könne, für unfruchtbar und müßig. Eine Sprache erlernen ist nach Chomsky nichts Geringeres als eine Theorie von hohem Schwierigkeitsgrad begreifen lernen. Es ist daher nach ihm eine geradezu phantastische Vorstellung, glauben zu wollen, daß so etwas rein empirisch deutbar sei. So z. B. vermöge ein Kind nach relativ kurzer Zeit des Lernens mehr grammatikalische Strukturen zu meistern, als das Leben eines erwachsenen Menschen Sekunden zählt. Um dieses rätselhafte Phänomen der sich äußerst rasch vollziehenden, in sehr jungen Jahren erfolgenden und vom Intelligenzgrad weitgehend unabhängigen Meisterung einer Sprache verständlich zu machen, sei es unvermeidlich, zu den *angeborenen Ideen und Prinzipien im Sinn von* Descartes zurückzugreifen.

Wir erwähnen diesen Punkt nur deshalb, weil sich hieraus unmittelbar die Frage ergibt, ob ein solcher radikaler Wandel in den Anschauungen, falls er sich durchsetzen sollte, zu wissenschaftstheoretischen Konsequenzen hinsichtlich des Erklärungsbegriffs führen würde. Dazu muß CHOMSKYs Projekt einer generativen Linguistik wenigstens in Umrissen angedeutet werden. Wir beschränken uns dabei auf die syntaktische Komponente unter Vernachlässigung der phonetischen.

Von L. WITTGENSTEIN stammt die Unterscheidung in eine *Oberflächengrammatik* und eine *Tiefengrammatik*. Ersteres findet seinen Niederschlag in dem, *was man üblicherweise die grammatikalischen Regeln einer Sprache nennt*; letzteres muß in den meisten Fällen erst durch mühsame philosophische Analysen ans Tageslicht gefördert werden. WITTGENSTEIN vertritt bekanntlich die Auffassung, daß philosophische Scheinprobleme und Konfusionen dadurch hervorgerufen werden, daß bei bewußtem Reflektieren die Regeln der Tiefengrammatik verborgen bleiben[1]. In Anlehnung an diese Wittgensteinsche Differenzierung unterscheidet CHOMSKY zwischen einer Oberflächenstruktur (surface structure) und Tiefenstruktur (deep structure) einer Grammatik. Eine grammatikalische Theorie hat die Aufgabe, *beides* zu liefern und zwar in der Form eines exakten Regelsystems einer *erzeugenden* Grammatik. Während die Überlegungen WITTGENSTEINs und seiner Nachfolger aphoristisch und damit notwendig mehr oder weniger dilettantisch blieben, will also CHOMSKY der Tiefengrammatik *auf systematischem Wege* zu Leibe rücken. Von einer *erzeugenden* Grammatik wird deshalb gesprochen, weil die Regeln so geartet sein müssen, daß sie, zunächst stets auf dasselbe Grundsymbol „S“ (für „Satz“) angewendet, sämtliche grammatikalisch sinnvollen Sätze einer Sprache liefern[2].

Die erste Klasse besteht aus rewriting rules oder *Erzeugungsregeln*, wie wir sie nennen wollen. Ihre Funktion besteht, grob gesprochen, darin, die Sätze von einfachster Struktur zu produzieren. Das Endresultat einer Ableitung ist ein konkreter Satz; den Ausgangspunkt bildet stets das oberste Kategoriesymbol „S“. Ein Endresultat, *zusammen mit dem darüber konstruierten Ableitungsbaum* (phrase marker), liefert die Oberflächen- *und Tiefengrammatik* das fraglichen Satzes. Dieser Satz erhält dadurch eine bestimmte *Strukturbeschreibung* (structural description) zugeordnet. Die zweite Klasse enthält die *Transformationsregeln*, welche Sätze von komplexer und verschachtelter Struktur zu erzeugen gestatten, wobei diesmal gewisse Endresultate von

---

[1] Für eine genauere Schilderung der Wittgensteinschen Konzeptionen vgl. G. PITCHER, [WITTGENSTEIN], Teil II, sowie W. STEGMÜLLER, [Gegenwartsphilosophie], Kap. XI.

[2] Die Verwendung von Regelsystemen hat bisweilen zu der Ansicht geführt, daß CHOMSKY die Sprachtheorie nach mathematischem Vorbild axiomatisieren wolle. Diese Annahme beruht entweder auf einer unsinnigen Deutung der Chomskyschen Theorie oder auf einer äußerst irreführenden Sprechweise. Letzteres ist dann der Fall, wenn man den Buchstaben „S“ ein Axiom nennt, und Regeln, die ihrer Struktur nach von *logischen* Deduktionsregeln gänzlich verschieden sind, mit diesen zusammenwirft.

Regelanwendungen der ersten Klasse, *zusammen mit den dazugehörigen Struk-turbeschreibungen*, den Ausgangspunkt bilden. Abermals gewährt ein Ablei-tungsbaum (transformation marker) einen Einblick in die grammatikalische Tiefenstruktur des komplexen Satzes. Alle Regeln weisen eine gewisse Ähn-lichkeit auf mit den Regeln der Postschen Systeme, die in der Theorie der rekursiven Funktionen eine bedeutende Rolle spielen. Doch ergeben sich zahlreiche Besonderheiten, die man im nichtlinguistischen Fall nicht antrifft. So etwa bilden die Regeln der ersten Klasse eine *geordnete* Folge; die An-wendung gewisser Regeln hängt *vom Kontext* ab usw.[3].

Da eine Schilderung dieser grammatikalischen Theorie an dieser Stelle nicht möglich ist, soll wenigstens die Problemstellung an einem einfachen Beispiel (aus CHOMSKY, [Syntax], S. 22) illustriert werden. Die beiden eng-lischen Sätze:

(a) I persuaded a specialist to examine John

und:

(b) I expected a specialist to examine John

haben, so könnte man behaupten, dieselbe grammatikalische Struktur. Dies ist jedoch nur richtig, wenn hierbei unter „Grammatik" die *Oberflächen-grammatik* verstanden wird. In bezug auf ihre tiefengrammatikalische Struk-tur sind beide verschieden. Um dies zu erkennen, bedienen wir uns gewöhn-lich *semantischer Hilfsbetrachtungen*[4], so etwa der folgenden. Der Satz (b) ist *synonym* mit dem Satz:

(b′) I expected John to be examined by a specialist.

Demgegenüber ist (a) *nicht synonym* mit dem der äußeren Struktur nach mit (b′) gleichen Satz:

(a′) I persuaded John to be examined by a specialist.

Die Aufgabe einer erzeugenden und transformatorischen grammatikali-schen Theorie der englischen Sprache wäre es, diesen Unterschied *ohne* derartige Hilfsvorstellungen zu charakterisieren.

Um ein Verständnis für das *Erlernen* einer Sprache zu gewinnen, kann man das folgende schematische Analogiemodell aus der Automatentheorie

---

[3] Eine systematische Darstellung der Theory CHOMSKYs nach dem letzten Stand findet sich in [Syntax]. Für eine frühere Kurzfassung vgl. [Explanatory Models]; darin liefert der Autor auch eine kurze Darstellung der weiter unten skizzierten Chomskyschen Theorie des Spracherwerbes durch ein Kind, welches noch keine Sprache versteht. Der „Cartesianische Aspekt" dieser Theorie wird in pointierter Form hervorgehoben in [Innate Ideas].

[4] Nebenbei bemerkt scheint die Unterscheidung zwischen Semantik und Syn-tax für CHOMSKY, ähnlich wie für WITTGENSTEIN, problematisch zu sein.

benützen. Ein Kind, das noch keine Sprache gelernt hat, wird als ein physikalisches System S aufgefaßt, welches vorläufig unbekannte Eigenschaften besitzt. Die Daten oder der „input" bestehen in den sprachlichen Äußerungen der Umgebung von S während der Lernzeit. Die Sprache, aus der die Äußerungen genommen werden, heiße L. Da man nach CHOMSKY die linguistischen Fähigkeiten des ausgelernten Sprechers durch die formalisierte Grammatik seiner Sprache charakterisieren kann, darf als „output" nach dem Ende der Lernzeit die formalisierte Grammatik von L genommen werden.

Wie ist das Erlernen dieser Grammatik von L zu *erklären*? Zunächst muß man annehmen, daß das menschliche Gehirn von Geburt an auf bestimmte strukturelle Merkmale natürlicher menschlicher Sprachen „programmiert" sei (dieser Ausdruck „programmieren" wird von CHOMSKY selbst nicht verwendet). Σ sei die Klasse der Grammatiken, welche diese gemeinsamen Merkmale besitzen[5]. Diese Klasse ist keineswegs identisch mit der Klasse K *aller* potentiellen Grammatiken $G_1, G_2, \ldots$[6]; vielmehr ist Σ eine „sehr kleine" endliche Teilklasse von K. *Nur Sprachen, deren Grammatiken zu Σ gehören, vermag der Mensch zu erlernen* (also z. B. nicht eine „Marssprache" mit einer zwar zu K, aber nicht zu Σ gehörenden Marsgrammatik). Mit der Klasse Σ haben wir die erste *angeborene Komponente*. Das empirisch-induktive Lernverfahren führt zunächst zu nichts anderem als zur Elimination jener Grammatiken aus Σ, die relativ auf die empirischen Daten (Sprachäußerungen der Umgebung) nicht in Frage kommen.

Eine zweite angeborene Komponente besteht in einer *Bewertungsfunktion*, die in das System S „eingebaut" sein muß und die es ermöglicht, daß nach der eben erwähnten empirischen Aussonderung jene Grammatik ausgewählt wird, die auf Grund der gegebenen Daten den höchsten Wert erhält. Die Erfahrung spielt nur noch insoweit eine Rolle, als ein empirisch-heuristisches Verfahren zur raschen Auswahl jener Funktion führt, die einem gegebenen Satz relativ auf die gewählte Grammatik die entsprechende Strukturbeschreibung zuordnet[7]. Die Hypothese der Existenz der beiden angeborenen Komponenten nennen wir CHOMSKYs H.A.I. (Abkürzung für „Hypothese der angeborenen Ideen"). J. LOCKE hätte gegen diese Theorie vermutlich eingewendet, daß auch er in seiner Kritik der „ideae innatae" ja niemals die Existenz *angeborener Fähigkeiten* oder *Dispositionen* geleugnet habe. Dem würde CHOMSKY aber wahrscheinlich entgegenhalten, daß es prinzipiell

---

[5] Diese gemeinsamen Merkmale werden von CHOMSKY als "linguistic universals" bezeichnet.

[6] Die rekursive Aufzählung der Elemente der Klasse K ist nach CHOMSKY *eine* der Aufgaben einer *allgemeinen* Theorie der Grammatik.

[7] Die Strukturbeschreibung kann in diesem Zusammenhang als eine zweistellige Funktion φ aufgefaßt werden: Gegeben ein Satz a_i und eine Grammatik G_j, so ist die Strukturbeschreibung von a_i relativ zu G_j gleich $\varphi(i,j)$.

verkehrt sei, den Begriff der Sprachbeherrschung als einen Dispositions-
begriff zu konstruieren[8].

Bei einer Beurteilung der Gedankengänge von Chomsky muß man
natürlich scharf unterscheiden zwischen seiner eigentlichen grammatikali-
schen Theorie und der von ihm skizzierten Theorie der Erwerbung linguistischer Fähigkeiten. Nur für die letztere Theorie wird die H.A.I. überhaupt
benötigt. Nun ist es allerdings gerade die zweite Theorie, welche möglicherweise zu wissenschaftstheoretischen Konsequenzen führen könnte[9]. Diese
Theorie ist es, welche zu einem neuen *Erklärungsmodell* zu führen scheint.

Nun ist aber auch hier wieder eine Unterscheidung zu treffen, nämlich
zwischen den „angeborenen Gehirnstrukturen" in dem eine Sprache lernen-
den Kind und der H.A.I. Anders ausgedrückt: Chomsky will ja nicht behaupten, daß *sein* Gehirn auf die H.A.I. Chomskys programmiert sei! Bei
der H.A.I. handelt es sich vielmehr um eine − sicherlich noch der Präzisierung und Vervollständigung bedürftige, richtige *oder falsche* − *empirische
Hypothese*, die ebenso wie jede andere empirische Theorie der systematischen
Überprüfung „durch die Erfahrung" bedürftig ist. Hat man diesen im
Grunde trivialen Sachverhalt einmal erkannt, so ist nicht einzusehen, warum
die Annahme der H.A.I. zu einer Abkehr von den Hempelschen Schemata
der (deduktiv-nomologischen oder statistischen) Erklärung führen sollte.
Die Erklärungen der linguistischen Verhaltensweisen erwachsener Sprach-
benützer würden unter den deterministischen oder statistischen Gesetzes-
hypothesen des Explanans die empirische H.A.I. oder Teile daraus enthalten.

---

[8] H. Putnam hat in ["Innateness Hypothesis"], S. 15ff., versucht, Chomskys
Begründung der H.A.I. auf fünf Argumente zu reduzieren, die er dann kritisch
diskutiert. Man muß allerdings bezweifeln, ob damit Chomskys Überlegungen
zu diesem Thema erstens adäquat und zweitens vollständig wiedergegeben wurden. Die von N. Goodman im Argument in Dialogform vorgebrachten Gründe
gegen Chomskys Hypothese betreffen vor allem die Problematik des Begriffs
"innate ideas". Selbst wenn man aber dazu gelangte, die Cartesianische Terminologie preiszugeben, wäre die − nun natürlich anders zu benennende − H.A.I.
ein äußerst bemerkenswerter neuer Gedanke, der eine Revision früherer lern-
theoretischer Vorstellungen erzwingen würde.

[9] Dies gilt nicht nur für die in diesem Buch behandelte Problematik. Auch im
Rahmen des Themenkreises „Begründung und Bestätigung von Theorien"
könnte Chomskys Annahme ebenfalls zu etwas Neuem führen. Denn es könnte
durchaus der Fall sein, daß bei der Überprüfung und Bestätigung einer Hypothese von der Gestalt der H.A.I. zusätzliche Kriterien und Prinzipien benützt
werden müssen, die man beim empirischen Test naturwissenschaftlicher und histo-
rischer Hypothesen sonst nicht verwendet.

Printed in the United States
By Bookmasters